Hermann Focke

Tierschutz in Deutschland

Etikettenschwindel?!

Hermann Focke

Tierschutz in Deutschland
Etikettenschwindel?!

Der gequälten Kreatur gewidmet

Bibliografische Information der Deutschen Bibliothek
Die Deutsche Bibliothek verzeichnet diese Publikation in der
Deutschen Nationalbibliografie; detaillierte bibliografische Daten
sind im Internet über http://dnb.ddb.de abrufbar.

Hermann Focke
Tierschutz in Deutschland
Etikettenschwindel?!
Der gequälten Kreatur gewidmet

Berlin: Pro BUSINESS 2007

ISBN 978-3-939430-93-3

1. Auflage 2007

Vorwort

Das hier vorliegende Buch ist eine zweite Fassung meiner Recherchen, Feststellungen und Erfahrungen bezüglich der agrarindustriellen Nutztierhaltungen sowie internationaler Schlachttiertransporte aus den Jahren 1992-2007.

Seit 1980 war ich als Amtstierarzt und seit 1989 als Veterinäramtsleiter in einer Region mit der größten Nutztierdichte Europas tätig. Als ich seit Anfang 1992 erstmals mit der Abfertigung von Schlachttiertransporten nach Nordafrika und dem Nahen Osten konfrontiert wurde, habe ich zunächst versucht, mich bei den zuständigen Ministerien in Hannover und Bonn kundig zu machen. Auf meine Anfragen nach gesetzlich vorgeschriebenen Versorgungsstationen für die zu transportierenden Tiere sowie über die aktuellen Verhältnisse in den Mittelmeerverladehäfen konnte mir jedoch keines der beiden Ministerien Auskunft geben.

Daraufhin habe ich mich mehrere Male selbst auf den Weg gemacht, um zu recherchieren, wie es den von meinen Mitarbeitern und mir abgefertigten Schlachttieren unterwegs ergehen würde. Die Ergebnisse meiner Recherchen waren niederschmetternd. Die Ministerien in Hannover und Bonn wurden von mir umgehend per mündlichem Vortrag sowie per schriftlicher Berichte umfassend unterrichtet.

Durch Indiskretion im Niedersächsischen Ministerium für Ernährung, Landwirtschaft und Forsten gelangten meine Berichte an die Öffentlichkeit und lösten in den Medien bundesweit lang anhaltende heftige Diskussionen aus. Während dieser Zeit wurde ich monatelang von Journalisten der Printmedien sowie solchen von Hörfunk und Fernsehen mit Wünschen nach Interviews und Auskunft bestürmt.

Drei Jahre später hatte die inzwischen gegründete Tierärztliche Initiative Tierschutz zu einer Pressekonferenz an die Tierärztliche Hochschule in Hannover geladen. Anlass waren aktuelle Ergebnisse von katastrophalen Totalverlusten deutscher

Schlachtrinder auf dem Weg nach Istanbul und Alexandria. Die gesamte deutsche Medienlandschaft war von uns angeschrieben worden.

Die Reaktion war nahe Null. Ich sprach vor fast leeren Hörsaalrängen. Daraufhin telefonierte ich mit mehreren Journalisten und sprach dabei die Diskrepanz des Medieninteresses vor 1992 zu 1995 an. Die fast einhellige Antwort: „Das Thema Tiertransporte ist ausgelutscht, die Leute wollen die blutigen Bilder von Karremann (Journalist und Dokumentarfilmer, dessen Filme über Schlachttiertransporte bei verschiedenen Fernsehsendern einer breiten Öffentlichkeit gezeigt worden waren) nicht mehr sehen. Im übrigen erklären doch die Minister Borchert (Bundeslandwirtschaftsminister) und Funke (damaliger Niedersächsischer Landwirtschaftsminister) ständig vor laufender Kamera, es sei inzwischen durch sie alles geregelt und auf den richtigen Weg gebracht. Ob letzteres den tatsächlichen Gegebenheiten entsprach, davon soll der Leser in den folgenden Kapiteln sich selbst ein Bild machen.

Dass neben den Medien auch die Verlage ihr Interesse an industrieller Nutztierhaltung und tierquälerischen Tiertransporten weitgehend verloren hatten, musste ich 1998 erfahren, als ich das Manuskript meiner ersten Fassung mehreren Verlagen anbot. Auch hier ging das Interesse gegen Null. Auf entsprechendes Hinterfragen meinerseits erhielt ich meist die Antwort: „Mit der von Ihnen gewählten Thematik kann man zur Zeit keine Geschäfte machen; schreiben Sie ein Buch über glückliche Menschen und Tiere auf dem Bauernhof." Ich wollte aber keine Geschäfte machen, sondern mein Anliegen war es, einer interessierten Öffentlichkeit den Blick hinter die Kulissen agrarindustrieller „Produktion" und deren Auswirkungen auf das „Produkt" Tier zu lenken.

Inzwischen war es September 2006

Eines Tages hielt ich den Text der neuen Verordnung zum Schutz landwirtschaftlicher Nutztiere und anderer zur Erzeugung tierischer Produkte gehaltener Tiere (Tierschutz-Nutztierhaltungsverordnung-TierSchNutztV) in der Fassung der Bekanntmachung vom 22. August 2006 (BGBl.1.S.2043) in den Händen. Was war geschehen?

Die Bundes-Verbraucherschutz-Ministerin Künast hatte 2001 beschlossen, die Käfighaltung von Legehennen ab 2007 zu verbieten. Die entsprechende Verordnung trat 2002 mit Zustimmung des Bundesrates in Kraft. Die Eierindustrie antichambrierte daraufhin umgehend in unermüdlicher Lobbytätigkeit bei Bund und Ländern, um einerseits eine Revision des Käfighaltungsverbotes zu erreichen andererseits durch Propagieren veränderter Käfigsysteme das generelle Käfigverbot zu unterlaufen. Und die Politik folgte dem Ansinnen der Industrie.

Auf Betreiben der Bundesländer Nordrhein-Westfalen, Niedersachsen und Mecklenburg-Vorpommern hat der Bundesrat am 7. April 2006 entschieden, das Verbot der Käfighaltung außer Kraft zu setzen und anstelle der herkömmlichen Batteriekäfige modifizierte Käfige unter den irreführenden Bezeichnungen „Kleinvolieren" bzw. „Kleingruppenhaltung" in Deutschland einzuführen. Nur wenige Monate bevor die Käfighennen ab dem 31. Dezember 2006 hätten ihre Gefängnisse verlassen dürfen, setzte ein Vertreter des amtierenden Landwirtschaftsministers Horst Seehofer mit seiner Unterschrift unter die o.a. Verordnung dem Ganzen ein elendiges Ende.

Obwohl ich die Entwicklung der Jahre 2002 bis August 2006 kannte, überkam mich beim Lesen des Verordnungstextes eine ungeheure Empörung, Wut, Enttäuschung und ein Gefühl großer Hilflosigkeit. Nach Beendigung der Lektüre der TierSchNutztV – wird wirklich so geschrieben(s.o.) und ist keineswegs eine Verballhornung meinerseits – habe ich mein leicht angestaubtes Manuskript aus der Schublade geholt, mich an den Schreibtisch gesetzt und dieses überarbeitet, ergänzt und aktualisiert, eingedenk eines Zitates von Mahatma Ghandi:

„Ungerechtigkeit muss sichtbar gemacht werden."

Uplengen, im Mai 2007

7

Inhaltsverzeichnis

1   Mensch-Tier-Beziehung

In seinem Standardwerk „Das Tierschutzgesetz-Kommentar" (4. Auflage) schreibt A. Lorz:

> *„Seit der Mensch die Erde bewohnt, lebt er in der Gemeinschaft mit dem Tier."*

Ich möchte noch einen Schritt zurückgehen und daher diesen Satz dahingehend abwandeln: Nicht erst seit seiner Werdung (Schöpfung) lebt der Mensch in der Gemeinschaft mit dem Tier. Denn was auch immer Mensch und Tier unterscheidet, entstammen sie doch entwicklungsgeschichtlich beide der gleichen Wurzel (Darwin 1859).

Im Laufe der Jahrtausende war die Mensch-Tier-Beziehung in den verschiedenen Kulturkreisen zahlreichen Wandlungen unterworfen. Bereits bei den Naturvölkern erscheint dieses Verhältnis zwiespältig; zum einen erschien es als Beutetier dem Jäger und Fischer als unterlegen, andererseits betrachtete der Mensch die Mitgeschöpfe, die ihm mit außermenschlichen Kräften ausgestattet schienen, als Inkarnation von Geistern und Naturgottheiten. Dies führte zu Tierkulten und Totemismus.

Das Tier als Gegenstand religiöser Verehrung wurde durch die Ausbreitung, des jüdisch-christlichen Monotheismus verdrängt mit der Folge einer m. E. einseitigen Auslegung der Schöpfungsgeschichte entsprechend Genesis 1.8 „Gott segnete sie (Mann und Frau) und Gott sprach zu ihnen: Seid fruchtbar und vermehret euch, bevölkert die Erde, unterwerfet sie euch und herrscht über die Fische des Meeres über die Vögel des Himmels und über alle Tiere, die sich auf dem Lande regen."

Hieraus wurde über Jahrtausende im abendländischen Kulturkreis der Herrschaftsanspruch des Menschen über das Tier begründet.

Vor einigen Jahren wurde ich bei der Aufdeckung eines „Legehennenskandals" in Norddeutschland von der Frau des Farmeigentümers mit deren „Rechtfertigung" konfrontiert: „Herr Doktor

Sie müssten doch wissen, dass in der Bibel steht: Macht euch die Erde untertan."

Übersehen wird jedoch von Menschen, die sich zur Herrschaft über die Schöpfung durch die Bibel legitimiert sehen, dass in Genesis 2.15 geschrieben steht: „Gott der Herr nahm also den Menschen und setzte ihn in den Garten von Eden, damit er ihn bebaue und behüte." Als Ergänzung Sprüche Salomons 12. 10: „Der Gerechte erbarmt sich seines Viehs; aber das Herz des Gottlosen ist unbarmherzig."

Neben den religiös geprägten Anschauungen hat die Philosophie – ausgehend von der griechischen Klassik – wesentlich zu der sich wandelnden Mensch-Tier-Beziehung beigetragen, wobei die unterschiedlichen philosophischen Lehrmeinungen entweder die wesensmäßige Verschiedenheit von Mensch und Tier (Dualismus) oder deren Wesenseinheit (Monismus) hervorheben.

Während die ionischen Naturphilosophen Anaximander von Milet, Heraklit und Empedokles noch durchaus monistische Anschauungen vertraten, stellten die Philosophen des klassischen Altertums Platon, Aristoteles – die dem Tier zwar eine Seele zusprachen – den Menschen als vernunftbegabt über das nach Plutarch seelenlose Tier, mit der Folge, dass im Römischen Reich Arbeitstiere den Sachen gleichgestellt waren. Der Besitzer hatte damit die volle Verfügungsgewalt über das Tier. Tierquälerei war kein Delikt.

Gladiatoren- und Tierkämpfe zu Zeiten der römischen Imperatoren belegen die Maßlosigkeit der damaligen Herren der Welt und kennzeichnen u.a. welchem Wertewandel Begriffe wie z. B. „Barbarei" im Laufe der Zeit unterworfen sind. Als Barbar galt im alten Rom jeder, der nicht zum griechisch-römischen Kulturkreis gehörte.

Im Mittelalter erfolgte ein allmählicher Wertewandel. Während Thomas von Aquin von der pflichtbewussten Herrschaft des Menschen über das Tier lehrte, Augustinus die Seele des Tieres (anima verificans) wiederentdeckte, sah Franz von Assisi das Tier als Geschöpf Gottes und somit als Bruder des Menschen.

Diese monistische Auffassung wurde mit Beginn der Neuzeit ausgehend von dem Rationalisten Descartes in das genaue Gegenteil verkehrt, indem er das Tier wegen fehlender Vernunft zur bloßen Sache abtat.

Darauf aufbauend spricht Spinoza dem Tier Empfindungsfähigkeit ab, und daher dürfe der Mensch mit dem Tier völlig frei nach eigenem Gutdünken verfahren. Kant rechnete das Tier, da nach seiner Auffassung (wie bei Descartes) als vernunftlos anzusehen, den Sachen zugehörig; eine Auffassung, die sich bis weit in die zweite Hälfte des 20. Jahrhunderts im Bewusstsein bei zahlreichen Ministerialbeamten und Verwaltungsjuristen gehalten hat.

Seit jedoch mit Beginn des 19. Jahrhunderts verstärkt naturwissenschaftliche Erkenntnisse (Darwin 1859) in den Geisteswissenschaften Platz greifen, ist eine Rückbesinnung auf die Wurzeln allen Lebens und damit das Enstehen einer neuen Ethik im Wachsen begriffen.

Für des 20. Jahrhundert sei verwiesen auf Albert Schweitzer, der Ethik einen universellen Charakter zuspricht und einen tätigen christlichen Humanismus fordert, der in Ehrfurcht vor allem Leben gründet.

Nach Albert Schweitzer war der große Fehler aller bisherigen Ethik, dass „sie es nur mit dem Verhalten des Menschen zum Menschen zu tun zu haben glaubte. In Wirklichkeit handelt es sich jedoch darum, wie er sich zur Welt und allem Leben, das in seinen Bereich eintritt, verhält. Ethisch, wenn ihm das Leben als solches, das der Pflanze und des Tieres, wie das des Menschen, heilig ist und er sich dem Leben, das in Not ist, helfend hingibt."

Der Physiker und Philosoph Carl-Friedrich von Weizsäcker stellt in seinem Buch „Die Zeit drängt" die These auf: „Kein Friede unter den Menschen ohne Frieden mit der Natur. Kein Friede mit der Natur ohne Frieden unter den Menschen."

2 Tierrechte

In Anlehnung an die jeweils vorherrschende Auffassung über die Mensch-Tier-Beziehung sind auch die Rechte, die dem Tier im Laufe der Geschichte eingeräumt wurden, sehr zwiespältig.

2.1 Die historische Entwicklung des Tierschutzgedankens

Die älteste bekannte Gesetzessammlung der Codex des babylonischen Königs Hammurabi (1728–1686 v. Chr.) bedrohte den Tierhalter mit Strafe, wenn dieser seine Tiere zu schwer arbeiten ließ. Ähnliche Vorschriften findet man in den Büchern Moses, wo z. B. auch die Tiere am 7. Wochentag – dem Sabbat – auszuruhen hatten und es verboten war, „mit wesensfremden Tieren zu ackern." Von dem römischen Rechtsgelehrten Ulpian stammt der Lehrsatz „Jus naturale est, quod natura omnia animalia docuit" – Naturrecht ist, was die Natur alle Lebewesen lehrt –. Dieser Lehrsatz fand Eingang in das Corpus juris civilis Kaiser Justinians. Ulpian betont, dass es sich nicht um ein dem Menschen reserviertes Recht handelt, sondern für alle Lebewesen gilt.

Auch aus den Stammesrechten des Mittelalters wird die Rechtspersönlichkeit des Tieres sichtbar. So musste für ein zu Unrecht erschlagenes Tier neben dem materiellen Schadenersatz ein sogenanntes Wergeld (Bußgeld) gezahlt werden. Das erste Gesetz der Neuzeit zum Schutz der Tiere wurde am 22.7.1822 in England erlassen. Andere Länder folgten. Einzelne deutsche Staaten erließen in der Folge Gesetze zum Verbot der Tierquälerei wie Sachsen (1838) und Bayern (1861).

Nach Schaffung des Deutschen Reiches wurde im Strafgesetzbuch vom 15.5.1871 nach der Strafgesetzänderung von 1879 derjenige mit Geldstrafe bis zu 50 Talern bedroht, der „öffentlich oder in Ärgernis erregender Weise Tiere boshaft quält oder roh misshandelt." Die nichtöffentliche Tierquälerei war nicht strafbewehrt. Im Vordergrund stand also nicht das Schutzbedürfnis des Tieres, sondern die Empfindlichkeit des Zuschauenden; es handelte sich also lediglich um einen anthoprozentrischen sogenannten ästhetischen Tierschutz. Besserung brachte erst das Tierschutzgesetz vom 24.11.1933. Dieses Gesetz verbot, ein Tier unnötig zu quälen und roh zu misshandeln (§ 1). In den Paragraphen 2–4 waren eine Reihe von Einzelvorschriften zum Schutz der Tiere festgelegt. Darüber hinaus waren zunächst „quälerische Tierversuche" grundsätzlich verboten (§ 5); dieses Verbot wurde jedoch wieder durch behördlich zu genehmigende Ausnahmen (§§ 6-8)eingeschränkt.

2.2 Das Tierschutzgesetz vom 24. Juli 1972

Seit Mitte der fünfziger Jahre gab es von Seiten des organisierten Tierschutzes, von Wissenschaftlern und einzelnen Politikern Bemühungen, das Gesetz von 1933 zu überarbeiten. Es vergingen jedoch mehr als 15 Jahre bis zum Erlass des Tierschutzgesetzes vom 24. Juli 1972. Tierschutz im Sinne des Gesetzes von 1972 ist individueller ethischer Tierschutz. Das Tier wird um seiner selbst willen geschützt.

In § 1 heißt es:

> *Dieses Gesetz dient dem Schutz des Lebens und Wohlbefinden des Tieres. Niemand darf einem Tier ohne vernünftigen Grund Schmerzen, Leiden oder Schäden zufügen.*

Und in § 2

> *Wer ein Tier hält, betreut oder zu betreuen hat,*
>
> 1. *muss dem Tier angemessene artgemäße Nahrung und Pflege sowie eine verhaltensgerechte Unterbringung gewähren,*
>
> 2. *darf das artgemäße Bewegungsbedürfnis eines Tieres nicht dauernd und nicht so einschränken, dass dem Tier vermeidbare Schmerzen, Leiden oder Schäden zugefügt werden.*

Anmerkung zu § 1: Gibt es vernünftige Gründe, Tieren Schmerzen, Leiden oder Schäden zuzufügen?

Anmerkung zu § 2: Sind neuzeitliche Haltungssysteme (industrielle „Tierproduktion", Massentierhaltung u. a.) verhaltensgerecht (1.) und schränken diese das artgemäße Bewegungsbedürfnis (2.) der Tiere in einem Maße ein, dass diesen Schmerzen, Leiden oder Schäden zugefügt werden?

2.3   Die Tierschutzgesetze vom 25.5. 1998 und 18.5.2006

Diese und andere tierschutzrelevante Fragen, die gewachsene Sensibilität in der Bevölkerung für Natur, Umwelt und Mitgeschöpfe waren Grund für die entsprechenden Neufassungen des Tierschutzgesetzes vom 25.5.1998 und 18.5.2006. Zitiert werden sollen die §§ 1 und 2, die in beiden Gesetzestexten identisch sind.

> *§1: Zweck dieses Gesetzes ist es, aus der Verantwortung des Menschen für das Tier als Mitgeschöpf, dessen Leben und Wohlbefinden zu schützen. Niemand darf einem Tier ohne vernünftigen Grund Schmerzen, Leiden oder Schäden zufügen.*

> *§2: Wer ein Tier hält, betreut oder zu betreuen hat,*

> 1. *muss das Tier seiner Art und seinen Bedürfnissen entsprechend angemessen ernähren, pflegen und verhaltensgerecht unterbringen,*

> 2. *darf die Möglichkeit des Tieres zu artgemäßer Bewegung nicht so einschränken, dass ihm Schmerzen oder vermeidbare Leiden oder Schäden zugefügt werden,*

> 3. *muss über die für seine angemessene Ernährung, Pflege und verhaltensgerechte Unterbringung des Tieres erforderlichen Kenntnisse und Fähigkeiten verfügen.*

Anmerkungen und Kritik der Gesetzesänderungen von 1998 und *2006*

Zu fragen ist, ob mit den 1998 und 2006 erlassenen rechtlichen Bestimmungen tatsächlich die Rechte der Tiere verbessert und dadurch den Tieren auch in praxi mehr gewährt wurde.

Warum die Einschränkung im §1 „ohne vernünftigen Grund"? Was sind die objektiven Kriterien für „Bedürfnisse" (§ 2 1.)?

Was ist „artgemäß"?

Entsprechen die aufgrund der im Gesetz festgelegten Ermächtigungen erlassenen Rechts-Verordnungen – z. B. die Tierschutznutztierhaltungsverordnung vom 22. August 2006 – den Paragraphen 1 und 2 des Gesetzes?

In diesem Zusammenhang sei der Nestor der deutschen Tierschutzethik, Professor G.M. Teutsch (1988) zitiert: „Wie kein anderes Gesetz ist das Tierschutzgesetz ethisch begründet und erhebt mit der in der novellierten Fassung noch besonders verstärkten Forderung des § 1 einen hohen moralischen Anspruch. Dem Tier wird ein eigenes Lebensrecht eingeräumt, sein Leben und Wohlbefinden unter den Schutz des Gesetzes gestellt. Aber wenn man Satz 2 liest „Niemand darf dem Tier ohne vernünftigen Grund Schmerzen, Leiden oder Schäden zufügen" und sich vor Augen hält, welches Ausmaß an Tierquälerei im weiteren Gesetzestext ausdrücklich erlaubt, geduldet oder als bloße Ordnungswidrigkeit verharmlost wird, dann wirkt das Gesetz im Ganzen wie moralische Hochstapelei. Es wird viel verbaler Aufwand getrieben, um einerseits die in Tierschutzfragen erheblich empfindlicher gewordene Öffentlichkeit zu beruhigen und andererseits die traditionelle Ausbeutungspraxis nicht ernsthaft zu beschneiden. Das ist allerdings nicht der böse Wille des Gesetzgebers, sondern eine Folge der bestehenden Machtverhältnisse in unserer von wirtschaftlichem Denken beherrschten Gesellschaft, die zwar Tierschutz verlangt, aber nur bedingt bereit ist, die dafür notwendigen Opfer zu bringen."

Genau auf dieser Linie liegt – wie auch bei den Gesetzesfassungen von 1972 und 1986 sowie den Neufassungen von 1993 und 1998 – das neue – zur Zeit geltende – Tierschutzgesetz in der Fassung vom 18. Mai 2006. Zwar bleiben die §§ 1 und 2 Abs. 1–3 in der bisherigen Form bestehen; in den folgenden Paragraphen wurden jedoch – wie gehabt – zahlreiche Ergänzungen eingefügt, durch die zu einem großen Teil die in den Paragraphen 1 und 2 enthaltenen Rechtspositionen aus rein ökonomischen Gründen erheblich eingeschränkt bzw. wieder aufgehoben werden. Aus diesem Grunde bezeichnet auch eine Reihe von Kommentatoren die Neufassungen von 1998 und 2006 nicht als Tierschutz- sondern als „Tiernutzungsgesetz" oder auch „Tierverwertungs-Gesetz".

In einem Referat auf dem BpT (Bundesverband praktischer Tierärzte e.V.) Kongress im September 1998 in Braunschweig formulierte es der Kollege Dr. Eberhard Dähne folgendermaßen: „Die Interessen von Lobbyisten wurden in den Gesetzestext eingeschmuggelt. Es ist aber nicht Aufgabe eines Tierschutzgesetzes, ökonomische Interessen einzelner vor den Rechten der Tiere zu schützen. Der im ersten Satz des Tierschutzgesetzes kaum besser zu formulierende Zweck und das damit vorgetragene Anliegen – nämlich den Tieren Rechte zuzugestehen, die der Mensch gegenüber seinen Mitmenschen durchzusetzen hat, wird durchlöchert wie ein Schweizer Käse oder aufgeweicht wie ein Deich bei lang anhaltendem Hochwasser."

2.4   Zehn Beispiele für die Gesetzeskritik

Im Folgenden soll dieses anhand nur weniger Beispiele skizziert werden.

1.   Nach § 4 Abs. 1 darf ein Wirbeltier nur unter Betäubung getötet werden. Nach § 4a Abs.2 „bedarf es keiner Betäubung, wenn die zuständige Behörde eine Ausnahmegenehmigung für ein Schlachten ohne Betäubung (Schächten) erteilt hat."
Durch § 4b Norm. 3 wird „das Bundesministerium ermächtigt, durch Rechtsverordnung mit Zustimmung des Bundesrates für das Schlachten von Geflügel Ausnahmen von der Betäubungspflicht zu bestimmen."

2. In § 5 Abs. 1 heißt es: „An einem Wirbeltier darf ohne Betäubung ein mit Schmerzen verbundener Eingriff nicht vorgenommen werden."
Nach § 5 Abs.3 ist für zahlreiche Indikationen „eine Betäubung nicht erforderlich" so z.B. für das Kastrieren von unter vier Wochen alten männlichen Rindern, Schafen und Ziegen. Das Gleiche gilt für Ferkel bis zu einem Alter von 8 Tagen.

3. § 6 verbietet das Amputieren oder Zerstören von Körperteilen. Ausnahmen sind u.a. das Kupieren der Ruten von Jagdhunden, das Schnabelkürzen von Hühnern, Enten und Puten, das „Kürzen des bindegewebigen Endstückes des Schwanzes von unter drei Monate alten männlichen Kälbern mittels elastischer Ringe".
Das Betäubungsgebot nach § 5 Abs. 1 und das Amputationsverbot nach § 6 Abs. 1 werden für Tierversuche, Ausbildung und wirtschaftliche Nutzung durch den eingeschobenen § 6a wieder aufgehoben. Hier heißt es lapidar mit einem Satz: „Die Vorschriften dieses Abschnittes (Anm.: Eingriffe an Tieren) gelten nicht für Tierversuche, für Eingriffe zur Aus-, Fort-, oder Weiterbildung und für Eingriffe zur Herstellung, Gewinnung, Aufbewahrung oder Vermehrung von Stoffen, Produkten oder Organismen."

4. Teilweise abenteuerlich sind die Bestimmungen des fünften Abschnitts des Gesetzes, nämlich die Kapitel über Tierversuche mit den Paragraphen 7-9a.
In § 7 Abs. 5 heißt es: „Tierversuche zur Entwicklung von Tabakerzeugnissen, Waschmitteln und Kosmetika sind grundsätzlich verboten." Dieses hört sich gut an und wird vom Bundeslandwirtschaftsministerium und Anderen einer wenig informierten Öffentlichkeit als großer Fortschritt suggeriert. Tatsächlich wird jedoch dieses generelle Verbot schon durch den folgenden Satz des §7 Abs. 5 wieder ausgehebelt, der da lautet:
„Das Bundesministerium wird ermächtigt, durch Rechtsverordnung mit Zustimmung des Bundesrates, Ausnahmen zu bestimmen, soweit es erforderlich ist, um

erstens konkrete Gesundheitsgefährdungen abzuwehren und die notwendigen neuen Erkenntnisse nicht auf andere Weise erlangt werden können oder
zweitens: Rechtsakte der Europäischen Gemeinschaft durchzuführen."
Tatsache ist, dass Kosmetika als Fertigprodukte nicht mehr im Tierversuch getestet werden dürfen, jedoch in den Kosmetika neu enthaltene Substanzen auf Grund des Chemikaliengesetzes auch weiterhin im Tierversuch erprobt werden; ja sogar z.B. im LD-50 Test erprobt werden müssen. Dies ist um so unverständlicher, da es heute bereits zahlreiche Alternativmethoden wie Zellkulturen u.a. gibt, die jedoch im Gegensatz zu den Tierversuchen nach wie vor von den staatlichen Stellen nicht anerkannt sind.

5. Als geradezu grotesk ist der Absatz 5a des § 8 anzusehen. Absatz 1 des § 8 lautet: „Wer Versuche an Wirbeltieren durchführen will, bedarf der Genehmigung des Versuchsvorhabens durch die zuständige Behörde."
Absatz 5a des §8 lautet: „Hat die Behörde über den Antrag nicht innerhalb einer Frist von drei Monaten, im Falle von Versuchen an betäubten Tieren, die noch unter dieser Betäubung getötet werden, nicht innerhalb einer Frist von zwei Monaten schriftlich entschieden, so gilt die Genehmigung als erteilt."
Kommentar m.E. überflüssig.

6. Entsprechend § 16a kann die für ausgesetzte und beschlagnahmte Tiere zuständige Behörde, z.B. das Ordnungsamt einer Gemeinde, diese, „töten lassen, wenn die Veräußerung des Tieres aus rechtlichen oder tatsächlichen Gründen nicht möglich ist." Das heißt im Klartext: Will die zuständige Gemeinde die notwendigen Kosten und Versorgung der Tiere sparen, kann sie sich der Schutzanempfohlenen radikal entledigen. Diese in der Vergangenheit nicht selten geübte Praxis wird durch den § 16a nunmehr legalisiert.

7. Die erwiesener Maßen tierquälerische Käfighennenhaltung bleibt weiterhin legalisiert. Anfang 2007 befinden sich

immer noch mehr als 28 Millionen Legehennen in Käfig-batterien.

8. Die häufig nicht artgerechte Haltung von Masthähnchen, Puten, Pelztieren u.a. ist nicht geregelt.

9. Tage- bis wochenlange internationale Schlachttiertransporte über tausende von Kilometern sind weiterhin zulässig. Die Tierschutztransportverordnung dient nicht primär dem Wohle der Tiere sondern fast ausschließlich dem Bestandsschutz von Transporteuren und Exporteuren.

10. Massenhafte Tötungen von gesunden Tieren im Rahmen der EU-Seuchenbekämpfung werden weiterhin ermöglicht.

Erinnert sei in diesem Zusammenhang an die Schweinepest-bekämpfung in Niedersachsen in den Jahren 1994 und 1995, wo damals fast 1 Million gesunder Schweine getötet wurden. Diese Aktion wurde seinerzeit durchgeführt unter dem entlarvenden offiziellen Titel: „Maßnahmen zur Stützung des Schweinefleisch-marktes."

Diese nur wenigen Beispiele machen deutlich, wie Politiker und Ministerialbürokratie mit enormem verbalem Aufwand und Taschenspielertricks einerseits der Öffentlichkeit Aktionismus und heile Welt vorzugaukeln versuchen, andererseits der Ausbeutung unserer Mitgeschöpfe jedoch weitgehend freien Lauf lassen.

Anhand der folgenden Kapitel möchte ich darlegen, wie es um die Einhaltung tierschutzrechtlicher

Bestimmungen und deren Umsetzung durch die Exekutive in der Praxis bestellt ist.

3 Tierschutz im Spannungsfeld von Öffentlichkeit, Politik und Verwaltung

(Vortrag 1996 an der Tierärztlichen Fakultät der Universität Leipzig)

Zunächst möchte ich anhand von drei Beispielen aus der Tierschutzpraxis die Problematik des Themas verdeutlichen:

3.1 Beispiel 1: Internationale Schlachttiertransporte

Seit 1990 werden aus der Bundesrepublik Deutschland und verschiedenen EU-Staaten vermehrt Schlachtrinder – vorwiegend Schlachtbullen – in sogenannte Drittländer exportiert. Der Hauptgrund für diese Exporte, die zum größten Teil nach Nordafrika sowie in den Nahen und Mittleren Osten gehen, sind Drittlandsubventionen der Europäischen Union für Lebendexporte. 1988 – d. h. vor Einführung der Subventionsprämien im Jahre 1989 – wurden lediglich 3.000 Rinder – vorwiegend Zuchttiere – aus der Europäischen Gemeinschaft exportiert.

1990, nach Einführung der Subventionen waren es bereits 129.000 Tiere; 1991 und 1992 waren es mehr als 300,000 Rinder pro Jahr, 1994 533.000 Rinder und 1995 lag die Zahl bei mehr als 660.000.

Anmerkung: Einen erheblichen Anteil dieser subventionierten Drittlandexporte machten hierbei die Langzeittransporte aus der Bundesrepublik aus und zwar:

1996:	165.870	Rinder
1997:	130.684	„
1998:	120.541	„
1999:	130.900	„
2000:	116.936	„
2001:	48.709	„
2002:	116.536	„
2003:	112.848	„
2004:	149.926	„
2005:	52.646	„
2006:	42.689	„

Gesamtzahl: 1.195.300   Rinder

Vor Beginn eines jeden Transportes hat der amtliche Tierarzt auf Grund der Tierschutztransportverordnung vom 25.2.1997 (früher entsprechend der Verordnung zum Schutz von Tieren beim grenzüberschreitenden Transport vom 29.3.1983) sich anhand eines vom Exporteur oder Spediteur vorzulegenden Transportplanes über die „Plausibilität" des geplanten Transportes zu informieren; weiter hat er die Transportfähigkeit der Tiere, die Ladedichte sowie den Zustand des Transportfahrzeuges zu überprüfen und auf der Internationalen Transportbescheinigung zu attestieren. Der amtliche Tierarzt hat damit seine Pflicht erfüllt und kann zumindest theoretisch davon ausgehen, dass alles seinen geordneten Weg geht.

Dass dem nicht so ist, beweist ein Beispiel aus dem Jahre 1992 aus eigenem Erleben:

Schlachtrinder werden über eine Rampe auf das Schiff getrieben.

Rasa, kroatischer Mittelmeerhafen am 25. Mai 1992, 9.30 vormittags, Außentemperatur 32 Grad Celsius:

Vor der LKW-Entladerampe stauen sich mehr als 20 Doppelstocktransporter mit Schlachtrindern (vornehmlich Bullen) aus Norddeutschland; die meisten von ihnen haben bereits am Vortag den Hafen erreicht. Über das Hafengelände verteilt liegen außerhalb der Stallungen allein 8 festliegende Bullen ungeschützt in der prallen Sonne. Von einem Doppelstockanhänger werden per Seilwinde 4 tote Tiere gezogen; drei weitere aus diesem Anhänger werden am späten Nachmittag auf einen Pritschenwagen gehievt und zur Notschlachtung ins 70 km entfernte Rijeka geschafft. Der besagte LKW war 74 Stunden vorher in Norddeutschland beladen worden. Auf dem Doppelstockanhänger von 8,00 m Länge und 2,35 m Breite waren 27 Bullen eingepfercht mit einem Gewicht zwischen 650 und 750 kg pro Tier. Die Bullen waren bereits am frühen Nachmittag des Vortages im Hafen angekommen und mussten 18 Stunden auf ihre Entladung warten. Gemessene Innentemperatur in verschiedenen Transportfahrzeugen z. T. über 50 Grad Celsius. Die Schlachtrinder des genannten Transportes waren nachweislich mehr als 74 Stunden weder gefüttert noch getränkt worden.

Ergebnis eines Vormittags im Mai 1992 in Rasa auf dem Weg von Norddeutschland nach Alexandria (Ägypten): 15 tote Schlachtrinder – oder nach dem Sprachgebrauch der Exporteure: 15 Totalverluste.

Einige ergänzende Zahlen aus den vergangenen Jahren. Im April 1994 starben auf der MS „Britta" vom ostfriesischen Leer nach Alexandria 125 Schlachtbullen. Bei einem Transport von Norddeutschland über den Hafen Triest nach Istanbul im Juli 1995 überlebten von 717 Bullen lediglich 390 Tiere.

Der Journalist Manfred Karremann (seit 1991) mit seinen Fernsehbeiträgen, ich selbst (seit 1992) sowie die Tierärztin Dr. Anna Schmiddunser (seit 1994) haben mit ihren fortgesetzten Vorortberichten über die tierquälerischen internationalen Schlachttiertransporte nicht nur eine breite Öffentlichkeit sensibilisiert, sondern auch die politisch Verantwortlichen immer wieder auf die enormen Defizite in Legislative und Exekutive hingewiesen.

3.2   Beispiel 2: Legehennen

Anfang der 70er Jahre fordern verschiedene Gutachter (Dorn, Kalich, Monreal u. a.) für Legehennen in Käfighaltung eine uneingeschränkt benutzbare Bodenfläche von 600 $\underline{cm^2}$. In dem gemeinsam mit weiteren Autoren verfassten Gutachten für tierschutzgerechte Haltung von Nutzgeflügel in neuzeitlichen Haltungssystemen vom 10. Juli 1974 wird gefordert, „dass jedem Tier eine nutzbare Trogbreite von 10 cm zur Verfügung stehen muss."

Eine rechtliche Festlegung betreffend Besatzdichte wurde mit der Verordnung zum Schutze von Legehennen bei Käfighaltung (Hennenhaltungs-VO) vom 10. Dezember 1987 getroffen.

Hier wurde in § 2 im Gegensatz zu dem Gutachten der o.a. Wissenschaftler festgeschrieben, dass Legehennen mit einem Durchschnittsgewicht von bis zu 2 kg 450 $\underline{cm^2}$ und über 2 kg

550 cm² uneingeschränkt benutzbare Käfigbodenflächen zur Verfügung stehen mussten.

Legehennenhaltung (Foto: F.-J. Plank)

Jedoch zur Praxis:

Im Frühjahr 1985 stellte ich in einer der größten Legehennen-anlagen Europas mit einer amtlich genehmigten Kapazität von 280.000 Tierplätzen fest, dass in einer von 6 Stallabteilungen die Käfige (Modell Kompakt B mit einer Grundfläche von 48,5 mal 45,0 cm) mit jeweils 7 Legehennen besetzt waren. In zwei weiteren Abteilungen der Farm waren pro Käfig 6 Hennen eingestallt worden.

Daraus ergab sich, dass bei einer Belegung von 7 Hennen pro Käfig der einzelnen Legehenne nur 297,5 cm² – das ist die Hälfte eines DIN A4-Blattes – zur Verfügung standen. Bei 6 Tieren pro Käfig ergaben sich 347 cm² Fläche pro Einzeltier.

Das Veterinäramt des Landkreises erstattet Strafanzeige bei der zuständigen Staatsanwaltschaft. Hier wird ermittelt. Gutachten werden eingeholt. Gegengutachten erstellt usw.

Nachdem mehr als 2,5 Jahre vergangen sind, findet im November 1987 ein Gerichtstermin beim zuständigen Amtsgericht in X statt; die Feststellungen betreffend 7 bzw. 6 Hennen / Käfig werden nicht verhandelt, da der Tatbestand laut Staatsanwalt länger als zwei Jahre zurückliegt und somit verjährt ist. Verhandelt wird lediglich wegen eines formalen Verstoßes gegen eine wesentlich später ergangenen Verfügung des Landkreises V in Sachen Baurecht.

Ergebnis: 5.000 DM Bußgeld wegen Ordnungswidrigkeit.

3.3   Beispiel 3: Masthühner

Masthähnchenstall (Foto: E. Eckof)

In dem bereits erwähnten Gutachten über tierschutzgerechte Haltung von Nutzgeflügel in neuzeitlichen Haltungssystemen aus dem Jahre 1974 sind die Mindestanforderungen hinsichtlich Besatzdichte für Jungmastgeflügel mit 30 kg Lebendgewicht pro

Quadratmeter Stallfläche festgeschrieben; das bedeutet für die Kurzmast (34–36 Tage) mit einem Mastendgewicht von durchschnittlich 1,5 kg/Tier, dass die Tierzahl/m^2 Stallfläche auf 20 Masthähnchen (Broiler) zu begrenzen ist. Eine entsprechende bundesweite Verordnung steht bis heute aus. Im Rahmen der amtlich vorgeschriebenen Schlachtgeflügellebenduntersuchung nach dem Geflügelfleischhygienegesetz, die 24–48 Stunden vor der Schlachtung im Herkunftsbestand durchzuführen ist, wird immer wieder festgestellt, dass die genannten Maximalzahlen weit überschritten werden.

An einem ungewöhnlich heißen Wochenende im August 1992 – Außentemperatur 35°C und mehr – sterben in den Geflügelställen der Region Weser-Ems etwa 1.000.000 Tiere, vorwiegend Broiler und Mastputen. Große Bestürzung in der Bevölkerung; die Medien treten auf den Plan. Die Politiker müssen reagieren. Es wird ein Arbeitskreis gebildet. Dieser erstellt nach zahlreichen Sitzungen und Beratungen ein Gutachten. Aufgrund dieses Gutachtens verkündet der zuständige Landwirtschaftsminister am 10.12.1993 den sogenannten Masthähnchenerlass, in dem – wie in dem 1974er Gutachten – maximal 30kg/m^2 (d.h. höchstens 20 Tiere/m^2) festgeschrieben werden. In den warmen Sommermonaten (vom 15.4.–15.9.) eines jeden Jahres hat eine Reduzierung auf 27 kg/m^2 zu erfolgen.

Aber die Geflügelwirtschaft interveniert daraufhin beim Minister und setzt ihre Lobby in Gang. Folge: Die Bezirksregierung ruft die Verwaltungen der Landkreise zusammen und weist diese an, den Erlass zunächst noch nicht anzuwenden. Zwei Landkreise werden angewiesen, gegen jeweils einen Mäster ihres Kreises eine sogenannte Musterverfügung zu erlassen, um dann nach Widerspruch des betroffenen Mästers über die Verwaltungsgerichte die Rechtmäßigkeit ihrer Verwaltungsakte überprüfen zu lassen. Dass derartige Verwaltungsgerichtsverfahren sich oft über Jahre hinziehen ist bekannt.

Folge: Landkreis A weigert sich mit der Begründung eventueller Regressansprüche durch den per Einzelverfügung belasteten Mäster. Landkreis B sucht mehr als 2 Jahre unter seinen 180 Großmästern den geeigneten für einen Musterprozess. Der Erlass liegt also weiterhin auf Eis.

3.4   Ein vorläufiges Resümee

Anhand der genannten Beispiele aus der Nutztierhaltung möchte ich nun Zusammenhänge aufzeigen, die Einfluss haben auf den Tierschutz insgesamt und seine Umsetzung in der Praxis.

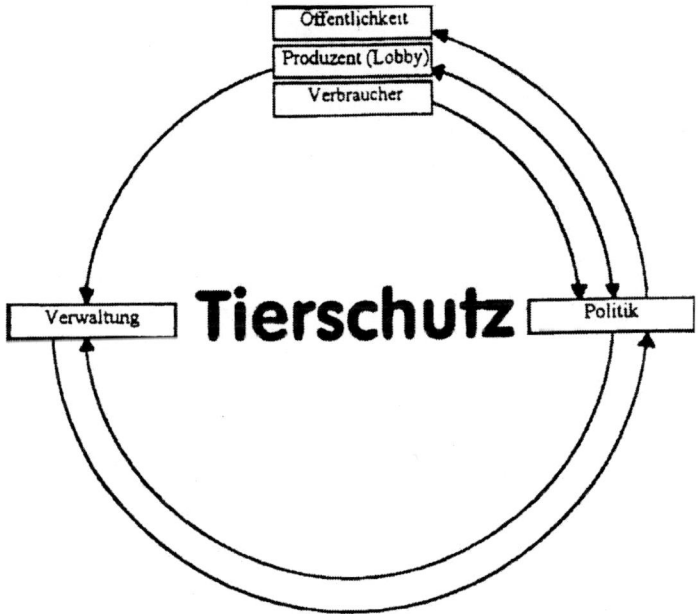

Zwei Ereignisse zu Beginn der sechziger Jahre sind, wie ich meine, für den praktischen Tierschutz von eminenter Bedeutung, da diese am Anfang von zwei völlig diametralen Entwicklungen stehen, deren Auswirkungen bis heute überhaupt noch nicht abzusehen sind. Diese sind:

1.   Die Einführung der Käfighaltung von Legehennen im Jahre 1962 und

2.   das Erscheinen des Buches „Silent Spring" der amerikanischen Meeresbiologin Rachel Carson im Jahre 1962.

Zu 1: Die Einführung der Käfig- bzw. Batteriehaltung und die Konzentration möglichst vieler Tiere auf engem Raum weitete sich rasch auch auf weitere Sparten der Nutztierhaltung wie die

Broiler- und Putenmast, Schweine- und Rindermast auf Spalten-böden, Boxenhaltung von Kälbern in Dunkelställen usw. aus. Dieses führte zu Massentierhaltung und agrarindustrieller „Tierproduktion". Verbunden und als Folge dieser Massen- und Überproduktion sind die in der Regel unsäglich tierquälerischen Transporte über große Distanzen. Seit Bestehen der Menschheit hat es kein solches Ausmaß an Tierquälerei gegeben – sowohl was Quantität als auch die Intensität angeht – wie heute. Und die Tendenz ist weiter steigend.

Zu 2: Mit „Silent Spring" setzte ein zunächst langsames, dann stärker wachsendes Umweltbewusstsein bei der Bevölkerung ein, insbesondere in den westlichen Demokratien. Dies hatte zur Folge, dass sich zunächst Umweltgruppen und später auch politische Umweltparteien bildeten. Die bereits bestehenden und sich neu bildenden Tierschutzorganisationen haben in den letzten zwei Jahrzehnten ständig steigende Zuwachsraten sowohl an aktiven wie fördernden Mitgliedern. Die Medien, und hier insbesondere die Fernsehanstalten, haben nach ersten Beiträgen seit Beginn der 70er Jahre (z.B. von Horst Stern und Professor Grzimek) das steigende Interesse der Öffentlichkeit an Umwelt- und Tierschutzthemen erkannt und durch entsprechende Sendungen zu einer verstärkten Sensibilisierung der Bevölkerung beigetragen.

Die in den letzten Jahren verstärkt zu beobachtende sensiblere Hinwendung breiter Bevölkerungskreise zu tierschutzrelevanten Themen und Problemen wie Massentierhaltung, „Herodes-Kälbern", Schlachttiertransporten u.a. ist natürlich auch den Politi-kern nicht verborgen geblieben. Man ist sich bewusst, respektive man glaubt, dass durch die Behandlung von Tierschutzthemen Wählerstimmen zu gewinnen sind. Populistische Erklärungen und Forderungen wie die Abschaffung von Schlachttiertransporten, die je nach Kalkül mehr als 4, 6, 10 oder 12 Stunden dauern, oder auch der Ruf nach strengeren Auflagen für intensive Nutztier-haltungen und ähnliches ändern jedoch zunächst nichts an der beklagten Situation. Nun muss man einräumen, dass zumindest in der Legislative auf Grund der Bemühungen der Tierschutz-organisationen und auf Druck der öffentlichen Meinung in den letzten Jahren in Teilbereichen ein Wertewandel – besser gesagt ein Wertungswandel – zu verzeichnen ist. In das Bürgerliche Gesetzbuch (BGB) wurde durch Gesetz vom 20. August 1990 der §90a aufgenommen, der da lautet: „Tiere sind keine Sachen. Sie werden durch besondere Gesetze geschützt". Bis dahin hatte nämlich das Tier nach dem BGB lediglich als Sache gegolten. In der Neufassung des Tierschutzgesetzes vom 26. Februar 1993 heißt es im § 1: „Zweck dieses Gesetzes ist es, aus der Verantwortung des Menschen für das Tier als Mitgeschöpf dessen Leben und Wohlbefinden zu schützen" und dann wie bereits in der alten Fassung: „Niemand darf einem Tier ohne vernünftigen Grund Schmerzen, Leiden oder Schäden zufügen".

Sieht man jedoch die tägliche Praxis des Umgangs mit Tieren, dann stellt sich die Frage, ob dies in Wirklichkeit nicht alles nur Makulatur ist, geschaffen lediglich als Fassade zur Beruhigung der Bürger. Der Nestor der deutschen Tierschutzethik, Professor G.M. Teutsch, bringt dieses – wie bereits im vorangegangenen Kapitel erwähnt – auf den Punkt: „Wie kein anderes Gesetz ist das Tierschutzgesetz ethisch begründet und erhebt mit der in der novellierten Fassung noch besonders verstärkten Forderung des § 1 einen hohen moralischen Anspruch. Dem Tier wird ein eigenes Lebensrecht eingeräumt, sein Leben und Wohlbefinden unter den Schutz des Gesetzes gestellt. Aber wenn man Satz 2 liest „Niemand darf dem Tier ohne vernünftigen Grund Schmerzen, Leiden oder Schäden zufügen" und sich vor Augen hält, welches Ausmaß an Tierquälerei im weiteren Gesetzestext ausdrücklich erlaubt, geduldet oder als bloße Ordnungswidrigkeit verharmlost wird, dann wirkt das Gesetz im ganzen wie moralische Hochstapelei. Es wird viel verbaler Aufwand getrieben, um einerseits die in Tierschutzfragen erheblich empfindlicher gewordene Öffentlichkeit zu beruhigen und andererseits die traditionelle Ausbeutungspraxis nicht ernsthaft zu beschneiden".

Als Ergänzung zu den Ausführungen von Prof. Teutsch nur einige Beispiele:

1. Obwohl Wissenschaftler wie Verhaltensforscher, Tierärzte, Biologen, Tierzüchter u.a. in zahlreichen Gutachten die Käfighennenhaltung für tierquälerisch erklärt haben, wurde durch die sogenannte Verordnung zum Schutz von Lege-

hennen bei Käfighaltung – basierend auf dem Tierschutz-gesetz – ein Vergehenstatbestand legitimiert.

2. Am 12. August 1992 habe ich im Bundeslandwirtschafts-ministerium in Bonn detailliert über die unhaltbaren Zu-stände bei internationalen Tiertransporten vorgetragen und dies mit entsprechenden Fakten und Beweisen belegt. Dabei machte ich mit dem Ziel einer unverzüglichen Ab-stellung dieser tierquälerischen Machenschaften den Vor-schlag, EU-weit ein oder zwei Überwachungsteams zu schaffen, bestehend aus jeweils zwei fachkundigen Personen . Diese sollten, ausgestattet mit einem schnellen Auto, einem Handy, Laptop und entsprechenden Befug-nissen, Ladestellen, Versorgungsstationen, sowie Lade- und Entladehäfen jederzeit ohne Voranmeldung zu über-prüfen. Diesem Vorschlag ist bis heute nicht entsprochen worden.

3. Durch den o.a. Vorschlag wären keine zusätzlichen Kosten entstanden, sondern im Gegenteil hätten zwei-stellige Millionenbeträge pro Jahr eingespart werden können, bedingt durch die Tatsache, dass für tote Tiere oder durch Gewichtsmanipulationen u.a. häufig ungerecht-fertigte Subventionszahlungen geleistet werden. Allein von 1990 bis 1995 betrugen diese auf Grund krimineller Machenschaften erschwindelten Drittland-Subventionen für Schlachtrinder, allein die Bundesrepublik Deutschland betreffend, 79 Millionen DM. Durch Gewichts-manipulationen an einer einzigen Exportverladestelle in Norddeutschland wurden von April 1992 bis Oktober 1994 allein 3,3 Millionen DM illegal kassiert.

4. Bei einem erneuten Vortrag im Bundeslandwirts-ministerium am 13. November 1995 stellte ich ein Projekt der Tierärztlichen Initiative Tierschutz unter Mitarbeit des Instituts für Tier- und Umwelthygiene der Freien Uni-versität Berlin vor, dem zufolge in den Häfen Izmir, Istanbul und Beirut die dort angelandeten Schlachtrinder mittels wissenschaftlich erhobener Parameter auf ihren Gesundheitszustand hin untersucht werden sollten. Obwohl die Tierärztliche Initiative alle damit verbundenen

Kosten übernehmen wollte und bei Vorortgesprächen in Ankara und Beirut mir von den dortigen Landwirtschafts- ministerien grünes Licht signalisiert worden war, wurde das Projekt von Bonn abgeblockt .

Nun gibt es immer noch zahlreiche Politiker, die behaupten, die gesetzlichen Rahmenbedingung seien gegeben; man müsse nur den Mut haben, sie auch konsequent anzuwenden. Dass dieses häufig nicht zu realisieren ist, wissen diese Damen und Herren zwar, verschweigen es aber geflissentlich. Politik ist nach Bismarck bekanntlich die Kunst des Machbaren. Der Politiker sieht sich in der Öffentlichkeit nicht nur mit den Forderungen bestimmter gesellschaftlicher Gruppen wie Tierschützern, Verbrauchern u.a. konfrontiert, sondern auch dem Druck und den Zwängen wirtschaftlicher Interessen ausgesetzt; und hier liegt nicht selten der Grund des Dilemmas. Vereinfacht gesagt: Die Wirtschaft macht die Politik und die Politiker machen die Rhetorik.

Einerseits als Instrument der Politik, andererseits als Puffer zwischen Öffentlichkeit und Politik sind die Ministerialbürokratie und insbesondere die kommunale Verwaltung angesiedelt. Das vor Ort für den Tierschutz zuständige Organ ist in der Regel der beamtete Tierarzt respektive angestellte amtliche Tierarzt. Im § 1 der tierärztlichen Berufsordnung heißt es: „Die Tierärztinnen und Tierärzte sind die berufenen Schützer der Tiere." Ob diesem hohen Anspruch immer entsprochen wird, sei dahingestellt; wenn nicht, kann es der einzelnen Tierärztin oder dem Tierarzt nicht immer allein angelastet werden, denn sie sind häufig eingebunden in Verwaltungsstrukturen, die mehrheitlich auch heute noch hierarchisch geprägt sind und Subsidiarität vermissen lassen. Hierzu zwei Beispiele aus der Tierschutzpraxis:

Schöpft der Amtstierarzt z.B. bei der Abfertigung von Schlacht- tiertransporten die ihm zu Gebote stehenden rechtlichen Möglichkeiten aus, dann passiert es nicht selten, dass die Verladungen zukünftig in den benachbarten Landkreisen abgefertigt werden und der gesetzestreue Tierarzt z.B. von seinem ihm vorgesetzten Dezernenten (meist ein Jurist) zu hören bekommt, ein öffentlich Bediensteter sei laut Beamtengesetz „zur Mäßigung verpflichtet". Die Aufzählung weiterer Repressalien würde den Rahmen dieses Beitrags sprengen. Deshalb auch nur noch ein letztes Beispiel:

Nach einem Frontal-Beitrag am 22. Oktober 1996 im Deutschen Fernsehen über die unsagbaren tierquälerischen Vorgänge in den Häfen Triest und Beirut forderte der Vorstand des Bundesverbandes der beamteten Tierärzte in einer Entschließung vom 29. Oktober 1996 seine Mitglieder auf, in Zukunft keine Schlachttiertransporte nach außerhalb Europas mehr abzufertigen. Bundesweit sind nach meiner Kenntnis kaum ein halbes Dutzend amtlicher Tierärztinnen und Tierärzte dieser Empfehlung gefolgt. Die Transporte gingen weiter.

Zusammenfassend lässt sich das Thema vielleicht folgendermaßen darstellen:

Der Markt bestimmt, Politiker reden, Ministerialbürokratie und kommunale Verwaltung verhalten sich angepasst und Schöpfung wie Gesellschaft sind ihnen ausgeliefert.

4   Tiertransporte I

4.1   Das lange Leiden

Zu Anfang möchte ich verweisen auf eine rechtliche Bestimmung des Herzogtums Oldenburg aus dem Jahre 1879. Es handelt sich um die Bekanntmachung des Staatsministeriums, Departement des Inneren, betreffend Bestimmungen über die Verladung und Beförderung von Tieren auf Eisenbahnen:

> *„Bei Bestimmung dieser Stationen ist davon auszugehen, dass wenn Transporte eine längere Zeitdauer als 24 Stunden erfordern, inzwischen eine Tränkung der Tiere stattfinden muss. Bei allen Transporten, welche für die Fahrt zwischen dem Absende- und Bestimmungsort fahrplanmäßig eine Zeit von 24 Stunden und darüber erfordern, muss die Tränkung auf einer zwischenliegenden Tränkestation ohne Rücksicht auf die bis zu derselben von den Tieren durchfahrene Zeit vorgenommen werden".*

Das Europäische Übereinkommen über den Schutz von Tieren bei internationalen Transporten vom 13. Dezember 1968 schreibt in Artikel sechs (4) vor: „Während des Transportes sind die Tiere in angemessenen Zeitabständen mit Wasser und geeignetem Futter zu versorgen. Die Tiere dürfen dabei nicht länger als 24 Stunden ohne Futter und Wasser bleiben". Das Europäische Übereinkommen von 1968 hat in der Bundesrepublik Deutschland seit dem 12.7.1973 Gesetzeskraft. Im übrigen traten fast alle europäischen Staaten, auch die ost- und südosteuropäischen, dem Europäischen Übereinkommen bei.

Als wir uns im Veterinäramt in den Monaten März und April 1992 erstmals mit der Abfertigung von internationalen Schlacht-tiertransporten nach Nordafrika und Nahost konfrontiert sahen, haben wir uns besonders unter dem Eindruck der Berichte eines Fernsehfilms des Journalisten Manfred Karremann ernsthaft bemüht, uns der Abfertigung von Tage bis Wochen dauernden Tiertransporten zu verweigern. Von den vorgesetzten Dienststellen wurde uns jedoch unmissverständlich klar gemacht, dass Exporteure und Spediteure einen Rechtsanspruch auf Abfertigung derartiger Transporte hätten und wir bei Weigerung bzw. Zurückweisung nicht nur mit Regressansprüchen der Firmen, sondern als öffentlich Bedienstete auch mit dienstlichen Konsequenzen zu rechnen hätten.

In Niedersachsen ist der amtliche Tierarzt per Erlass vom 29.11.1991 verpflichtet, bei grenzüberschreitenden Tiertransporten auf der gemäß Richtlinie 77/489/EWG auszustellenden Internationalen Transportbescheinigung eine entsprechende Versorgungsstelle festzuschreiben, sofern die Transportdauer voraussichtlich 24 Stunden überschreitet. Ich habe dann zunächst einmal versucht, in Erfahrung zu bringen, wo überhaupt entsprechende Versorgungsstationen an den Transportrouten zu den Mittelmeerhäfen existierten. Auf Anfrage bei verschiedenen Tiertransportunternehmen und Exporteuren wurde eine Vielzahl von angeblich bereits bestehenden Versorgungsstellen genannt, deren Existenz bzw. deren Funktionsfähigkeit nach ersten Recherchen zumindest in Frage gestellt werden musste. Bei entsprechenden Rückfragen beim zuständigen Landwirtschaftsministerium in Hannover Anfang März 1992 wurde mir erklärt, dass man dort keinerlei Kenntnisse über entsprechende Einrichtungen besäße, und nach erneuter telefonischer Rückfrage wurde berichtet, dass auch auf Referentenebene der Bundesländer und beim Bundeslandwirtschaftsministerium in Bonn keine definitiven Erkenntnisse vorlägen; man wolle jedoch auf Referentenebene das Thema behandeln. Jedoch könne vor Herbst nicht mit einer Antwort gerechnet werden. Solange wollte ich aber nicht warten. Mein Angebot, einen jüngeren Kollegen aus unserem Veterinäramt als Begleitung für einen oder mehrere Schlachttiertransporte zur Verfügung zu stellen gegen Übernahme des normalen Spesensatzes wurde vom niedersächsischen Landwirtschaftsministerium mit Schreiben vom 11.5.1992 zwar begrüßt, die Frage einer teilweisen Kostenübernahme jedoch abschlägig beschieden.

Nachdem in der Zeit vom 20.–22.5.1992 in meinem Amtsbereich 15 Transporter mit insgesamt 499 Schlachtbullen zum Verladehafen Rasa (Kroatien) abgefertigt worden waren, habe ich einige Tage Urlaub genommen und mich selbst, d.h. privat und auf eigene Kosten, auf den Weg nach Süden gemacht.

Am 25. 5.1992, 09.30 Uhr kam ich im Hafen von Rasa an der dalmatinischen Küste an.

Circa 1.000 Rinder waren bereits auf das im Hafen liegende Schiff (Ladekapazität: 2.000 Rinder) verladen worden. Ein Teil der LKW wurde gerade entladen. Letztere (nach Angaben von 10–12 Fahrern) hatten bereits am Mittag des Vortages den Hafen erreicht, konnten jedoch, da erstens nur eine Entladestelle in Betrieb und zweitens die Hälfte der Stallanlagen mit Schafen für den Libanon belegt waren, erst nach z.T. mehr als 18 Stunden nach ihrer Ankunft entladen werden. Außentemperatur am späten Vormittag : **35° C im Schatten.**

Als weitere gravierende Mängel habe ich festgestellt:

1. Vom Transport erschöpfte, verletzte und unter Hitzestau leidende Bullen lagen ungeschützt im gesamten Hafen-bereich herum.

2. Eine tierärztliche Versorgung der o.a. Tiere fand nicht statt.

3. Der für 10.00 Uhr avisierte Grenztierarzt erschien erst gegen 14.00 Uhr und brachte lediglich die Transport-schäden zu Papier.

4. Durch Intervention beim Hafenmeister und dem Kollegen konnte ich erreichen, dass mehrere offensichtlich stark transportgeschädigte Bullen nicht verladen wurden.

5. Die moribunden Tiere – am Kontrolltag sechs – wurden erst am späten Nachmittag verladen, um zur Not-schlachtung ins 70 km entfernte Rijeka transportiert zu werden.

6. Von einem Transporter, der offensichtlich überladen war, wurden vier transporttote Bullen entladen. Die Tiere dieses Transportes waren am frühen Vormittag des 22.5. in Brandenburg geladen und mehr als 72 Stunden nicht ge-

tränkt worden. Außer den vier Transporttoten wurden von diesem LKW drei weitere Bullen mit starkem Hitzestau entladen, die ebenfalls notgeschlachtet werden mussten.

AMI: animalNetwork/Karremann

Transportverletzter Bulle wird per Gabelstapler zum Schiff geschleppt.

AMI: animalNetwork/Karremann

Kranverladung auf das Transportschiff

43

4.2 Fazit am 25.5.1992 in Rasa: Neun tote Bullen und sechs Notschlachtungen

Als ich zurück in Deutschland war, habe ich die entsprechende Spedition nach eventuellen „branchenüblichen" Transportverlusten befragt. Die stolze Antwort des Firmenchefs: „Herr Doktor, bei 10.000 transportierten Rindern in den letzten Monaten hatten wir nur einen Totalverlust."

Meine Überprüfung über die Einhaltung der Versorgungspflicht nach 24 Stunden Transport ergab folgendes Ergebnis: Von 68 Fahrzeugen hatten 52 keine Eintragung bzw. Bestätigung einer Versorgungsstelle in den Transportpapieren, von 15 im eigenen Landkreis abgefertigten Transportern waren sieben an der auf den Transportpapieren festgeschriebenen Versorgungsstation Hegyeshalom in Ungarn vorbeigefahren. Von 12 in der Hafenkantine versammelten Fahrern – im Gegensatz zu Deutschland hier sehr offen und gesprächsbereit – gaben acht Fahrer offen zu, nicht getränkt zu haben, zwei Fahrer erklärten in Hegyeshalom getränkt zu haben, zwei weitere Fahrer wollten sich nicht äußern.

Auf der Rückfahrt nach Deutschland inspizierte ich die Tränke- und Versorgungsstation Hegyeshalom an der deutsch-ungarischen Grenze. Bei der Tränkestation Hegyeshalom handelt sich um eine ehemalige Lebendverladerampe der Ungarischen Staatsbahn, die von einer österreichischen Spedition betrieben wird. Die einzelnen auf der Rampe abgetrennten Abteilungen verfügen in ganzer Breite über Steinguttröge. Da der Boden dieser Tröge jedoch bis zu einer Höhe von teilweise mehr als 10 cm mit z.T. schon bemoostem Erdreich gefüllt war, gab der anwesende Firmenvertreter der o. a. Spedition auf entsprechende Vorhaltungen unumwunden zu, dass zumindest die Tröge seit Wochen nicht mehr benutzt worden waren.

Nun muss an dieser Stelle angemerkt werden, dass ein Entladen zur Versorgung, besonders von schweren Mastbullen, sehr problematisch und somit in der Praxis nur schwer durchführbar ist. Auf meine Frage, wie denn nun getränkt würde, zeigte man mir in einem nahegelegenen Schuppen drei Gartenschläuche. Geeignetes Tränkegeschirr konnte nicht präsentiert werden. Ergebnis:

Getränkt werden konnte in Hegyeshalom nur, wenn geeignete Tränkegeschirre von den LKW s mitgeführt wurden.

Nach meiner Rückkehr in Deutschland sprach ich mehrere Speditionen auf gehabte Tränkepraxis an.

Fazit: „Herr Doktor, wir haben auf allen Fahrzeugen Tröge."

Meine Antwort: „Möchte ich mir ansehen."

Einlassung der ersten Spedition (eine der größten in Norddeutschland):

„Unsere Wagen sind immer unterwegs und fast nie zu Hause."

Zweite Spedition: „Am Freitag, am späten Nachmittag können Sie unsere Fahrzeuge sehen."

Am frühen Freitagnachmittag ruft die zweite Spedition im Veterinäramt an:

„Unsere Wagen sind noch alle unterwegs. Wir melden uns in der nächsten Woche wieder."

Da einem Veterinärbeamten am Wochenende die große Leere überkommt, habe ich am Sonnabendnachmittag die o.a. Spedition aufgesucht und siehe da, vier von fünf LKW standen auf dem Firmengelände.

Frage an den Juniorchef betreffend Tränkegeschirre.

Antwort: „Die haben wir für alle Fahrzeuge."

„Bitte vorzeigen."

Öffnen der Unterbodentransportbehälter.

1. Fahrzeug: Fehlanzeige
2. Fahrzeug: Fehlanzeige
3. Fahrzeug: Fehlanzeige
4. Fahrzeug: Fehlanzeige

Es blieb ja noch der 5. LKW.

Frage meinerseits: „Dann könnt Ihr ja auch nicht getränkt haben in Hegyeshalom?"

Ratlosigkeit bei Chef und Juniorchef. „Wir werden uns aber umgehend geeignete Tränkebecken besorgen."

Zwei Wochen später bestand immer noch Vollzugsdefizit.

4.3 Beispiele aus Frankreich und Holland

Dass tierquälerische Langzeittransporte sich nicht auf die Bundesrepublik Deutschland beschränken, belegt ein Bericht der „Royal Society for the Prevention of Cruelty to Animals West Sussex" vom 9.Juli 1992.

Trail No	Dates	Species	Departure Point	Destination	Hours in Transit	Hours without Food & water	Distance
206	18.9.91 – 20.9.91	Sheep	Calais , France	Pianella , Italy	43hrs 15mns	44hrs 15mns	1,767kms
207	24.9.91 – 26.9.91	Sheep	Calais , France	Pianella , Italy	47hrs	47hrs	1,781kms
208	14.11.91 – 15.11.91	Pigs	Breda , Holland	Pianella , Italy	30hrs 25mns	30hrs 25mns	1,810.6kms
209	24.2.92 – 26.2.92	Pigs	Breda , Holland	Bagheria , Sicily	58hrs 20mns	59hrs 20mns	3,231kms
211	1.4.92 – 2.4.92	Pigs	Breda , Holland	Pescara , Italy	37hrs 15mns	37hrs 15mns	1,765kms
212	27.4.92 – 28.4.92	Pigs	Breda , Holland	Pacura , Italy (lost)	29hrs 48mns	33hrs 48mns	1,946kms
213	11.5.92 – 13.5.92	Pigs	Kassiug Lairage , Holland	1. Rome 2. Frosinon 3. Taurisano	43hrs 50mns	43hrs 50mns	2,516.5kms
213a	11.6.92 – 13.6.92	Pigs	Breda , Holland	Calabro , Italy	45hrs 20mns	46hrs 20mns	2,500.9kms
214	23.6.92 – 24.6.92	Calves	Breda , Holland	Treviso, Italy	29hrs 50mns	47hrs	1,532.3kms
214a	24.6.92 – 26.6.92	Pigs	Aardorp , Holland	Mocomar , Sardinia	45hrs	45hrs	1,819.7kms

4.4 Neue Überraschungen

Nach meiner ersten Fahrt Ende Mai 1992 erfolgten aus unserem eigenen Landkreis vorerst keine Transporte zu den Mittelmeerhäfen. Meine Vorortrecherchen hatten sich offensichtlich herumgesprochen und man wich mit den Verladungen auf benachbarte Landkreise aus.

Doch die raue Wirklichkeit holte uns schnell wieder ein.

Freitag, der 19.6.1992 kurz vor Dienstschluss telefonischer Anruf der Viehverwertungsgenossenschaft in G.: „Montag, den 22.6. wird Verladung von 300-400 Schlachtbullen zum Verladehafen Triest erfolgen".

Bedingung unseres Veterinäramts: „Es wird von uns nur abgefertigt, wenn die Transportfahrzeuge mit geeigneten Tränkegeschirren ausgestattet sind".

Antwort: „Machen wir, alles klar."

Drei Tage später, also am Montag, dem 22.6.1992, morgens 7.30 Uhr:

Dreizehn Transportfahrzeuge verschiedener Speditionen an der Verladestelle; alle ohne Tränkebecken. Für zwei Fahrzeuge aus der näheren Umgebung werden diese später noch herangeschafft. Einlassungen der Fahrer: „Wir fahren als Subunternehmer für die Firma S. aus L. . Die Firma S. verfügt in Hustopece, in der Slowakei, über eine vorbildliche Tränkestation unmittelbar an der Autobahn Brünn–Bratislawa. Dort kann problemlos getränkt werden." Der Inhaber der o.a. Spedition war übrigens Mitglied der Arbeitsgruppe Tiertransporte des Deutschen Vieh- und Fleischhandelsbundes (DVFB). Die Station Hustopece war mir, wie oben bereits erwähnt, sowohl vom DVFB wie auch von mehreren Spediteuren als voll funktionsfähig genannt worden. Praktikable Tränkeschalen, die durch die Luftschlitze die Transportfahrzeuge geschoben werden könnten, seien in ausreichender Zahl auf der Station vorhanden. Von der Möglichkeit der Mitnahme von ambulanten Tränkegefäßen, die von der Verladestelle vorsorglich bereitgestellt worden waren, wurde nur in einem Falle Gebrauch gemacht.

Skeptisch auf Grund der vielen bereits entdeckten Potemkinschen Dörfer und getreu der Maxime, dass ein preußischer Beamter nicht auf halbem Wege stehen bleibt, fuhr ich anschließend in mein Büro, erledigte das Nötigste, nahm drei Tage Urlaub und lenkte meinem Volvo-Diesel in Richtung Zinnwald (Grenzübergang zur CSFR). Ankunft Zinnwald: 23.6.1992 9.00 Uhr.

Vor der Grenze standen fünf LKW einer großen Spedition aus dem Rheinland. Eine Stunde zuvor hatte der diensttuende deutsche Grenzveterinär bereits zwei Fahrzeuge der gleichen Spedition überprüft, nach der anzufahrenden Versorgungsstation gefragt und die Antwort: „Zollhof Dubi" bekommen.

Dubi liegt rund fünf km hinter der tschechischen Grenze. Ich also zu den tschechischen Kollegen. Frage: „Wie steht es mit Tränkemöglichkeiten in Dubi"?

Antwort: „Es gibt keine Tränkemöglichkeit in Dubi."

Ich zurück zu den fünf Rheinländern. Die Sache mit Dubi hatte sich bereits herumgesprochen.

Frage: „Wo geladen?"

Antwort u.a.: „Husum in Schleswig-Holstein."

Frage nach dem Verladehafen.

Antwort: „Rasa".

Frage: „Wo wollt Ihr denn nun tränken"?

Antwort: „Kurz hinter Brünn". Also Hustopece.

Frage: „Habt Ihr Tränkegefäße dabei?"

„Natürlich Herr Doktor".

„Bitte vorzeigen."

1. Fahrzeug: Fehlanzeige

2. Fahrzeug: Fehlanzeige

3. Fahrzeug: Fehlanzeige

4. Fahrzeug: zwei 60 cm breite und ca. 12-15 cm tiefe Tränkeschalen aus Nirostastahl

5. Fahrzeug: Fehlanzeige.

Anmerkung des Grenzgängers (zitiert aus der Bibel bei Johannes 6.9): „Doch was ist das für so viele?"

Ankunft Hustopece 23.6.1992, 16.00 Uhr: Unmittelbar an der Autobahn Brünn–Bratislava gelegen auf einem ehemaligen landwirtschaftlichen Staatsbetrieb; kleine Hütte mit drei Slowakinnen beim Kaffeetrinken. Auf entsprechende Fragen wird bestätigt, dass es sich hier um die Versorgungsstation Hustopece handelt. Es wird eine Kladde vorgelegt, in der unter dem Datum vom 23.6.1992 13 Kraftfahrzeugkennzeichen eingetragen sind samt Unterschrift der dazu gehörenden Fahrer. Alle Fahrzeuge, die am Vortage in unserem Landkreis geladen hatten, waren an der Station gewesen. Darauf wurden die Tränke- und Versorgungseinrichtungen in Augenschein genommen.

Ergebnis:

Ein 12 m langer Feuerwehrschlauch und sonst nichts.

- Keine Rampen,
- keine Tränkegefäße,
- keine Heu- oder Strohvorräte,
- nichts.

Die angebliche Versorgungsstation Hustopece

4.4.1 Alle Fahrer hatten ein Schreiben folgenden Inhalts erhalten:

Bestätigung

Wir bestätigen hiermit, dass der LKW Nr. .... heute am .... 1992 in der offiziellen Traenkestelle Hustopece/ CSFR behandelt worden ist und die Tiere gemaess getraenkt und gefuettert wurden.

Unterschrift und Stempel

Ich fahre weiter über Wiener Kreis und Klagenfurt nach Triest und komme dort am 24.6.1992 ca. 10.00 Uhr an. Und dies traf ich an:

Vier LKW hatten bereits entladen und das Hafengelände wieder verlassen. Ankunft der nächsten sechs Fahrzeuge gegen 12.00 Uhr. Alles firmeneigene Fahrzeuge der Firma S. aus L., die ja laut Bestätigung des Deutschen Vieh- und Fleischhandelsbundes (DVFB) Betreiberin der Versorgungsstelle war. Die Fahrzeuge der Firma S. hatten am Vormittag des 22.6.1992 in den neuen Bundesländern geladen.

4.4.2 Diskussion mit den Fahrern

Frage an den ersten Fahrer. „Wo getränkt"? Antwort: „In Hustopece".

„Wann?"

„Gestern morgen". Anmerkung: In besagter Kladde in Hustopece war der LKW nicht eingetragen. Skepsis: „Wo sind die Tränkebecken?" nicht vorhanden.

Frage an den 2. Fahrer. Gleiche Antworten gleiche Skepsis. Frage nach dem Zeitpunkt der Versorgung. Nach langem Studieren der Tachoscheibe: „Gestern um 21.00 Uhr".

Das erschien mir wegen der Entfernung Hustopece -Triest eher unwahrscheinlich. Auf die Frage nach der Tränkebescheinigung: „Habe ich nicht bekommen, der Doktor hatte seinen Stempel vergessen". Tatsache war: In Hustopece gab es gar keinen Veterinär.

Frage an 3. Fahrer nach Tränkegefäßen. Antwort mit strahlendem entwaffnenden Lächeln: „Ich habe alle Bullen abgeladen und getränkt". Was auf Grund der Verhältnisse in Hustopece überhaupt nicht möglich war.

Der vierte Fahrer bat mich: „Herr Doktor, geben Sie bitte meinen Namen und meine LKW-Nummer nicht weiter; die ganze Lügerei ist mir zu dumm; wir haben alle nicht getränkt".

Der fünfte Fahrer äußerte sich in gleicher Weise.

4.4.3 Die bei uns geladenen Rinder sind in mindestens 10 von 13 Fällen nachweislich nicht versorgt *worden.*

Fazit: Die Schlachtbullen auf allen 12 Fahrzeugen der Firma, die als Betreiberin der angeblichen Versorgungsstation Hustopece zeichnete, sind nachweislich nicht getränkt worden. Die in unserem Landkreis geladenen Rinder sind in mindestens 10 von 13 Fällen nachweislich nicht versorgt worden. Ein Fahrer hatte angeblich seine Tiere mit dem Eimer getränkt, was praktisch jedoch kaum durchführbar ist. Ergo: Mindestens 600 von 752 Schlachtbullen waren bei hochsommerlichen Temperaturen auf dem Weg von Norddeutschland nach Triest über einen Zeitraum von mehr als 48 Stunden nicht versorgt worden. In ruhigen und sachlichen Gesprächen im Hafen von Triest räumten die dort anwesenden Fahrer ein, dass sie durchaus bereit seien, sofern die praktischen Voraussetzungen gegeben seien, die vorgegebenen Versorgungsstellen anzufahren und die Tiere ordnungsgemäß zu versorgen.
Nach Beendigung meiner zweiten Kontrollfahrt habe ich einen detaillierten Bericht für das Niedersächsische Landwirtschafts-

ministerium angefertigt, der über die o.a. Feststellungen hinaus eine Reihe von ganz konkreten Vorschlägen enthielt, die einer unverzüglichen Änderung und effektiven Verbesserung der unhaltbaren Situation bei grenzüberschreitenden Schlachttier-transporten dienen sollten. Dies soll hier zumindest auszugsweise wiedergegeben werden:

„Nach eingehenden Recherchen, insbesondere auch durch die in Augenscheinnahme der Zustände in der Tschechei, der Slowakei, in Ungarn, Kroatien und in den Mittelmeerhäfen Rasa und Triest ergibt sich für den Berichterstatter folgendes Bild:

- Vorhandene Versorgungsstellen: Hegyeshalom in Ungarn und mit starken Einschränkungen Hustopece in der CSFR, wobei letztere erst angefahren werden kann, wenn eine Reihe von Voraussetzungen geschaffen und eine durchgehende amt-liche Kontrolle sichergestellt sind.

- Die sowohl von Exporteuren wie auch von verschiedenen Spediteuren immer wieder genannte Tränkestation Szekes-fehevar in Ungarn gibt es überhaupt nicht.

- Die angebliche Tränkestation am Schlachthof Bratislawa gibt es definitiv nicht.

- Eine Tränkestelle in Dubi (CSFR) gibt es nicht.

- Tränkestelle Descin (CSFR), häufig genannt bei Transporten nach Rasa und Triest, liegt 50 km abseits der Strecke Zinnwald-Prag, außerdem kann nach Angaben tschechischer Kollegen nur nach vorheriger Entladung getränkt werden.

Ob der Verfasser dieses Berichtes nun besonders krasse Beispiele erlebt hat, sei dahingestellt. Forderungen nach weiteren rechtlichen Bestimmungen allein, bringen uns im Moment nicht weiter. Die z.Zt. vorherrschenden Zustände erfordern jedoch unverzügliches Handeln.

Der Verfasser ist jedoch der Meinung, dass der amtliche Tierarzt – sofern er willens ist – durchaus in der Lage ist, mit der vorhandenen Rechtsmaterie (EG-Richtlinie 77/ 489 vom 18. Juli 1977 und deren Umsetzung in nationales Recht) unter Kenntnis der Situation in den Transitländern die o.a. Missstände weitgehend zu verhindern.

Auf Grund der geschilderten Zustände schlagen die Mitarbeiter des Veterinäramtes des Landkreises X folgende Vorgehensweise vor:

„Cloppenburger Modell"

1. Kein Transportfahrzeug wird ohne Mitführung geeigneter Tränkegeschirre abgefertigt. Nicht geeignet sind Gefäße, die nur über die Ladeklappen ins Innere des Frachtraumes verbracht werden können, da die Ladeluken vom Zoll verplombt werden.

2. Von den Versorgungsstationen wird z.Z. aus oben genannten Gründen nur Hegyeshalom akzeptiert. Mit dem dortigen Grenztierarzt Dr. Lajos Borbely wurde von mir vor Ort folgendes vereinbart:

   a) Dr Borbley stellt sicher, dass amtliches Personal 24 Stunden in Bereitschaft ist und nur nach ordnungsgemäßem Tränken dies auf der Internationalen Transportbescheinigung bestätigt wird.

   b) Der Landkreis .... fügt der Internationalen Transportbescheinigung zwei Bescheinigungen folgenden Inhalts als Rückmeldung bei:

Versorgungsbescheinigung für Schlachttiertransporte

Landkreis...............

Veterinäramt

Verladung am.............   in..

LKW-Nr.: ....

Anhänger-Nr.: ....

angegebene Versorgungsstelle
....

Bestimmungsort:
....

An den zuständigen amtlichen Tierarzt bzw. die amtlich beauftragte Person in
.... mit der Bitte um

Bestätigung, dass die Tiere des o.a. Transportes ordnungsgemäß getränkt und versorgt worden sind. Datum: .... Uhrzeit:

P.S. Ein Exemplar verbleibt bei der Versorgungsstelle.

Ein Exemplar wird dem Fahrer zurückgegeben und muss innerhalb von zwei Wochen dem abfertigendem Veterinäramt zugesandt sein.

1. Die Station Hustopece wird erst dann von hier akzeptiert, wenn vor Ort die entsprechenden Voraussetzungen geschaffen sind, eine Besetzung rund um die Uhr gegeben ist und die Versorgungsbestätigung durch eine unabhängige Institution dokumentiert wird.

2. Zum Zielhafen Rasa wird so lange nicht abgefertigt, solange folgende Mindestanforderungen nicht gesichert sind;

    a) Anwesenheit von tierärztlichem Personal bei jeder Entladung.

    b) Schaffung von Räumlichkeiten für Not- und Krankschlachtungen auf dem Hafengelände bzw. in unmittelbarer Nähe.

    c) Schaffung zusätzlicher Entlademöglichkeiten ..

    d) Zur Verfügungsstellung von ausreichend vorhandenen Stall- bzw. Ausruhkapazitäten.

Wir sind der Überzeugung, dass die o. a. Vorgehensweise, sofern diese auch von anderen amtlichen Tierärzten in gleicher oder ähnlicher Weise praktiziert wird, ein erster Schritt sein kann zu einer merklichen Verbesserung der Verhältnisse internationaler Schlachttiertransporte."

5   Verbände und Institutionen

Bereits während der 1. Kontrollfahrt nach Rasa und Hegyeshalom habe ich mir Gedanken gemacht, wie man den unhaltbaren Zuständen und Defiziten bei internationalen Schlachttiertransporten möglichst schnell und effektiv begegnen könne. Durch jahrelange Verwaltungspraxis desillusioniert hinsichtlich einer unverzüglichen Abstellung durch die Behörden, war ich im Sommer 1992 noch so blauäugig, zu glauben, die entsprechenden Wirtschaftskreise müssten allein schon aus Image-Gründen daran interessiert sein, aus den Negativschlagzeilen der Medien zu verschwinden. Deshalb wandte ich mich Anfang Juni 1992 an den entsprechenden Wirtschaftsverband mit dem Vorschlag zu gemeinsamen Gesprächen und Erörterungen mit dem Ziel verbesserter Transportbedingungen, Einrichtung von funktionsfähigen Versorgungsstationen entlang der Transportrouten und weiteres mehr. Mitte Juni führte ich dann in Bonn auch ein Gespräch mit dem Bundesgeschäftsführer des Deutschen Vieh- und Fleischhandelsbund e. V. (DVFB) dessen Stellvertreter und dem Inhaber einer großen Tierspedition aus dem Rheinland. Man machte mir den Vorschlag, bei der nächsten Sitzung mit der bereits bestehenden „Arbeitsgruppe Tiertransporte" entsprechende offene Fragen zu erörtern. Der Termin für ein derartiges Gespräch wurde jedoch von der Verbandsseite von Woche zu Woche hinausgeschoben.

Statt dessen hatte ich mich Ende Juni im Niedersächsischen Landwirtschaftsministerium einzufinden und sah mich dort konfrontiert mit Vorwürfen von Interessenvertretern aus Handel und Speditionsunternehmen.

„Es kann doch nicht angehen, dass ein deutscher Amtstierarzt auf dem Balkan rumturnt und unsere Transporte überprüft". (Orginalton des Bundesgeschäftsführers des Deutschen Vieh- und Fleischhandelsbund e. V. – DVFB –).

Von Seiten des zuständigen Tierschutzreferenten des Ministeriums erfolgte kaum Rückendeckung für den so gescholtenen Veterinär, jedoch eine fast servile Beflissenheit gegenüber den

Interessenvertretern. Kommentar eines darüber entrüsteten Beamten aus gleichem Hause nach Ende der Veranstaltung: „Dafür kriegt er dann zu Weihnachten wieder seinen Schinken."

Kurze Zeit nach diesem unerfreulichen Ereignis wurde mir nun von Verbandsseite durch einen leitenden Mitarbeiter der Vorschlag gemacht, für den Verband gegen entsprechendes Honorar einige Artikel zu schreiben. Als ich ein derartiges Ansinnen mit folgenden Worten brüsk zurückwies: „Wollen Sie mich beleidigen? Ich habe zwar eine Menge schlechter Eigenschaften, aber ich bin nicht käuflich", kam die lapidare Antwort: „Herr Doktor, Sie brauchen nicht beleidigt zu sein. Ihre Kollegen in den Ministerien machen das doch alle so."

Anmerkung: Es soll hier nicht pauschaliert werden, aber z.B. sogenannte Fachvorträge bei Landes- oder Bundesverbandstagen werden in der Regel nicht nur entsprechend honoriert, sondern auch weitere Aufmerksamkeiten werden häufig großzügig abgewickelt etwa nach dem Muster: „Unsere Jahreshauptversammlung ist in diesem Jahr in X und da findet gleichzeitig die bekannte Weinwoche statt. Bringen Sie doch Ihre Gattin mit, das Hotel steht Ihnen selbstverständlich bis Sonntag zur Verfügung."

Nach Rückkehr aus Rasa, und Hegyeshalom hatte ich unverzüglich − am 1.6.1992 − im Niedersächsischen Landwirtsministerium meine Feststellungen persönlich vorgetragen. Außerdem hatte ich, wie schon erwähnt, auch Kontakt aufgenommen mit dem Deutschen Vieh- und Fleischhandelsverband (DVFB), da ich damals noch so blauäugig war und glaubte, man sei zumindest aus Image-Gründen daran interessiert, die Verhältnisse grundlegend zu ändern. Mir wurde jedoch bedeutet, dass die Ergebnisse meiner Recherchen zwar bedauerlich seien, diese jedoch auf die Unzuverlässigkeit einiger Fahrer zurückzuführen seien.

Originalton des damaligen Geschäftsführers auf einer Sitzung der DVFB-Arbeitsgruppe „Tiertransporte" am 2.7.1992 in Bonn nachdem ich mit entsprechenden Dokumenten meine Feststellungen in Rasa und Hegyeshalom vorgetragen hatte: „Das ist menschliches

Versagen einiger Fahrer." Auf dieser Sitzung waren im übrigen fast alle großen Tierspeditionen vertreten.

Der damalige Präsident des DVFB erklärte in der Folge regelmäßig in der Presse und vor laufenden Fernsehkameras: „Wir (Anmerkung: Exporteure) haben Verträge mit den Speditionen und bezahlen für Fütterung und Tränke". Diese öffentlichen Statements des Herrn Präsidenten standen jedoch in eklatantem Widerspruch zu den tatsächlichen Gegebenheiten, wie dem Protokoll der o.a. DVFB-Sitzung zu entnehmen war:

> *„In der Diskussion wurde deutlich, dass es vor allem für die Spediteure Kostenprobleme sind, die dazu führen, daß Tränkestationen einfach durchfahren werden. Es wurde kritisiert, dass die verladende Hand (Anmerkung: Exporteure) die durch Tiertränke erstehenden Kosten nicht bezahlen will."*

Mir wurde auf der besagten Sitzung außerdem vom DVFB und mehreren Spediteuren erklärt, dass ich mit Hegyeshalom die falsche Versorgungsstelle kontrolliert hätte, weil:

1. Hegyeshalom von einer österreichischen Spedition betrieben würde und

2. man sich auf die ungarischen Veterinäre nicht verlassen könne. Zwischen Brünn und Bratislawa in Hustopece würde dagegen von einer süddeutschen Spedition eine vorbildliche Versorgungsstation unterhalten.

Nach meiner ersten Fahrt Ende Mai 1992 erfolgten aus dem eigenen Landkreis keine Transporte zu den Mittelmeerhäfen. Meine Vorortkontrollen hatten sich offensichtlich herumgesprochen und man wich mit den Verladungen auf benachbarte Landkreise aus.

5.1 Die Bonner Besprechung mit dem DVFB-Arbeitskreis „Tiertransporte" im Juli 1992

Am 2.7.1992 fand dann in Bonn die mehrfach verschobene Besprechung mit dem DVFB – „Arbeitskreis Tiertransporte" statt. Anwesend waren u. a. fast alle großen Tiertransportunternehmen der Bundesrepublik. Nach Schilderung meiner Feststellungen zunächst betretenes Schweigen. Dann heftige Diskussion von Seiten der Spediteure, die beklagten, dass die Exporteure nicht bereit seien, die Unkosten für die gesetzlich vorgeschriebene Tränkung und Versorgung der Tiere zu bezahlen, (siehe dazu auch DVFB-Protokoll auf Seite ...) Aus Wettbewerbsgründen sei man nicht in der Lage, zusätzliche Kosten und Zeitverluste in Kauf zu nehmen. Dass auch dies nur die halbe Wahrheit war, wurde mir erst bei späteren Recherchen klar, auf die im weiteren noch eingegangen wird. Im weiteren Verlauf der Sitzung wurde mir von einem Mitarbeiter der Betreiberfirma der Versorgungsstation Hustopece massiv vorgeworfen, meine Einlassungen betr. Hustopece seien unwahr:

1. Es wären Tränkegefäße in Hustopece in ausreichender Anzahl vorhanden. Auf mein Hinterfragen, wo sich denn diese Behältnisse befänden, wurde mir geantwortet: „In dem langen Schuppen neben dem Hydranten; die haben Sie eben nicht gesehen; nächstes Mal müssen Sie eben besser hinschauen". Anmerkung: Bei meiner Kontrolle am 26.6.1992 hatte ich gezielt nach Tränkegefäßen gefragt, jedoch als Antwort nur ein Schulterzucken erhalten.

2. Meine Feststellung, dass die Station nicht tierärztlich bzw. amtlich überwacht würde, trug mir den Tadel ein: „Das stimmt nicht, da haben Sie wieder nicht richtig recherchiert; die Station wird rund um die Uhr, 24 Stunden täglich, tierärztlich überwacht. Drei Kollegen von Ihnen wechseln sich regelmäßig ab".

3. Auf die Frage, weshalb denn dann die Station nicht einmal von den eigenen Transportern aufgesucht worden seien, erhielt ich die Antwort, dies sei eine einmalige Ausnahme gewesen.

Dass ich die o.a. Einlassungen schon innerhalb einer Woche in vollem Umfang widerlegen konnte, ist nicht untypisch und soll deshalb durch die Schilderung der nächste Episode unter anderem näher belegt werden.

5.2 Die Wirklichkeit holt uns schnell wieder ein

Als ich am Tag nach der DVFB-Sitzung morgens ins Büro kam, teilte mir ein Mitarbeiter, der sich schon im Außendienst befand, telefonisch mit, dass in einem Nachbarort mehrere Doppelstocktransporter mit Schlachtbullen beladen würden. Auf Rückfragen bei meinen Mitarbeitern und meiner Sekretärin, ob die Verladungen am Vortage im Veterinäramt angemeldet worden seien, wurde dieses verneint. Ich habe daraufhin unverzüglich die Verladestelle angerufen und den Geschäftsführer ans Telefon gebeten.

Frage: „Was ist bei Ihnen los"?

Antwort: „Was soll bei uns los sein?"

„Bei Ihnen werden Bullen verladen, die bei uns nicht angemeldet sind."

„Ja, Doktor...... äh........ das ist eine Beiladung."

„Wie viele Bullen stehen denn bei Ihnen in G.?"

„Ja..... äh..... rund 200."

Anmerkung: Als Beiladung bezeichnet man einen Ladevorgang, der an zwei verschiedenen Orten stattfindet, möglicherweise auch in zwei verschiedenen Landkreisen (verschiedene Veterinäramtsbereiche). Im letzteren Falle wird in gegenseitiger Amtshilfe abgefertigt.

An der ersten Ladestelle fertigt der amtliche Tierarzt ein sogenanntes Vorlaufattest über den Gesundheitszustand und die Verladefähigkeit der Tiere und gibt dieses dann an den Kollegen weiter, der die Überwachung am zweiten Ladeplatz zu überwachen hat und die Atteste und die Transportbescheinigung für die Gesamtladung ausstellt. Da je nach Größe bzw. Gewicht der Tiere ein Transportfahrzeug mit 28-35 Rindern beladen wird, bedeutet eine Beiladung ein Maximum von 10-15 Tieren.

Ein Mitarbeiter und ich haben uns unverzüglich ins Auto gesetzt und uns zum Ladeplatz in G. begeben. Vier LKW waren bereits beladen, der 5. wurde gerade beladen und der 6. stand noch leer an der Rampe.

Frage: „Wohin sollen die Bullen gehen?"

Antwort: „Libanon."

Frage: „Über welchen Hafen?"

Antwort: „Rasa."

Aha, da also lag der Hund begraben! Wie bereits erwähnt, hatten wir uns nach meinen Feststellungen vor Ort ab Ende Mai geweigert, Transporte zum Hafen Rasa abzufertigen.

Frage an den verantwortlichen Händler: „Wo und wann wolltet Ihr denn die Transporte zolltechnisch und amtstierärztlich abfertigen lassen?"

Antwort:...... „äh..... äh....... in W. im Landkreis O". (Anmerkung: Nachbarkreis)

Ich habe daraufhin den Kollegen in O. angerufen. Doch der wußte noch gar nichts von seinem Glück, dass er nämlich am Freitagnachmittag – nach Dienstschluss – noch sechs Langzeit-transporte abfertigen und die erforderlichen Gesundheitsatteste und Transportbescheinigungen ausstellen sollte.

5.3 Trick 37/3: Man ruft kurz vor Toresschluss den Amtsveterinär an

Also Trick 37/3.1, d.h.: man ruft kurz vor Toresschluss den Amtsveterinär an und setzt diesen in folgender Weise unter Druck: „Herr Doktor, wo waren Sie denn den ganzen Tag? Wir haben gestern Nachmittag und heute den ganzen Vormittag versucht, Sie zu erreichen. Wir haben deshalb die Tiere schon geladen und sind um 14.30 Uhr mit den LKW's am Bahnhof in A.." Ein derartig verunsicherter Beamter tut sich erfahrungsgemäß in einer solchen Situation schwer, seine Unterschrift zu verweigern. Macht er es trotzdem, wird ihm mit Regressansprüchen in schwindelnder Höhe gedroht.

Nach dem Telefongespräch mit dem Kollegen aus dem Nachbarkreis habe ich dann dem Verlader, der bereits Wochen vorher durch mich über die Verhältnisse im Hafen Rasa informiert worden war, erklärt, dass die Transporte nicht abgefertigt würden.

Daraufhin war ich mehr als zwei Stunden durch entsprechende Telefonate blockiert mit dem Exporteur, der aus Kroatien anrief, mit dessen Mitarbeiterin, die sich aus Leipzig meldete, mit dem Leiter der Speditionsagentur aus München, der mir Regressansprüche „in Millionenhöhe" androhte, dann wieder von dem Exporteur, der mir nun den Vorschlag machte, dass ein amtlicher Tierarzt auf seine Kosten den Transport bis Rasa begleiten solle, um dadurch die tierschutzgerechte Behandlung der Tiere im kroatischen Hafen sicherzustellen.

Damit saß ich in der Falle und fühlte mich wie die Hauptfigur im deutschen Drama 3. Akt letzte Szene.

Denn inzwischen war die Mittagszeit bereits verstrichen und die Fahrer bedrängten mich: „Herr Doktor, wir müssen bis morgen früh (Sonnabend) 6.00 Uhr an der tschechischen Grenze sein, denn ab 7.00 Uhr beginnt das Wochenendfahrverbot auf deutschen Straßen."

Ich hätte nun den „Schwarzen Peter" an den mir vorgesetzten Dezernenten weitergeben können. Aber erklären Sie 'mal in einer derartigen Situation an einem Freitagnachmittag, wie aus fachlich sachlicher Sicht zu verfahren ist. Aus diesem Grund habe ich es mir erspart, den Herrn Dezernenten anzurufen, was mir später noch einigen Ärger einbringen sollte. Mit meinen Mitarbeitern war ich mir darüber einig, dass einer von uns sein freies Wochenende opfern mußte, um eine tierschutzgerechte Behandlung der von uns abzufertigenden Rinder sicherzustellen. Da keiner der Kollegen allein fahren wollte, stimmte ich schließlich zu, dass zwei Kollegen zusammen sich mit folgenden Instruktionen auf den Weg machten:

1. Überwachung der Versorgung der Tiere in Hegyeshalom.

2. Kontrolle der Entladung und Unterbringung der Tiere in Rasa.

3. Falls Tiere verletzt, transporterschöpft oder moribund sind, dann kümmert Ihr Euch darum, dass diese tierärztlich versorgt werden; müssen Tiere notgeschlachtet werden, dann wartet Ihr nicht erst bis diese, wie gehabt, am späten Nachmittag zur Notschlachtung abtransportiert werden,

sondern schnappt Euch einen der deutschen LKWs und bringt sie unverzüglich nach Rijeka.

4. Auf dem Rückweg schaut Ihr in Hustopece – siehe oben – vorbei und seht mal nach, wo die angeblichen Tränkebecken sich befinden und wie es den drei Kontroll-tierärzten geht.

5.4 Ergebnis der viertägigen Exkursion meiner Kollegen:

1. Die ausstattungsmäßigen und personellen Voraus-setzungen in Hegyeshalom waren gegenüber Ende Mai verbessert worden; zu beanstanden war jedoch, dass bei einer Reihe der hier angetroffenen Transporter, die durchweg außerhalb unseres Landkreises geladen hatten, entweder kein oder nur unzureichendes Tränkegeschirr mitgeführt wurde.

2. Im Hafen Rasa wurde eine Reihe von LKW, die am Sonntagnachmittag das Hafengelände erreichten, nicht mehr entladen und auch nicht auf den LKW getränkt, so dass ein nicht unerheblicher Teil der Tiere bis zu 68 Stunden nur einmal bzw. überhaupt nicht versorgt worden war.

3. Weder eine tierärztliche Überwachung bei der Entladung der LKW und bei der Beladung des Schiffes noch eine tierärztliche Notversorgung erkrankter und verletzter Tiere konnten an beiden Tagen festgestellt werden.

4. Nach Verladung der Schlachtrinder auf das im Hafen liegende Schiff, machten sich die Kollegen auf die Rück-fahrt mit Station in Hustopece. Hier fragten sie sich durch zum Leiter der LPG, zu der die Versorgungsstation gehört. Die Suche nach den angeblich vorhandenen Tränkebecken war erfolglos. Die Frage an den LPG-Leiter nach einem der Tierärzte der Station wurde dahingehend beantwortet, dass es in Hustopece kein Veterinär-kontrollen gäbe. Ende Mai sei einmal ein Tierarzt auf dem Gelände der Versorgungsstation gewesen sei; dieser Tierarzt sei aber aus Deutschland gewesen.

Anmerkung: Dabei musste es sich wohl um meine Person gehandelt haben. Also ein weiteres Potemkinsches Dorf.

5.5 Das System der Subventionen als einer der Gründe für die skandalösen Langzeittransporte

Aufgrund unserer Recherchen vor Ort und aus Gesprächen mit verschiedenen Fahrern verdichtete sich bei uns immer mehr das Bild, dass unsere Feststellungen nicht etwa Ausnahmen waren, sondern das Ganze System hatte und zwar folgendermaßen:

In der Europäischen Union werden bei zahlreichen landwirtschaftlichen Produkten seit vielen Jahren durch die nationalen Regierungen und die EU riesige Mengen vom Markt genommen und im Rahmen der privaten Lagerhaltung auf Halde gelegt (z.B. Butterberg, Fleischberg u.a.). Um die mit riesigen Summen intervenierten landwirtschaftlichen Erzeugnisse nicht ins Unermessliche ansteigen zu lassen, werden diese bei Export in Länder außerhalb der EU mit sogenannten Drittlandsubventionen bedacht, da der Welthandelspreis z.B. für lebende Rinder und Rindfleisch wesentlich niedriger liegt als die innerhalb der EU gezahlten Preise. So lag der Subventionsbetrag für Schlachtbullen in den Jahren 1992 und 1993 zwischen 2,38 DM und 2,65 DM pro Kilogramm Lebendgewicht, was bei einem Schlachtbullen von 800 Kilogramm ca. 2000 DM ausmachte. Die Gewichtserfassung erfolgt unmittelbar vor der Verladung durch den Zoll, und dieses Gewicht ist maßgeblich für die spätere Exporterstattung. Erlitt das Rind auf dem strapaziösen Transport z. B. nach Alexandria oder Beirut einen Gewichtsverlust von 20 % oder mehr, so war das für die EU-Subvention unerheblich.

Ein nicht unerheblicher Kostenfaktor für den Exporteur sind die Frachtkosten. Wenn z.B. für die Verladung von 660 Bullen einer bestimmten Gewichtsklasse bei Einhaltung der maximal erlaubten Ladedichte (die nach meinen Feststellungen bei Langzeittransporten wesentlich zu hoch bemessen sind), 23 LKW erforderlich waren, wurden in der Vergangenheit z.B. die 660 Tiere auf lediglich 20 Transporter verteilt, was für den Exporteur in diesem Falle bei Transporten von Norddeutschland zu den Mittelmeerhäfen Rasa (Kroatien), Koper (Slowenien) oder Triest eine Einsparung von dreimal ca. 5.000 DM ausmacht. Durch die Überbelegung der Fahrzeuge wurde dann in der Regel das zulässige Gesamtgewicht der Transporter von 40 Tonnen erheblich überschritten, was zur Folge hatte, dass an den Grenzen z.B. Slowakei/ Ungarn oder Ungarn/ Rumänien, wo alle LKW gewogen werden, Bußgelder bis zu 1.600 DM pro Fahrzeug fällig werden.

Wenn man nun weiß, dass ein Rind – insbesondere bei hohen Temperaturen – innerhalb der ersten 24 Stunden 7 % und nach 48 Stunden 12 % seines Körpergewichtes durch Koten, Urinieren und Schwitzen verliert, ließ sich leicht ausrechnen, nach welcher Zeit – sofern die Tiere nicht gefüttert und getränkt wurden – der LKW mit einem Übergewicht von 2,5 Tonnen (d. h. 3–4 Bullen) das zulässige Gesamtgewicht wieder erreicht hatte. Durch Überbelegung der Fahrzeuge stiegen natürlich auch Verletzungshäufigkeit und Todesraten. Diese unsere Feststellungen wurden vom damaligen Präsidenten des DVFB in den Medien als die „Hirngespinste des Dr. Focke" abgetan; jedoch bereits kurze Zeit später konnte ich diese unsere Feststellungen auf einer Fahrt zum rumänischen Schwarzmeerhafen Mangalia anhand von Fakten und aktuellen Zahlen eindeutig unter Beweis stellen.

5.6 Das Landwirtschaftsministerium in Hannover wird aktiv

Da wir nach meiner Rückkehr Ende Mai aus Kroatien und Ungarn mit Ausnahme des von uns vom 3.–7.7.1992 begleiteten Transports keine Abfertigungen mehr nach Rasa durchführten, wichen die Exporteure – wie bereits gesagt – auf andere Landkreise aus. Da dieses nicht im Sinne des Tierschutzes sein konnte, haben wir mehrfach beim Landwirtschaftsministerium interveniert und am 23.7.1992 wurde ich dann schließlich nach Hannover bestellt. Anwesend waren auch wieder die Interessenvertreter der Exportwirtschaft, über deren Einlassungen ich bereits berichtet habe. Nach der Sitzung wurde von dem Tierschutzreferenten des Landes der Entwurf eines Erlasses präsentiert, in dem man sich hinsichtlich der Versorgungsstellen weitgehend an das „Cloppenburger Modell" gehalten hatte. Zu einer Auslistung bzw. Boykottierung von Rasa und den Häfen, deren tierschutzrechtliche Funktionsfähigkeit noch nicht überprüft bzw. von den dort ansässigen Dienststellen bisher noch nicht bestätigt worden war, wollte man trotz meiner eindringlichen Intervention sich nicht entschließen. Es war lediglich eine Rücklaufbestätigung vorgesehen. Einlassung des Tierschutzreferenten: „Wir werden die Häfen in den nächsten Wochen anschreiben."

Der entsprechende Erlass aus dem Niedersächsischen Landwirtschaftsministerium vom 27.7.1992 erreichte uns am 30.7.1992 und wir waren um eine Illusion ärmer. Da ich mir, wie eingangs schon erwähnt, zumindest kurzfristig auf Verwaltungsebene keine einschneidenden Verbesserungen der unhaltbaren Situation versprochen hatte, schrieb ich nach Rücksprache mit meinem Dienstvorgesetzten auch einen Bericht zur Veröffentlichung im Deutschen Tierärzteblatt, dem offiziellen Organ der deutschen Tierärzteschaft, in der Hoffnung bzw. Zuversicht, dass die Amtstierärzte anderer Landkreise nach Kenntnis der tatsächlichen Verhältnisse in Zukunft Tiertransporte nur noch restriktiv abfertigen würden. Der Bericht lag bereits dem Schriftleiter vor, jedoch musste ich diesen kurz vor Redaktionsschluss auf Weisung meines vorgesetzten Dezernenten wieder zurückziehen. Was den Verbleib meines schriftlichen Berichtes an das Niedersächsische Landwirtschaftsministerium angeht, entbehrt dieses nicht einer gewissen Pikanterie.

5.7 Die Hannoversche Allgemeine Zeitung bekommt meinen amtlichen Bericht zugespielt

Am 30.7.1992 rief mich ein Journalist einer großen deutschen Tageszeitung an und stellte mir ganz konkrete Fragen zu den Vorkommnissen in Rasa, Triest, Hegyeshalom und Hustopece.

Auf mein Gegenfrage, woher er diese Kenntnisse habe und ob er diese vielleicht aus dem Landwirtschaftsministerium erhalten hätte, verneinte er letzteres und erklärte, dass ihm von dritter Seite Auszüge aus meinem Bericht zugespielt worden seien. Erst einige Zeit später konnte ich in Erfahrung bringen, was sich abgespielt hatte. Mein Bericht an das Ministerium war zunächst auf dem Tisch des zuständigen Tierschutzreferenten gelandet und mit dem Zusatz z.A.(zu den Akten) versehen worden. Da sich offensichtlich in der Angelegenheit selbst gar nichts oder allenfalls nur wenig bewegte bzw. bewegt wurde, hat ein(e) darob Betroffene(r) aus dem Ministerium eine Kopie des Berichtes angefertigt und über den Deutschen Tierschutzbund der Presse zugespielt. Am 31.7.1992 erschien dann in der „Hannoverschen Allgemeinen Zeitung" (HAZ) folgender Artikel: „Bullen 70 Stunden weder gefüttert noch getränkt"

Bullen 70 Stunden weder gefüttert noch getränkt

Schwere Verstöße bei Tiertransporten / „Mafia-Methoden"

Th. Hannover

„Unfaßbar, unglaublich, entsetzlich" – mit diesen Worten kommentierten am Donnerstag Mitarbeiter des Landwirtschaftsministeriums in Hannover Berichte von drei Tierärzten, die den Transport von Schlachtvieh aus Niedersachsen zu verschiedenen Mittelmeerhäfen und osteuropäischen Grenzstädten überprüft hatten. Die noch internen Berichte, die dieser Zeitung in Auszügen bekannt wurden, sprechen für sich: Bullen, die länger als 70 Stunden unterwegs waren, wurden weder gefüttert noch getränkt. Bei glühender Hitze mußten Rinder in der kroatischen Mittelmeerstadt Rasa ein ganzes Wochenende lang auf dem Hafengelände stehen, der Anhänger hatte sich auf 70 Grad aufgeheizt. Auf einem anderen Transporter entdeckten die niedersächsischen Tierärzte vier Bullen, die bereits verendet waren, und drei weitere, die so entkräftet waren, daß sie notgeschlachtet werden mußten.

Weil die „Horror-Darstellungen" des leitenden Veterinärdirektors beim Landkreis Cloppenburg, Hermann Focke, zunächst mit Skepsis aufgenommen worden waren, hatte das Land zwei weitere Tierärzte ausgesandt. Der erste Bericht wurde voll bestätigt. Die Ergebnisse sind schockierend: Von insgesamt 750 Bullen, die länger als 48 Stunden auf Viehtransportern nach Triest unterwegs waren, sind nach Angaben des Ministeriums 660 während des qualvollen Transports nicht getränkt worden. Auf dem Weg zu südöstlichen Mittelmeerhäfen gibt es nach den Berichten der Tierärzte nur eine einzige Tränkstation. Nach EG-Gesetzen ist vorgeschrieben, daß Tiere bei Viehtransporten spätestens nach 24 Stunden mit Wasser versorgt werden müssen. Veterinärdirektor Focke weist in seinem zehnseitigen Bericht nach, daß niedersächsische Speditionsfirmen Gefälligkeitsbescheinigungen über Tränkstationen vorlegten, die in Wirklichkeit gar nicht existierten. Auch an Tränkvorrichtungen auf den Transportern habe es gefehlt, obwohl Beamte ihre Existenz bescheinigt hätten.

Wolfgang Apel vom Bundesvorstand des Deutschen Tierschutzbundes kündigte am Donnerstag im Gespräch mit dieser Zeitung Strafanzeige gegen die betroffenen Unternehmen an. „Das sind Mafia-Methoden, wie die Transporteure mit geltenden Gesetzen umgehen", sagte Apel. Dem Landwirtschaftsministerium in Hannover warf er Zögerlichkeit und Untätigkeit vor. Während der Landkreis Cloppenburg bereits im Alleingang gehandelt habe und keine Tiertransporte in Mittelmeerländer mehr zulasse, die den Anforderungen des Gesetzes nicht genügten, lasse eine eindeutige Verfügung des Landes seit Wochen auf sich warten, meinte Apel: „Mit lauwarmen Presseerklärungen ist es nicht getan."

Das Landwirtschaftsministerium hat gestern angekündigt, die Auflagen für Viehtransporte zu verschärfen. Vor Fahrtantritt müßten die Versender künftig sowohl die kürzeste Route als auch das Vorhandensein und die Funktionsfähigkeit von Futter- und Tränkstationen nachweisen. Darüber hinaus sei auch die ordnungsgemäße Versorgung der Tiere am Zielort durch eine amtliche Bestätigung der zuständigen Behörden zu belegen. Seitdem am 1. Juli innerhalb der EG bei Viehtransporten die Grenzkontrollen fortgefallen sind, müssen die Zollbehörden innerhalb der Bundesländer die lebende Fracht „verplomben". Das Land will nun sicherstellen, daß nur noch dann eine Zollbescheinigung vergeben wird, wenn ein Amtstierarzt die Unbedenklichkeit festgestellt hat.

Wie zu erfahren war, gehen die Auffassungen über die Schärfe des Vorgehens im Ministerium auseinander. Ministerialbeamte verweisen darauf, daß Tiertransporte in Länder außerhalb der Europäischen Gemeinschaft mit 15 000 Mark pro Ladung durch die EG subventioniert werden. Hiervon profitieren nicht nur niedersächsische Viehhändler, sondern auch die Landwirte. Nach Angaben von Ministerialbeamten werden jährlich weit über hunderttausend Rinder und noch wesentlich mehr Schafe in südlicher Richtung über die Grenze transportiert. Ein großer Teil werde in muslimische Staaten transportiert, oft sogar weiter nach Afrika oder in den Nahen Osten verschifft. Die Einfuhr von Gefrierfleisch sei nicht möglich, da die Tiere dort nach islamischem Ritus geschlachtet werden müßten. Auf deutschen Schlachthöfen ist das Schächten – töten durch Aufschlitzen der Halsschlagader – untersagt.

Anmerkung zum 2. Absatz erster Satz: Dieser Satz basierte auf einer schriftlichen Pressemitteilung des niedersächsischen Landwirtschaftsministeriums und stellte die Fakten völlig auf den Kopf; denn Tatsache war, dass das Land Niedersachsen keinesfalls „zwei weitere Tierärzte ausgesandt hatte" sondern seit Bekanntwerden der tatsächlichen Ereignisse (1.6.1992) nur sehr zögerlich und ineffektiv reagiert hatte. Bei den zwei weiteren Tierärzten handelte es sich in Wahrheit um meine beiden Kollegen aus unserem Veterinäramt, die auf meine Veranlassung hin vom 3. -7.7.1992 den Transport nach Rasa (siehe oben) begleitet hatten. Der o. a. HAZ-Artikel setzte in Hannover bei Landesregierung und besonders im Landwirtschaftsministerium Hektik und einen bisher ungewöhnlichen Aktionismus in Gang.

Noch am gleichen Tage gab das Landwirtschaftsministerium eine Presseinformation unter dieser Überschrift heraus: „Funke: Mehr Schutz für Tiere auf dem Transport." In dieser fast zwei Seiten langen Pressemitteilung wurden bisherige Untätigkeit und Versäumnisse des Ministeriums derartig umgemünzt, dass das Ganze einem politischen Lehrstück gleichkam; insbesondere dann, wenn man die markigen ministeriellen Absichtserklärungen und den niedersächsischen Tiertransporterlass vom 27.7.1992 an dem misst, was sich in den darauffolgenden Jahren geändert bzw. nicht geändert hat.

Am 1. 8.1992 trat dann auch der damalige niedersächsische Ministerpräsident Gerhard Schröder, der damals noch mit der Tierschützerin „Hillu" Schröder verheiratet war, auf den Plan. Die HAZ und andere Medien berichteten ausführlich.

Schröder kümmert sich um Schlachtvieh-Transporte persönlich

Hielt Ministerium Berichte zurück? / Veterinärdirektor reiste im Urlaub ans Mittelmeer und überprüfte „lebende Fracht"

Th. Hannover

Ministerpräsident Gerhard Schröder hat sich persönlich in die Auseinandersetzung um schwerwiegende Verstöße bei Schlachtviehtransporten in Mittelmeerländer eingeschaltet. Wie Regierungssprecher Uwe Karsten Heye am Freitag bestätigte, bestellte Schröder für Montag den Staatssekretär im Landwirtschaftsministerium, Uwe Bartels, sowie Ministerialbeamte zu einem Gespräch in die Staatskanzlei. Auch der Vizepräsident des Deutschen Tierschutzbundes, Wolfgang Apel, sei auf Wunsch des Ministerpräsidenten eingeladen worden.

Schröder, der sich am Freitag noch im Urlaub befand, war auf den „Skandal" durch einen Bericht in dieser Zeitung aufmerksam geworden. Danach waren Bullen mehr als 70 Stunden auf dem Weg in die

kroatische Hafenstadt Rasa, ohne gefüttert und getränkt worden zu sein. Andere Tiere mußten ein ganzes Wochenende lang bei glühender Hitze auf einem Transporter stehen. Ermöglicht wurden die Verstöße offensichtlich durch Gefälligkeitsbescheinigungen über Tränkvorrichtungen und -stationen, die in Wirklichkeit gar nicht existierten. Inwieweit niedersächsische Beamte beteiligt waren, ist derzeit noch nicht zu übersehen, da das Landwirtschaftsministerium in Hannover die Berichte unter Verschluß hält.

Unterdessen verdichtet sich der Eindruck, daß das Ministerium zunächst nur äußerst zögerlich auf die Aussagen des Cloppenburger Veterinärdirektors Hermann Focke reagiert hat. Focke sei in seinem Urlaub nach Rasa und Triest gefahren, um den Umschlag der niedersächsi-

schen Schlachtviehtransporte mit eigenen Augen zu überprüfen, berichtet der Vizepräsident des Tierschutzbunds Apel. Auf Grund der schockierenden Zustände habe er sofort das Landwirtschaftsministerium informiert. Dies sei jedoch untätig geblieben. Im Alleingang habe sich dann der Landkreis Cloppenburg grundsätzlich geweigert, weiterhin Viehtransporte nach Rasa zu genehmigen. Daraufhin sei ein niedersächsischer Viehhändler auf einen Nachbarkreis ausgewichen und mit acht Viehanhängern in Richtung Adria aufgebrochen. Weil das Land nicht aktiv geworden sei, habe der Veterinärdirektor dem Transport zwei seiner Tierärzte nachgesandt. Das Landwirtschaftsministerium hatte dagegen in einer Pressemitteilung fälschlicherweise von „zwei Mitarbeitern

des Ministeriums gesprochen.

Schon seit April sei Ministerialbeamten bekannt, daß es entlang der Transportrouten so gut wie keine Tränk- und Futterstationen gebe, sagte Apel. Doch geschehen sei nichts. „Merkwürdig" sei auch, daß das Ministerium in seiner Pressemitteilung den Deutschen Vieh- und Fleischhandelsverband als Gesprächspartner bei der Verschärfung von Transportauflagen nenne. „Damit wird der Bock zum Gärtner gemacht", meinte Apel. Dieser Verband habe ganz offensichtlich seine Mitglieder gedeckt und müsse mit einer Strafanzeige rechnen.

Das Landwirtschaftsministerium wies die Vorwürfe unterdessen zurück. Es habe „drinEinigkeit darüber bestanden, daß „totale gender Handlungsbedarf" sei. Eine „totale amtliche Kontrolle auf Transporten" sei jedoch nicht möglich.

Schröder: Tiertransporte auf acht Stunden verkürzen

EG soll die Subvention für Schlachtvieh-Exporte streichen / Lob für Cloppenburger Veterinäre

vdB. **Hannover**
Die Veterinäre des Landkreises Cloppenburg haben sich am Montag ein dickes Lob von Ministerpräsident Gerhard Schröder eingehandelt. Weil sie Mißstände beim Schlachtviehexport aufgedeckt und dies ausführlich in einem Bericht an das Landwirtschaftsministerium dokumentiert haben, sprach der Regierungschef ihnen Dank und Anerkennung aus. Unhaltbare Zustände seien so ans Licht der Öffentlichkeit gelangt. Schröder hatte sich — wie berichtet — während seines Urlaubs des Problems „Tiertransporte" angenommen und für Montag zu einer Aussprache in die Staatskanzlei geladen, um auch das angespannte Verhältnis zwischen dem Landwirtschaftsministerium und den Tierschutzorganisationen zu erörtern.
Nach der gut einstündigen Besprechung kündigte die Staatskanzlei eine ganze Reihe von Aktivitäten an, damit den Tieren auf dem Weg durch Europa künftig all jene Qualen erspart werden,

die der Cloppenburger Veterinäramtschef Hermann Focke in südlichen Ländern fotografiert hat. Das Vieh auf den Lastwagen hatte zum Teil 70 Stunden lang kein Wasser zu saufen bekommen und war auch nicht gefüttert worden. Das Landwirtschaftsministerium hatte daraufhin am 27. Juli die Vorschriften für den Schlachtviehtransport verschärft. Diese neue Regelungen hält Schröder für so gut, daß er alle deutschen Ministerpräsidenten auffordern will, das niedersächsische System zu übernehmen. Staatssekretär Uwe Bartels soll zudem über eine Bundesratsinitiative durchsetzen, daß Schlachtviehtransporte generell nicht länger als acht Stunden dauern dürfen. Bei der EG will Niedersachsen darauf hinwirken, daß die sogenannte Exporterstattung für lebendes Schlachtvieh gestrichen wird. Diese Subvention, so hieß es in der Besprechung bei Schröder, habe zur Folge, daß immer mehr Tiere durch Europa gekarrt werden.

In Jen auf der Grundlage des Cloppenburger Berichts verschärften Transportvorschriften verlangt die Landesregierung mittlerweile, daß alle Viehlastzüge mit Tränken und Futtereinrichtungen ausgestattet sein müssen. Auf den Fahrtrouten müssen geeignete Versorgungseinrichtungen bereitgehalten werden. Das Abladen der Schlachttiere darf nur noch unter Aufsicht eines Amtstierarztes geschehen.
Schröder betonte mehrfach, das niedersächsische Vorgehen mache nur Sinn, wenn alle übrigen Bundesländer genauso gegen die Tierquälerei vorgingen. Die verschärften Auflagen dürften nicht unterlaufen werden. Auf Wunsch der am Gespräch bei Schröder beteiligten Tierschutzfunktionäre wird die Landesregeneurng die dafür zuständigen Landkreise auffordern, die Tiertransporteure häufiger zu kontrollieren. Hier sei der Landkreis Cloppenburg mit gutem Beispiel vorangegangen.

5.8 Ein weiteres Treffen in Bonn

Auf Initiative Niedersachsens fand dann am 12.8.1992 in Bonn eine Sondersitzung der Tierschutzreferenten von Bund und Ländern statt. An der Vormittagssitzung nahmen außerdem Vertreter der Verbände teil. Auszug aus dem Protokoll:

„Der Vertreter (Niedersachsens) stellt einführend gemeinsam mit den Amtstierärzten Dr. Böhler und Dr. Focke die Vorgänge dar, auf Grund derer zu der Sondersitzung der Tierschutzreferenten eingeladen worden ist. Im Einzelnen berichteten sie über die von Ihnen festgestellten Mißstände beim Export von Schlachtrindern nach Marokko, Lybien, Ägypten, Saudi-Arabien oder in den Libanon über den Hafen Rasa in Kroatien (Anmerkung: Hafen Triest wurde im Protokoll unterschlagen) und die im folgenden von Niedersachsen ergriffenen Maßnahmen. Nach Gesprächen mit dem Deutschen Vieh- und Fleischhandelsbund e.V.(DVFB) bzw. mit dem Arbeitskreis für Tiertransporte des DVFB, die zu keinem zufriedenstellenden Ergebnis gerührt hatten, wurde am 27.07.1992 ein Erlaß zur Austeilung von Transportbescheinigungen herausgegeben. Auch der

71

niedersächsische Ministerpräsident hat sich mit der Angelegenheit befasst und will sich für einen bundesweiten Konsens hinsichtlich der tierschutzrechtlichen Regelung von grenzüberschreitenden Tiertransporten einsetzen.

Es folgt eine eingehende Diskussion, in der die Länderreferenten und das BUNDESLANDWIRTSCHAFTSMINISTERIUM u.a. darauf hinweisen, daß ein entschiedenes Engagement der beteiligten Wirtschaftskreise zur Verbesserung des Tierschutzes bei Schlachtviehtransporten dringend notwendig ist. Gleichzeitig wird der politische Wille zu einer allgemeinen Begrenzung der Transportdauer, als Lösungsansatz für Probleme der Tierversorgung, bekräftigt.

Der Vertreter des Deutschen Raiffeisenverbandes e.V. vertritt die Auffassung, daß als Bilanz der Drittlandtransporte ein Schaden für das Image der gesamten Fleischbranche durch die wiederholt aufgedeckten Mißstände beim Tiertransport festzustellen ist. Obwohl auch Mitglieder seines Verbandes Tiertransporte in erheblichem Ausmaß durchführen, setzt sich der Verband ebenfalls für eine Begrenzung der Transporthöchstdauer ein, wobei 12 Stunden noch unterschritten werden sollten.

Der Vertreter des Bundesverbandes der Versandschlachtereien e.V. verweist unter dem Tierschutzaspekt auf die Vorteile des Versandes von geschlachteten Tieren oder Fleisch.

Die Vertreter des DVFB tragen vor, daß auch die Mitglieder ihres Verbandes ein starkes Interesse an einer ordnungsgemäßen Durchführung der Transporte haben, da sie die Ankunft von lebenden und gesunden Tieren wünschen. Konkret setzt sich der DVFB dafür ein, daß die Sachkunde der Fahrer von Tiertransporten gesteigert und kontrolliert wird.

- *Die in Trägerschaft des DVFB bestehende Bundesfachschule Vieh und Fleisch könnte hierbei mitwirken.,"*

- *von jedem Transporteur zweckmäßiges Tränkegeschirr mitgefühlt und ein Nachweis über die Versorgung der Tiere erbracht wird.*

- *Ein angemessenes Netz von Versorgungsstationen entlang der Transportrouten aufgebaut und wettbewerbsneutral bewirtschaftet wird. Diese Stationen sollten amtlich anerkannt werden.*

- *in die Verträge zwischen Viehhandel und Speditionen eine Tierschutzklausel über die ordnungsgemäße Versorgung der Tiere aufgenommen wird und Verstöße privatrechtlich mit Vertragsstrafen geahndet werden.*

Weiterhin begrüßt es der DVFB, daß die EDV-Systeme ANIMO und SHIFT der EG-Veterinärbehörden auch für die Anwendung in der Tierschutzkontrolle ausgebaut werden sollen. Die Vertreter des DVFB betonen, da sie mit dem niedersächsischen Erlaß in seiner jetzigen Form leben können, sich aber strikt gegen jede weitere Verschärfung der Tierschutzbestimmungen, besonders gegen eine Begrenzung der zulässigen Transportzeit wenden. Nach Meinung des DVFB ist der Transport von geschlachteten Tieren in die betroffenen Exportländer auf Grund der Schächtproblematik nicht möglich und sind Schlachtviehtransporte daher für die deutsche Landwirtschaft sehr wichtig. Den Aufbau eines von den Länderreferenten vorgeschlagenen Eigenkontrollsystems sieht der DVFB als nicht praktikabel, da nicht alle am Export Beteiligten Verbandsmitglieder sind.

Das BUNDESLANDWIRTSCHAFTSMINISTERIUM will über entsprechende Außenkontakte auf Unterstützung beim Aufbau von Versorgungsstationen in Drittländern und auf deren amtliche Kontrolle hinwirken. Konkrete Termine für Zusammentreffen mit Vertretern der obersten Veterinärbehörden Kroatiens und Ungarns stehen bereits fest. Viehhändler und Spediteure sollten Missstände bei Versorgungsstationen oder Verladehäfen dem BUNDESLANDWIRTSCHAFTSMINISTERIUM mitteilen, so daß es sich auf fachlicher Ebene einschalten kann.

Gleichzeitig wird auch die Verantwortung des hiesigen zertifizierenden Amtstierarzt betont und gefordert, daß dieser bei nicht gesetzmäßiger Abfertigung von Tiertransporten entsprechend belangt wird.

Von Länder- und Bundeslandwirtschaftsministerium -Seite wird darauf hingewiesen, daß eine vertragliche Festlegung der jeweiligen Transportroute und Voranmeldung bei den Versorgungsstationen zur Sicherstellung tierschutzgerechter Transporte notwendig sind."

Am Nachmittag fand dann die interne Besprechung der Tierschutzreferenten von Bund und Ländern statt. Nachdem zunächst eine Bewertung der Vormittagssitzung vorgenommen wurde, war die anschließende Diskussion unter dem Thema: „Mögliche Maßnahmen zur Durchsetzung tierschutzrechtlicher Bedingungen bei Transporten in Drittländer" genauso unergiebig wie das ganze vier Sätze umfassende Protokoll über diesen Tagesordnungspunkt, den ich daher in ganzer Länge zitiere:

„Die Vertreter Niedersachsens und Schleswig-Holsteins geben Erläuterungen zu ihrem jeweiligen Erlassen, die überwiegend gleichgerichtete Inhalte haben, und sprechen sich für ein einheitliches Vorgehen der Länder aus. BML unterstreicht dieses Anliegen.

Prinzipiell wird zwar überwiegend die Notwendigkeit zu einheitlichen Maßnahmen der Länder gesehen, im einzelnen haben die Ländervertreter aber Bedenken gegenüber den vorliegenden Erlassen hinsichtlich ihrer rechtlichen Grundlage und/oder Wirksamkeit. Als Ergebnis der eingehenden diesbezüglichen Diskussion steht die Zusage der Länderreferenten, daß sie eine intensive fachliche und inhaltliche Prüfung möglicher Maßnahmen zur Verbesserung des Tierschutzes in Drittländer durchführen werden."

Bei der o. a. Nachmittagssitzung habe ich u. a. folgenden Vorschlag unterbreitet: Um den unhaltbaren Zuständen bei den internationalen Schlachttiertransporten schnell und effektiv zu begegnen, solle man umgehend in Brüssel bei der EG darauf drängen, dass von dort zwei oder drei Teams mit jeweils zwei agilen Tierschutzkontrolleuren eingesetzt und mit entsprechenden Vollmachten ausgestattet würden. Diese sollten regelmäßig und europaweit auf den Haupttransportrouten und ohne Voranmeldung Verladeplätze, Versorgungsstellen sowie Verlade- und Zielhäfen kontrollieren und im Falle von tierschutzrechtlichen Verstößen entsprechende Maßnahmen in Gang setzen.

Dieser Vorschlag hätte für die EG-Kommission überhaupt kein Neuland bedeutet, da es bereits seit vielen Jahren sogenannte EG-Hygiene-Kontrolleure gab, die auf der ganzen Welt herumreisen und regelmäßig in den sogenannten Drittländern die Schlacht- und Zerlegebetriebe überprüfen, die für den Import in die EG zugelassen sind. Sollte die EG-Kommission dazu kurzfristig nicht bereit oder in der Lage sein, dann sei es angebracht – so mein Ergänzungsvorschlag –, zunächst im nationalen Alleingang zu beginnen.

Diese meine Vorschläge, im Protokoll mit keinem Wort erwähnt, stießen bei den Tierschutzreferenten auf wenig Zustimmung; z.T. hatte man rechtliche Bedenken, z.T. sah man organisatorische Probleme. Ich habe versucht, der Versammlung klar zu machen, dass ein derartiges Kontrollorgan weder der EU noch der Bundesrepublik Kosten verursachen würde. Im Gegenteil könnten Millionen – Beträge eingespart werden, die bisher ohne entsprechende Kontrollen für unberechtigt ausgezahlte Drittland – Subventionen (für tote und notgeschlachtete Tiere sowie Gewichtsmanipulationen) ausgegeben würden. In diesem Zusammenhang nannte ich damals einen Betrag von 10 bis 20 Millionen DM pro Jahr.

Diesen meinen Einlassungen wurde von den Vertretern des Bundeslandwirtschaftsministeriums mit den gleichen Argumenten und fast identischen Worten widersprochen, wie ich sie bereits in der Geschäftsstelle des DVFB gehört hatte; und dies, obwohl man über diese Zusammenhänge und Hintergründe zumindest im Ansatz Bescheid wissen mußte.

Anmerkung: Auf Subventionsbetrügereien und deren Hintergründe werde ich in einem späteren Kapitel detailliert eingehen.

Am Ende der Veranstaltung – am Nachmittag des 12.8.1992 – stellte ich mir die Frage, ob die gerade abgelaufene Sitzung zahlreicher verbeamteter Bedenkenträger nun eigentlich dem Tier-schutz oder einer Tierschutzverhinderung gedient habe. Trotz aller Skepsis überwog im August 1992 bei meinen Mitarbeitern und mir aber immer noch die Hoffnung, dass bei entsprechendem Bemühen aller Beteiligten die Situation in relativ kurzer Zeit sich wesentlich verbessern würde. Der Deutsche Vieh- und Fleisch-handelsbund fasste die auf der o.a. Sitzung in Bonn bereits vorgetragenen Forderungen, Vorschläge und Willenserklärungen in einem 10-Punkteprogramm zusammen und veröffentlichte dieses am 26.8.1992 in seinem Verbandsorgan „Vieh- und Fleisch-Handelsblatt".

Standpunkt und Vorschläge des DVFB zum tierschutzgerechten Straßentransport

1. Die im DVFB zusammengeschlossenen privaten Vieh- und Fleischhandelsfirmen treten in ihrem ureigensten Interesse und gezielt für die Einhaltung eines ordnungsgemäßen, allen Belangen des Tierschutzes gerecht werdenden Tiertransports ein, um die Tiere gesund und verlustfrei beim Kunden anzuliefern.

2. Der DVFB ist der Auffassung, daß die Firmen des privaten Vieh- und Fleischhandels mit dem vom Land Niedersachsen verfaßten Erlaß weitestgehend leben können, wobei allerdings verhindert werden muß, daß kürzere Transportzeiten und Versorgungsintervalle, als sie bisher durch geltendes Recht vorgeschrieben wurden, einfließen und überzogene Auflagen die Branche schädigen.

3. Der DVFB schlägt vor, die national zu erlassenden Vorschriften an den derzeit noch im Entwurf vorliegenden EG-Richtlinienvorschlag anzulehnen, um grundsätzliche Wettbewerbsverzerrungen zu Lasten der deutschen Viehkaufleute und Spediteure zu verhindern.

4. Der DVFB schlägt vor, daß die an den Verkehrswegen in Richtung Südeuropa bestehenden und noch zu errichtenden Versorgungsstationen einer unbürokratischen und flexiblen Anerkennung im Hinblick auf ihren baulich-technischen Zustand sowie ihre Leistungsfähigkeit durch die jeweilige Veterinärbehörde des Transitlandes unterzogen werden sollten.

5. Der DVFB fordert von den in Trägerschaft der Speditionen befindlichen Versorgungsstationen, daß dort ständig eine wettbewerbsneutrale Bewirtschaftung und Versorgung der Tiere gewährleistet wird, da Tränken und Füttern als Kostenposition bei den Viehhandelsunternehmen niederschlagen.

6. Der DVFB hält es im Interesse einer ordnungsgemäßen Tränkung der Tiere während des Transportes für erforderlich, daß bei der Abfertigung eines jeden LKW das Mitführen von zweckmäßigem Tränkegeschirr sichergestellt ist.

7. Die von den Viehhandelsunternehmen beauftragten Speditionen haben sowohl gegenüber den abfertigenden Tierärzten als auch der verladenden Hand einen glaubhaften Nachweis über die Versorgung der Tiere während des Transportes beizubringen.

8. Der DVFB hält es für dringend erforderlich, das im Aufbau befindliche EDV-Verbundnetz der Veterinärbehörden (ANIMO) sowie das System SHIFT, beide lediglich für die Überwachung tierseuchenrechtlicher Fragen konzipiert, auch für tierschutzrelevante Daten zu nutzen, um hierdurch mittelfristig zu einem Ersatz der Bescheinigungen bzw. Begleitpapiere zu gelangen.

9. Der DVFB bietet seine Mithilfe an, um die im Einflußbereich „Mensch" bestehenden Wissensdefizite durch ein Schulungsangebot für die Fahrer der Tiertransporte und die Beibringung eines von amtlicher Seite zertifizierten Sachkundenachweises abzustellen. Hierfür könnte die in Trägerschaft des Schulvereins Vieh und Fleisch e.V. bestehende Bundesfachschule genutzt werden.

10. Der DVFB wird seine Mitgliedsfirmen bitten, in die mit den Speditionen abzuschließenden Transportverträge neben versicherungsrechtlichen Bestimmungen für Totalverluste auch eine Tierschutzklausel über die Versorgung der Tiere während des Transportes einzufügen, bei deren nachgewiesener Nichteinhaltung Änderungen der vereinbarten Konditionen erfolgen.

Während unser Veterinäramt es weiterhin ablehnte, Transporte zum Hafen Rasa abzufertigen, wurden aus anderen Landkreisen und Bundesländern Woche für Woche entsprechende Sendungen zu dem kroatischen Hafen abgewickelt. Die in Niedersachsen und Schleswig-Holstein abgefertigten Transporte waren seit August 1992 von einem Rücklaufattest für die jeweiligen Verladehäfen begleitet, das in Niedersachsen folgenden Wortlaut hatte:

Anlage2

Amtliche Bestätigung der tierschutzgerechten Behandlung der Tiere in Zielort/-hafen

Verladen am................   in...................

Art und Anzahl der Tiere:......................

LKW-Nr.:.........

Anhänger-Nr.:..........

Zielort/-hafen:...............

Der   für   Zielort/-hafen...
zuständige amtliche Tierarzt

Bestätigt, daß die Tiere des o.a. Transporters
am...

um................................Uhr, unter tierärztlicher Aufsicht tierschutzgerecht entladen und ggf.

weiter verladen worden sind.

Kranke und transportgeschädigte Tiere sind innerhalb von 60 Minuten nach der Ankunft behandelt oder unter Einhaltung der Tierschutzanforderungen nach dem Europäischen Überein-kommen geschlachtet oder getötet worden.

Ort/ Datum – Siegel – Unterschrift des amtlichen Tierarztes

(Name mit Schreibmaschine oder in Druckschrift

1 Exemplar wird dem Fahrer mitgegeben und dem für den Versandort zuständigen Veterinäramt vorgelegt.

1 Exemplar verbleibt im Zielort/-hafen.

Anzumerken ist an dieser Stelle, dass ich im Jahr 1992 trotz erheblichen Bemühens meinerseits weder in den Ministerien in Hannover und Kiel noch bei verschiedenen Veterinärämtern beider Bundesländer jemals ein amtlich bestätigtes – geschweige denn von einem Tierarzt unterschriebenes – Rücklaufattest von den Verladehäfen zu Gesicht bekommen habe; und dies, obwohl in dem Zeitraum von August bis Ende Dezember aus diesen Bundesländern insgesamt mehr als 25.000 Schlachtrinder zu den Mittelmeerhäfen und dem Schwarzmeerhafen Mangalia transportiert worden sind. Was in den Jahren 1993–1998 ablief, ist noch weit erschreckender und wird im Weiteren noch näher zu beleuchten sein. Doch zunächst noch ein Ereignis aus dem Jahr 1992.

6 Horrortrip ans Schwarze Meer

6.1 Neue Überraschungen

Im Oktober wird unser gebremster Optimismus von der rauen Wirklichkeit überholt. Montag, 5.10.1992, 12.35 Uhr, Anruf von der Verladestelle in G.: „Am kommenden Donnerstag und Freitag verladen wir mehrere LKW nach Nahost." Auf unsere Frage nach dem Verladehafen die Antwort: „Triest oder Rasa, wahrscheinlich Rasa". Daraufhin wurde umgehend das Niedersächsische Landwirtschaftsministerium verständigt, da man von dort signalisiert hatte, dass man in Abstimmung mit dem Bundeslandwirtschaftsministerium den Hafen Rasa überprüfen wolle und daher über alle Transporte Richtung Rasa umgehend informiert sein wollte.

Donnerstag, 8.10.1992, 8.15 Uhr: Einer meiner Mitarbeiter und ich finden in den Ställen der Verladestation in G. ca. 150 Schlachtbullen vor. Anwesend sind auch der Exporteur H. und seine Mitarbeiterin Frau W.

Frage an den Exporteur: „Welcher Hafen? Rasa oder Triest?"

Antwort: „Die Tiere gehen zum rumänischen Schwarzmeerhafen Mangalia und von dort per Schiff in den Libanon".

Einwendung meinerseits: „Die Transporte werden von uns nicht abgefertigt, da uns keine Erkenntnisse über Versorgungsstationen in Rumänien und den Hafen Mangalia vorliegen."

Einlassung des Exporteurs: „Die Transporter erreichen Mangalia innerhalb von drei Tagen. Als zweite Versorgungsstation ist neben Hegyeshalom der Schlachthof in Sibiu (Hermannstadt) vorgesehen. Sibiu ist der einzige in Rumänien zugelassene EG-Schlachthof und den deutschen Behörden als offizielle Versorgungsstation gemeldet; im übrigen sind gestern bereits mehrere Transporter in Niedersachsen beladen worden und befinden sich bereits auf dem Weg nach Mangalia."

Letzteres wurde mir durch telefonisch Rückfragen bei zwei niedersächsischen Veterinärämtern bestätigt und brachte mir den Vorwurf des Exporteurs ein: „Bei den anderen Verladestellen in Niedersachsen und Schleswig-Holstein gibt es überhaupt keine Probleme". Daraufhin mehrere telefonische Rückfragen beim Niedersächsischen Landwirtschaftsministerium, ob es dort bzw. in Bonn irgendwelche Erkenntnisse über Sibiu und Mangalia gäbe.

Letztendliche Antwort: „Es gibt keine", was zur Folge hatte, dass die Transporte entsprechend dem niedersächsischen Transporterlaß vom 27.7.1992 nicht abgefertigt werden konnten bzw. überhaupt nicht abgefertigt werden durften. Wir lehnten daher am 8.10. die Abfertigung des Transportes endgültig ab.

Freitag, 9.10.1992, 7.15 Uhr. Ich bin noch in meiner Privatwohnung, Anruf von Staatssekretär B. aus dem Niedersächsischen Landwirtschaftsministerium mit der Frage, ob ich bereit und in der Lage sei, den Transport nach Mangalia zu begleiten, um damit sicherzustellen, dass die Rinder in Sibiu korrekt versorgt und im Hafen Mangalia tierschutzgerecht weiterverladen würden. Nach kurzem Überlegen habe ich meine Bereitschaft erklärt, mit dem Oberkreisdirektor gesprochen, der zwischenzeitlich von dem Staatssekretär um seine Zustimmung gebeten worden war; habe mehrere Tage Urlaub beantragt, im Büro die notwendigen Festlegungen für die kommende Woche mit den Mitarbeitern abgesprochen und bin dann am späten Freitagnachmittag Richtung Südosten aufgebrochen.

Ankunft in Hegyeshalom, der 1. Versorgungsstation, am Samstag 10.10.1992 gegen 14.30 Uhr. Im Laufe des Nachmittags treffen vier Transportfahrzeuge ein, die am Vortag in Niedersachsen geladen hatten. Zwei LKW mit Zuchtrindern mit dem Ziel Ankara. Die Verladebedingungen waren gut; zusammenklappbare Tränkegefäße in allen Abteilungen.

Zwei LKW mit Schlachtbullen, Verladehafen: Veria (Griechenland) über Rumänien und Bulgarien ohne Festschreibung einer weiteren Versorgungsstation in den Transportpapieren; beide Transporter hatten keine Tränkegefäße an Bord.

6.2 Eine Episode am Rande: 45 tote Rinder während nur eines Transports

In Hegyeshalom treffe ich den Agenten einer großen Spedition. Bei einem opulenten Abendessen mit mehreren Flaschen ungarischem Rotweins erfahre ich Einzelheiten über einen Transport von Schlachtrindern, über die im Sommer 1992 die gesamte Branche gesprochen hatte. Es handelte sich um einen Konvoi von sechs LKW mit 260 Schlachtrindern von Litauen nach Istanbul. Bei diesem hatte es angeblich 45 Tote gegeben. Eigentümer der Tiere war die deutsche Firma E. G. aus M., als deren Mitinhaber ein hoher Verbandsfunktionär und Landtagsabgeordneter zeichnete. Dieser Viehkaufmann hatte bis dahin und auch später immer bestritten, irgend etwas mit diesem Transport zu tun gehabt zu haben bzw. für diesen verantwortlich gewesen zu sein. Die Schlachttiere seien noch vor der Verladung in Litauen an die italienische Firma B. verkauft worden. Von evtl. hohen Verlusten auf dem Transport nach Istanbul sei ihm nichts bekannt.

Im Verlauf des abendlichen Gesprächs erzählt mir dann der Speditionskaufmann zu meiner Überraschung, dass seine Firma den Transport durchgeführt, er selbst als Frachtführer den Konvoi begleitet habe und die Zahl von 45 toten Rindern zutreffend sei. Und jetzt wird es spannend:

Auf meine Frage: „Und auf wessen Rechnung wurde der Transport durchgeführt?" erhielt ich postwendend die Antwort: „Auf Rechnung von Firma E. G." dem oben bereits genannten Unternehmen aus der Nähe von Hamburg.

6.3 Der lange Stop

Am frühen Sonntagnachmittag trafen vier LKW ein, von denen zwei in Schleswig-Holstein und zwei im niedersächsischen G. geladen hatten. Alle vier Transporter waren für Mangalia bestimmt. Nach Fütterung und Tränkung der Tiere wurde, nachdem ich mich in einem der Transporter einquartiert hatte, die Fahrt fortgesetzt. Obwohl die meisten Fahrer bei den Verladungen in Deutschland uns Tierärzten gegenüber häufig ziemlich reserviert und auf entsprechende Fragen oft sehr wortkarg reagierten, waren diese im Ausland, zumindest mir gegenüber, wie ausgewechselt. Bei meinem ersten Aufenthalt in Rasa empfingen mich die Fahrer mit den Worten: „Herr Doktor, endlich 'mal ein Veterinär, der sich hier die ganze Sch..... anschaut und sich einmal selbst ein Bild davon macht, was wir alles mitmachen müssen."

Gegen 17.00 Uhr Aufbruch der Fahrzeuge. Da zwei Fahrer noch ohne Rumänienerfahrung waren, hatte man – obwohl die Fahrer bei drei verschiedenen Speditionen beschäftigt waren – beschlossen, im Konvoi zu fahren, was sich später als sehr hilfreich herausstellen sollte. Nach zügiger Fahrt erreichten wir um 1.30 Uhr nachts die ungarisch-rumänische Grenze bei Nadlac. Keine Probleme bei den ungarischen Grenzbehörden; jedoch um so mehr auf der rumänischen Seite. Alle LKW müssen über die Waage. Alle haben mehr als 40 Tonnen zulässiges Gesamt-gewicht. Die Rumänen verlangen für jedes Fahrzeug 1.600 DM wegen Übergewichts. Allen Personen werden die Pässe abgenommen und das große Warten beginnt. Was war geschehen? Wie im Vorherigen bereits erwähnt und von mir seinerzeit auch bei der Sitzung mit den Vertretern des DVFB am 23.7.1992 im niedersächsischen Landwirtschaftsministerium vorgetragen worden war, hatten Spediteure und Exporteure in der Vergangenheit bei Schlachtrindertransporten häufig mit unter-schiedlichen Gewichten operiert nach folgendem Schema: Ladung über das zulässige Gesamtgewicht hinaus; Gewichtverlust durch Verdunstung nach den ersten 24 Stunden bis 7 % und nach 48 Stunden bis 12 % pro Rind. Wenn die Tiere also auf längeren Strecken kein Wasser bekamen, dann „passte" das Gewicht auf den Wiegekarten an den ungarischen oder rumänischen Grenzkontrollstellen. Diese Vorgehensweise war in der Vergangenheit von den Verbandsvertretern stets vehement bestritten worden.

Wenn Exporteure und Spediteure diese kriminellen Machen-schaften auf Kosten der transportierten Tiere leugneten, dann mag dieses für den einen oder anderen – ohne diese Praktiken in irgendeiner Weise zu billigen – vielleicht noch nachvollziehbar sein. Auf Befremden, um nicht zu sagen auf völliges Unverständnis, stieß jedoch bei meinem Kollegen Dr. Böhler und mir die Tatsache, dass der zuständige Ministerialbeamte im Bundeslandwirtschaftsministerium auf der bereits erwähnten Sondersitzung am 12.8.1992 sowohl bei der Vorbesprechung in seinem Büro als auch in der Nachmittagsveranstaltung mit den Tierschutz – Länderreferenten die von mir vorgetragenen und von verschiedenen Tiertransportfahrern auch bestätigten Manipulationen mit den gleichen Argumenten und fast identischen Worten wie die der DVFB-Vertreter in Abrede zu stellen versuchte. In dem offiziellen Sitzungsprotokoll (siehe oben) ist dieses jedoch mit keinem Wort erwähnt. Als Tatsache stellte sich bei den Transporten nach Mangalia folgendes heraus:

Mehrere Fahrer hatten bei den Verladungen sowohl in Schleswig-Holstein als auch in Niedersachsen gegenüber Frau W. (Mitarbeiterin des Exporteurs), die mit der Abfertigung der Fracht- und Zollpapiere befasst war, ausdrücklich daraufhin gewiesen, dass ihre Fahrzeuge überladen seien und die geladene Tierzahl reduziert werden müsse, da man sonst Probleme an den Grenzen bekommen würde. Darauf Frau W,: „Es werden keine Tiere abgeladen, die Tiere verlieren bis zur rumänischen Grenze 10 %." Durch den Umstand, dass ich unvermutet in Hegyeshalom auftauchte und deshalb die Tiere ausreichen gefüttert und getränkt worden waren und dadurch der durch Koten, Urinieren und Verdunstung bereits eingetretene Gewichtsverlust wieder ausgeglichen worden war, wurde jedoch das Vorhaben des Exporteurs durchkreuzt mit dem Ergebnis, dass alle von mir begleiteten LKW Übergewicht aufwiesen und daher an der Weiterfahrt gehindert wurden. Somit war aus aktuellem Anlaß eklatant bewiesen, daß meine o.a. Argumente zutreffend waren und es sich nicht, wie der damalige Präsident des DVFB wiederholt in den Medien kolportiert hatte, um „Hirngespinste des Dr. Focke" handelte.

Montag, 12.10.1992:

Zu dem 4er-Konvoi gesellen sich zwei weitere LKW, von denen einer von den rumänischen Behörden wieder nach Ungarn zurückgeschickt wird, da angeblich die Frachtpapiere unvollständig sind. Von den Fahrern werden verschiedene Telefonate mit den Speditionsbüros in Deutschland geführt. Deren Reaktion: „Der H. (Exporteur) hat das verschuldet und soll sich darum kümmern."

Am 12. und 13.10. wird wiederholt versucht, die Exportfirma unter der im Internationalen Frachtbrief genannten Telefonnummer zu erreichen; ohne Erfolg. Da sich bis Dienstagvormittag weder von den Spediteuren noch vom Exporteur irgend etwas getan hatte und ich von der Grenze weder auf ungarischer noch auf rumänischer Seite jemanden erreichen konnte, bin ich mit einem Taxi in die 25 km entfernte ungarische Stadt Marko gefahren und konnte gegen Mittag endlich eine telefonische Verbindung mit der Hauptspedition bekommen. Die Spedition sagte zu, noch am gleichen Tag aus Ungarn Futter für die Tiere an die Grenze bringen zu lassen und aus Deutschland einen Boten mit entsprechendem Bargeld, um die beschlagnahmten Transporter auszulösen.

Nachdem ich bereits am Vormittag des 12.10. beim rumänischen Zoll vergeblich versucht hatte, eine Erlaubnis zur Versorgung der Tiere im zwei km entfernten rumänischen Dorf Nadlac zu erreichen, gelang mir dieses erst am 13.10. nach massiver Intervention bei der Leiterin der dortigen Zollbehörde. Nach einem Gespräch mit dem Bürgermeister des Ortes konnten wir dann endlich auf einer Dorfstraße in Nadlac aus einem Hydranten die Rinder notdürftig mit Wasser versorgen. Der am späten Nachmittag aus Ungarn eintreffende LKW mit Heu wurde von den Rumänen zurückgewiesen und konnte erst nach erneuter massiver Intervention meinerseits die Grenze passieren und abladen.

Tränkung der Rinder auf der Dorfstraße von Nadlac (Foto: H. Focke)

Der Geldbote aus Deutschland traf am frühen Morgen des 14.10. ein und nach erneuten zeit -und nervenraubenden Verhandlungen konnten wir gegen 13.00 Uhr nach mehr als zweitägiger Unterbrechung die Fahrt fortsetzen. Da wir von zwischenzeitlich aus Mangalia zurückkommenden LKW-Fahrern erfahren hatten, dass die angebliche Versorgungsstation in Sibiu überhaupt nicht existierte, hatten die Fahrer beschlossen, die ca. 950 km lange Strecke nach Mangalia „in einem Ritt" zu bewältigen. Nach ca. 600 km gegen 2.00 Uhr nachts wurde auf dem Gelände einer ehemaligen Autobahnraststätte für 3-4 Stunden eine Pause eingelegt. Unerfreuliches Erwachen: von sämtlichen LKW waren über Nacht die Reservereifen gestohlen worden. Ein LKW hatte darüber hinaus noch einen defekten Zwillingsreifen. Gemeinsame Weiterfahrt bis Bukarest. Zwei Transporter bleiben dort; die anderen fahren schon vor Richtung Mangalia. Mit Hilfe von zwei Taxifahrern kann nach vielem Hin und Her ein runderneuerter Ersatzreifen besorgt und montiert werden. Weiterfahrt 11.00 Uhr; Ankunft im Hafen Mangalia: 15.10.1992 17.30 Uhr. Im Hafen stehen noch unabgeladen die anderen LKW, die schon gegen Mittag eingetroffen sind. Die Fahrer bestürmen mich: „Doktor, wir sollen erst morgen früh abgeladen werden." Was war geschehen?

Die Stallungen im Hafen konnten noch mehrere Hundert Rinder aufnehmen; Futter (Heu) war in ausreichendem Maße vorhanden. Warum lässt man die Tiere sich nicht vor der Verladung auf das Schiff ausruhen und sich erholen? Die Rinder der fünf Lkw waren bis zu sieben Tagen unterwegs; die Tiere von zwei Transportern sind während dieser Zeit nachweislich nur einmal getränkt worden, gefüttert überhaupt nicht; die Rinder der übrigen drei LKW hatten lediglich zweimal Wasser und Heu erhalten (siehe Nadlac). Und all diese Tiere sollten weitere 14–18 Stunden ohne Futter und Tränke auf den LKW verbringen, weil der Exporteur dadurch zwei Dollar pro Tier gespart hätte, die er für die zwischenzeitliche Unterbringung im Stall für Heu und Wasser hätte bezahlen müssen. Als ich von den Fahrern dieses erfahren habe, stürme ich wutentbrannt in das Agenturbüro, wo ich zu meiner Überraschung auch auf den Exporteur treffe; und plötzlich geht alles. Innerhalb einer Stunde stehen alle Tiere im Stall. Besonders die Färsen sind stark exsiccotisch (ausgetrocknet) und ausgesprochen desolat. Am Vormittag des 16.10.1992 werden die am Vortag eingetroffenen Rinder auf ein libanesisches Schiff verladen. Vor Verladungsbeginn hatte ich darauf aufmerksam gemacht, dass einige Tiere nicht transportfähig seien; diese wurden auch zunächst ausgesondert. Es handelte sich in der Mehrzahl um festliegende Bullen; bei einem der Bullen bestand eine offene Unterschenkelfraktur, Nachdem ich zwischenzeitlich mir in Constanza ein Bahnticket für die Rückfahrt besorgt hatte, musste ich bei meiner Rückkehr in den Hafen feststellen, dass die vorher aussortierten Rinder alle auf dem obersten Deck des Schiffes lagen. Auf entsprechendem Vorhalt erhielt ich von den Verantwortlichen die lapidare Antwort, dass die z. T. moribunden Tiere auf See geschächtet würden; die Besatzung brauche ja schließlich auch etwas zu essen.

Der fast zur gleichen Zeit in Mangalia sich aufhaltende oben bereits erwähnte Journalist und Dokumentarfilmer Manfred Karremann hat diese Art des Verladens von bewegungs-unfähigen Rindern im Oktober 1992 in Mangalia fotografisch und im Film festgehalten. Bei dieser Tortur einer sogenannten „Kranverladung" werden die Tiere mit Stricken oder Ketten an einer Gliedmaße, oder wie in Mangalia praktiziert, mit Ketten hinter den Hörnern der Rinder fixiert und dann per Kran auf das Schiff gehievt bzw. vom Schiff heruntergezerrt. Starke Quetschungen oder häufig auch Knochenbrüche sind die Folge. Während des Aufenthaltes von Karremann im Hafen brachen bei einem Rind die Hörner und das Tier stürzte aus eine Höhe von mehr als drei Metern auf den blanken Asphalt und brach sich das Rückgrat. Das schwer verletzte Tier wurde aber keineswegs sofort euthanasiert oder notgeschlachtet, sondern wurde, wie M. Karremann mir später berichtete und auch filmisch dokumentiert hat, bis zum nächsten Morgen an Ort und Stelle liegengelassen. In dieser Nacht herrschte Schneeregen bei Temperaturen um den Gefrierpunkt. Dass diese Kranverladungen in Mangalia keinesfalls

Ausnahmeerscheinungen waren ist für verschieden andere Häfen wie Triest und Beirut fotografisch und filmisch belegt.

AMI:animalNetwork/Karremann

Kranverladung

Nachdem das Schiff mit 846 Rindern den Hafen in Richtung Beirut verlassen hatte, machte ich mich auf den Heimweg und erreichte nicht wie ursprünglich veranschlagt nach fünf, sondern schließlich nach elf Tagen körperlich und seelisch angeschlagen den Ausgangspunkt der Reise.

7   Kampf gegen Windmühlenflügel

Unmittelbar nach meiner Rückkehr aus Mangalia fertigte ich einen detaillierten Bericht für das Niedersächsische Landwirtschaftsministerium. Der Minister reagierte umgehend mit einer Presseinformation vom 20.10.1992 mit der Überschrift: *„Nachdem erneut ein Tiertransport zum Horrortrip wurde; Funke kündigt härtere Gangart an."* Am 23.10.1992 lud der Minister zu einer Pressekonferenz.

> *Die Hannoversche Allgemeine Zeitung berichtet am*
> *darauffolgenden Tag u.a.: Minister Funke will die Mißstände,*
> *nicht länger hinnehmen. Er kündigte am Freitag ein Bündel*
> *von Verwaltungsaktivitäten an, die den Tieren die Qualen*
> *ersparen sollen. Unter anderem verlangt er, die*
> *Exporterstattungen der EG für lebendes Schlachtvieh zu*
> *streichen. Zudem fordert er höhere Bußgelder und Strafen*
> *bei Verstößen gegen geltende Transportbestimmungen.*

Nun sind ministerielle Erklärungen auf einer Pressekonferenz eine und das, was in Wirklichkeit davon umgesetzt wird, häufig eine andere Sache. Dieses sollten wir schon sehr schnell erkennen, denn schon wenige Tage nach der o. a. Pressekonferenz des niedersächsischen Landwirtschaftsministers wurden wir von seinem Ministerium ausdrücklich darauf hingewiesen, dass die Exporteure einen Rechtsanspruch auf amtstierärztliche Abfertigung von Lebendtiertransporten nach Rasa hätten und dass bei Ablehnung einer Abfertigung die Kreisbehörde Gefahr liefe, in Regress genommen zu werden. Man begründete diese ministerielle Weisung mit dem Hinweis auf ein Schreiben des kroatischen Ministratoo Polioprevrede ... Abteilung Veterinärangelegenheiten in Rijeka, das uns bereits am 10.9.1992 aus Hannover übersandt worden war. In diesem Schreiben wurden zwar eine Reihe der von uns festgestellten Mängel eingeräumt, andere Defizite jedoch heruntergespielt und ansonsten Besserung gelobt. Doch in den wirklich entscheidenden Punkten einer raschen Euthanasie von schwerverletzten und sterbenden Tieren im Hafen selbst bzw. in unmittelbarer Nähe und der Tatsache, dass die Notschlachtungen weiterhin im 70 km entfernten Rijeka (mindestens 1,5 Stunden

Fahrzeit) durchgeführt wurden, hatte sich nichts geändert. Dies wurde von kroatischer Seite auch eingeräumt; es wurde lediglich angekündigt, dass man für Nottötungen im Hafen ein Bolzenschussgerät besorgen wolle. Doch selbst im August 1993 (11 Monate später) war, wie ich selbst feststellen konnte, ein solches Gerät immer noch nicht vorhanden. Wie mir darüber hinaus von verschiedenen Fahrern versichert wurde, war eine regelmäßige tierärztliche Überwachung der LKW-Entladungen immer noch nicht gegeben; weiter wurde berichtet, dass die Notschlachtungspraxis weiterhin unverändert sei; das hieß – wie bereits beschrieben –, dass das, was am Ende eines Verladetages an schwerverletzten und moribunden Tieren noch lebte, auf einen Pritschenwagen gehievt und erst dann zur Notschlachtung nach Rijeka geschafft wurde. Das Ministerium war von uns wiederholt auf diese Fakten hingewiesen worden, insbesondere auch deshalb, weil fast Woche für Woche aus anderen Landkreisen Schlachttiertransporte nach Rasa abgegangen waren.

Unmittelbar nach Erhalt der o.a. Weisung aus dem niedersächsischen Landwirtschaftsministerium habe ich in Hannover erneut auf die eklatanten Defizite in Rasa aufmerksam gemacht und wies ausdrücklich daraufhin, dass dieses im eklatanten Widerspruch zu den Bestimmungen des niedersächsischen Tiertransporterlasses vom 27.9.1992 stehen würde, in dem u. a. gefordert war, dass die Entladungen **„unter tierärztlicher Aufsicht"** zu erfolgen hätten und vor allem, dass von den Zielorten bzw. Zielhäfen eine amtliche tierärztliche Bestätigung verlangt werde folgenden Wortlauts:

> *„Kranke und transportgeschädigte Tiere sind innerhalb von 60 Minuten nach der Ankunft tierärztlich behandelt oder unter Einhaltung der Tierschutzanforderungen nach dem Europäischen Übereinkommen geschlachtet oder getötet worden."*

Jedoch diese meine Argumente griffen offenbar nicht. Statt dessen wurde mir im Landwirtschaftsministerium in Hannover von dem zuständigen Abteilungsleiter unterstützt von

Zwei Verwaltungsjuristen – erklärt, dass unsere Feststellungen im Mai und Juni den Hafen Rasa betreffend ebenso wie die

Bekundungen mehrerer Fahrer immer nur Einzelfälle darstellten und man juristisch nicht davon ausgehen könne, dass es generell bei allen Transporten und Entladungen in Rasa zu tierschutzrechtlichen Verstößen kommen würde. Ein genereller Boykott Rasas sei daher juristisch nicht vertretbar, es könne höchstens zur Auslistung einzelner Speditionen kommen, wenn diesen wiederholt Verstöße gegen den niedersächsischen Erlass vom 27.9.1992 nachgewiesen worden seien; z. B. das wiederholte nicht Vorlegen von bestätigten Rücklaufattesten. Dann könne auf Zeit oder auf Dauer einer einzelnen Spedition oder einem einzelnen Fahrer die amtstierärztliche Abfertigung versagt werden. Eine Auslistung von Rasa könne es deshalb nicht geben und die ministerielle Weisung bliebe auch für unser Veterinäramt bestehen; im übrigen wolle man vom Ministerium in Kürze sich selbst in Rasa kundig machen und zumindest bis dann sei weisungsgemäß zu verfahren.

Es blieb uns also trotz aller Bedenken nichts anderes übrig, nach mehr als fünfmonatiger erfolgreicher Zurückweisung ab Ende November 1992 wieder zum Hafen Rasa amtstierärztlich abzufertigen.

In der Zeit vom 25.–30.11.1992 wurden von uns 13 Rindertransporte attestiert unter Beifügung von Rücklaufattesten gemäß Nds. Erlass vom 27.9.1992 für die Versorgungsstation im ungarischen Hegyeshalom und für die. Veterinärabteilung im Verladehafen Rasa. Sowohl dem Exporteur als auch den beteiligten Speditionen wurde zu Auflage gemacht, je ein Exemplar der Rücklaufbescheinigungen innerhalb einer Woche nach Rückkehr der Fahrzeuge mit entsprechender Bestätigung dem Veterinäramt zuzuleiten. Für die Versorgung in Hegyeshalom trafen für alle von uns abgefertigten LKW die Bestätigungen ein. Für den Hafen Rasa jedoch in keinem einzigen Fall. Dieses wurde dann auch umgehend und zwar mit Schreiben vom 14.12.1992 dem Landwirtschaftsministerium mitgeteilt.

Aber unsere Bedenken schienen gegenstandslos, denn laut Presseinformation seines Ministeriums vom 29. 1. 1993 und auf dieser basierend in zahlreichen Presseberichten (z.B. Oldenburgische Volkszeitung vom 3.2.1993) zeigte sich Landwirtschaftsminister Funke „hoch erfreut" über die Berichte seiner Mitarbeiter von einer Dienstreise im Januar 1993 nach Kroatien.

Niedersächsisches Ministerium
für Ernährung, Landwirtschaft
und Forsten
Referat für Öffentlichkeitsarbeit

Presseinformation

Datum 29.01.1993

Nummer 8

Niedersachsen hat mehr Tierschutz in Kroatien durchgesetzt

Aufgrund massiver Vorstöße des Niedersächsischen Ministeriums für Ernährung, Landwirtschaft und Forsten haben nun unter der Leitung des Bundesministeriums für Ernährung, Landwirtschaft und Forsten Vertreter des Niedersächsischen Landwirtschaftsministeriums in der Zeit vom 17. bis zum 21.01.1993 im Rahmen von Gesprächen mit den kroatischen Veterinärbehörden im dortigen Landwirtschaftsministerium auch die Hafenanlagen von Rasa besichtigt. Im Hafen von Rasa werden unter anderem auch Rinder aus Niedersachsen zum Weitertransport in nordafrikanische Länder oder Länder des Nahen Ostens verladen. Nach den im Sommer 1992 bekanntgewordenen tierquälerischen Vorfällen im Hafen wurden seitens der Hafenbehörden mittlerweile die in den Stallungen vorhandenen Böden rutschfest gemacht, eine zweite Pier zum schnelleren Verladen auf Schiffe eingerichtet sowie verbesserte Treibgänge und Entladerampen sowie zusätzliche Überdachungen geschaffen. Ebenfalls wurde eine Schulung des Hafenpersonals zum tierschutzgerechten Umgang mit Rindern durchgeführt. Seitens der kroatischen Veterinärbehörden wurde zugesagt, sowohl die Entladung der ankommenden Tiere als auch die Verladung auf Schiffe tierärztlich zu überwachen. Im übrigen sei Kroatien bestrebt, das schon jetzt geltende Tierschutzrecht weiter zu verbessern und den deutschen bzw. EG-rechtlichen Vorschriften anzupassen. Es ist davon auszugehen, daß auch aus organisatorischer Sicht, - wenn überhaupt Langzeittransporte von Rindern unter Tierschutzgesichtspunkten erlaubt werden können -, im Hafen von Rasa zufriedenstellende Ladebedingungen geschaffen worden sind.

Seitens der für den Hafen von Rasa zuständigen kroatischen Tierärzte wurde darauf hingewiesen, daß sich der Zustand der aus Deutschland kommenden Tiere in den letzten vier Monaten erheblich verbessert habe, was auf die durchgeführte Fütterung und Tränkung zurückzuführen sei. In abschließenden Gesprächen wies der kroatische Landwirtschaftsminister, Dr. Majdak, darauf hin, daß Kroatien an einem Veterinärabkommen mit der Bundesrepublik Deutschland sehr interessiert sei. Das Bundeslandwirtschaftsministerium wird in dieser Angelegenheit tätig werden. In einer ersten Bewertung der Ergebnisse des Besuches in Kroatien zeigte sich Minister Funke hoch erfreut über den offenkundigen Fortschritt des Tierschutzes beim Transport und der Verladung der Tiere. Das Problem des Langzeittransportes bleibe allerdings weiterhin offen. Niedersachsen werde Brüssel und Bonn hier nicht aus der Pflicht lassen.

Niedersachsen handelte mehr Tierschutz in Kroatien aus

Cloppenburg/Hannover (na) – Mehr tierschutzgerechten Umgang beim Transport von Rindern hat jetzt die Niedersächsische Landesregierung in Kroatien durchgesetzt. Das Landwirtschaftsministerium reagierte damit auf einen Bericht von Dr. Hermann Focke. Der Leitende Veterinärdirektor beim Landkreis Cloppenburg hatte einen Tiertransport zu rumänischen Schwarzmeerhäfen begleitet und die katastrophalen Bedingungen geschildert, unter denen die Tiere zu leiden haben (die OV berichtete am 22. Oktober).

Nachdem das Niedersächsische Ministerium für Ernährung, Landwirtschaft und Forsten noch im November auf Landesebene mit einem Erlaß reagierte, ging eine Delegation aus Hannover noch weiter: Experten reisten Ende Januar in das kroatische Rasa. In dem dortigen Hafen werden auch Rinder aus Niedersachsen zum Weitertransport in nordafrikanische Länder oder in Länder des Nahen Ostens verladen.

Die Delegation aus Hannover überzeugte sich von den dort durchgeführten Verbesserungen, die eine bessere Behandlung der Transporttiere ermöglichen sollen. Dazu sollen in den dortigen Stallungen rutschfest gemachte Böden, eine zweite Pier zum schnelleren Verladen auf Schiffe, verbreiterte Treibgänge und zusätzliche Überdachungen beitragen. Außerdem, so heißt es aus Hannover, sei das Hafenpersonal im tierschutzgerechten Umgang mit Rindern geschult worden.

Seitens der kroatischen Veterinärbehörden sei zugesagt worden, die Tranporte künftig tierärztlich überwachen zu lassen. Im übrigen sei Kroatien bestrebt, das schon jetzt geltende Tierschutzrecht weiter zu verbessern und den deutschen Vorschriften anzupassen.

Die Delegation erfuhr in Rasa, daß sich der Zustand der aus Deutschland kommenden Tiere während der vergangenen vier Monate erheblich verbessert habe. Dies sei auf die durchgeführte Fütterung und Tränkung während der Fahrt zurückzuführen.

In abschließenden Gesprächen habe der kroatische Landwirtschaftsminister, Dr. Majdak, Interesse an einem Veterinärabkommen mit der Bundesrepublik bekundet. In einer ersten Bewertung habe sich Minister Karl-Heinz Funke über den offenkundigen Fortschritt des Tierschutzes „hoch erfreut" gezeigt. „Weiterhin offen", so heißt es aus dem Niedersächsischen Ministerium, bleibe allerdings das Problem des Langzeittransportes. Niedersachsen werde Brüssel und Bonn hier nicht aus der Pflicht lassen.

Um die o.a. Pressemitteilung aus dem Niedersächsischen Landwirtschaftsministerium und die daraus resultierenden Presseberichte richtig einstufen zu können, sind folgende Hintergrundinformationen nicht nur hilfreich sondern unbedingt erforderlich:

1. Die deutsche o.a. Delegation setzte sich zusammen aus einem Ministerialbeamten aus dem Bundesministerium für Ernährung, Landwirtschaft und Forsten, einem Abteilungsleiter und der für den Tierschutz zuständigen Referentin aus dem Niedersächsischen Landwirtschaftsministerium sowie dem damaligen Präsidenten des Deutschen Vieh- und Fleischhandelsbundes (DVFB), der auch im Hafen von Rasa die Führung der Gruppe übernommen hatte.

Dass letzterer als Kommanditist eines großen norddeutschen Viehhandelsunternehmens mittelbar und als verantwortlicher Geschäftsführer einer Tochterfirma dieses Unternehmens unmittelbar an mehreren tierschutzrelevanten Vorgängen aus dem Jahre 1992 beteiligt war – was übrigens sowohl im Niedersächsischen wie auch im Bundeslandwirtschaftsministerium bekannt war –, ließ die ganze Angelegenheit natürlich sehr fragwürdig erscheinen.

2. Entsprechend fiel dann auch die Besichtigung auf dem Hafengelände aus. Wie mir bereits kurze Zeit später von verschiedener Seite bestätigt wurde, hielt sich die Delegation nicht einmal zwei Stunden im Hafen Rasa auf. Dieses hatte sicher auch darin seinen Grund, dass man am Besichtigungstag, dem 18.1.1993, nur leere Ställe zu Gesicht bekam. Von verschiedenen Spediteuren und Fahrern wurde mir glaubhaft versichert, dass sowohl unmittelbar vor dem 18.1.1993 als auch an den Tagen darauf im Hafen rege Verladetätigkeit stattgefunden hatte.

3. Die Information, dass „seitens der Hafenbehörden eine zweite Pier zum schnelleren Verladen auf Schiffe eingerichtet wurde" war irreführend, um nicht zu sagen falsch. Wie aus meinen Berichten über den Hafen Rasa hervorging – und somit auch beiden Ministerien bekannt – war dort nicht so sehr das Verladen auf die Schiffe das Problem, sondern das Vorhandensein nur einer einzigen Rampe zur Entladung der im Hafen ankommenden Transporter, was unnötig lange Wartezeiten (z.T. 12 Stunden und mehr) für die auf den LKW stehenden Tiere bedeutete. Notwendig und in meinen Berichten für unbedingt erforderlich gehalten war ein zweite Entladerampe und nicht eine zweite Pier, die im übrigen schon bei meinem ersten Besuch im Mai 1992 existierte.

4. Das wohl gravierendste Defizit im Hafen Rasa war – wie bereits mehrfach berichtet – der Umstand, dass sterbende und schwerverletzte Tiere nicht unmittelbar nach ihrer Ankunft im Hafen notgetötet oder geschlachtet, sondern erst am Ende eines Verladetages in das 70 km entfernte

Rijeka geschafft wurden. In der o.a. Presseinformation war dieses bzw. eine Änderung oder auch Nichtänderung dieser Situation mit keinem Wort erwähnt. Aufschlussreich war in diesem Zusammenhang ein Auszug aus dem Protokoll der Sitzung der Tierschutzreferenten des Bundes und der Länder vom 26./27.1.1993:

7.1 Die Vertreterin Niedersachsens über die Verhältnisse in Rasa

Tiertransport:

„Die Vertreterin Niedersachsens teilt Einzelheiten mit über die vom 17.–21. Januar 1993 unter der Leitung des Bundesland-wirtschaftsministerium nach Kroatien..... die Verladeeinrichtungen im Hafen von Rasa seien gut für den Umschlag von Rindern und Schafen geeignet. Gegenüber Rijeka und Triest verfüge Rasa über bessere Versorgungs- und Betreuungsmöglichkeiten. Not-schlachtungen sollten jedoch weiterhin in Rijeka durchgeführt werden, da hier bessere Möglichkeiten beständen. Schwer verletzte Tiere könnten jedoch weiterhin an Ort und Stelle geschlachtet werden. Insofern müsse die Forderung, dass Tiere erforderlichenfalls innerhalb von 60 Minuten der Notschlachtung zugeführt werden müssen, modifiziert werden. Bei den ankommenden Transporten sei in der Vergangenheit bei Rindern eine Todesrate von etwa 0,017 % festgestellt worden ...

Die Tierschutzreferenten nehmen diese Ausführungen zur Kenntnis".

Zum Inhalt dieses Protokolls sind folgende Anmerkungen zu machen:

a) Es wird hier zwar eingeräumt, dass Notschlachtungen auch weiterhin in Rijeka durchgeführt werden. Gemäß des mehrfach erwähnten (der geschätzte Leser möge mir die auch für mich quälenden Wiederholungen verzeihen) Er-lasses vom 27.7.1992 wird im Rücklaufattest für jeden ab-gefertigten Transport eine amtliche Bestätigung verlangt folgenden – hinlänglich bekannten – Inhalts:

„Kranke und transportgeschädigte Tiere sind innerhalb von 60 Minuten nach der Ankunft tierärztlich behandelt oder unter Einhaltung der Tierschutzanforderungen nach dem Europäischen Übereinkommen geschlachtet oder getötet worden."

Aber anstatt von Seiten der deutschen Delegation gegenüber den kroatischen Gesprächspartnern dieses als unabdingbare Forderung zum Schutz der transportierten Tiere und Voraussetzung für die Versendung von Tiertransporten über den Hafen Rasa darzulegen, fühlt man sich veranlasst, die Bedingungen zum Nachteil der leidenden Kreatur zu „zu modifizieren". Und tatsächlich wurde einige Monate später in dem niedersächsischen Erlass vom 13.7.1993 der Passus „innerhalb von 60 Minuten" in den unbestimmten Rechtsbegriff „unverzüglich" umgewandelt; das hieß in der Praxis, dass in Rasa mit niedersächsischer Billigung auch mit Tieren aus diesem Bundesland weiterhin so verfahren werden konnte wie bisher.

b) „Schwerverletzte Tiere könnten jedoch weiterhin an Ort und Stelle geschlachtet werden."

Dieser Satz in dem o.a. Protokoll ist definitiv falsch und sollte diese Aussage tatsächlich auf der o.a. Sitzung getätigt worden sein, dann ist dieses wider besseren Wissen geschehen.

Tatsache ist folgendes: Wenige Tage nach Rückkehr der o.a. Delegation habe ich mich am 25. 1.1993 im niedersächsischen Landwirtschaftsministerium nach der aktuellen Situation in Rasa erkundigt; dabei wurde wie im o.a. Protokoll eingeräumt, dass Notschlachtungen weiterhin in Rijeka durchgeführt würden; was jedoch die Nottötungen angehe, da müsse man noch ein wenig Geduld haben; die kroatische Seite habe zugesagt, möglichst bald im Hafen einen entsprechenden Raum herzurichten und auch einen Bolzenschussapparat (Betäubungsgerät) für Nottötungen zu besorgen; Niedersachsen hätte zugesagt, die Beschaffung und Kosten für ein derartiges Gerät zu übernehmen und dieses so schnell wie möglich nach Rasa überbringen zu lassen. Fast sechs Monate später am 6. 8.1993 war entsprechendes Gerät immer noch nicht vorhanden, geschweige denn im Einsatz.

c) „Bei den ankommenden Transporten sei in der Vergangenheit bei Rindern eine Todesrate von etwa 0,017 % festgestellt worden". Es stellt sich hierbei die Frage, ob dieser von kroatischer Seite genannte Prozentsatz unreflektiert weitergegeben worden ist, oder sollte auch hier ein möglichst positives Bild gezeichnet werden. Fakt ist, dass 0,017 % eine Todesrate von 1,7 Tieren pro 10.000 nach Rasa transportierter Rinder bedeutet. Dann wären das bei einer Verladerate von knapp 50.000 Rindern für das Jahr 1992 statistisch 7,5 Rinder gewesen. Aber allein an einem einzigen Vormittag am 25. Mai 1992 hatte ich neun tote Bullen gesehen und sechs weitere, die notgeschlachtet werden mussten. Also war allein an einem einzigen Tag im Mai 1992 mehr als das gesamte Jahres – Ist für 1992 eingetreten. Den Landwirtschaftsministerien in Bonn und Hannover waren diese Zahlen und weitere Fakten bekannt und ich hatte diese auch vor dem gleichen Gremium auf der Tierschutzreferenten-Sondersitzung am 12.8.1992 in Bonn vorgetragen, sodass man eigentlich hätte stutzig werden müssen bzw. hätte hinterfragen müssen .Doch wie heißt es lapidar in dem o.a. Protokoll?:

„Die Tierschutzreferenten nehmen diese Ausrührungen zur Kenntnis".

Und vor dem Hintergrund der unter 1.–4. und a–c dargelegten Fakten informiert das Niedersächsische Ministerium für Ernährung, Landwirtschaft und Forsten am 29. 1.1993 Presse und Öffentlichkeit, dass „im Hafen von Rasa zufriedenstellende Ladebedingungen geschaffen worden sind" und der Minister sich „hoch erfreut" zeigte, denn angeblich:

7.2 „Niedersachsen hat mehr Tierschutz in Kroatien durchgesetzt." Stimmt das?

Damit waren aber zunächst einmal wieder alle Gemüter beruhigt und es konnten weiter – weitgehend ungehindert – z.T. sogar unter erleichterten Bedingungen (siehe unter a) „unverzüglich" neuen Geschäften nachgegangen werden

Am 15.3.1993 teilen mir bei einer Drittlandverladung in G. mehrere Fahrer glaubhaft mit, dass es vom 18.-20.2.1993 in Rasa erneut zu tierschutzrelevanten Tatbeständen gekommen sei. In diesem Zeitraum sei ein Großteil der Transporter bis zu 24 Stunden nach der Ankunft im Hafen nicht entladen worden. Zu diesem Zeitpunkt hätten, obwohl nur zwei Schiffsanlegestellen vorhanden, drei Schiffe im Hafen und ein viertes auf Reede gelegen. An der Anlegestelle 1 hätten zwei Schiffe nebeneinander gelegen und das zweite Schiff sei über das erste – am Kai liegende – beladen worden.

Weiter wurde von den Fahrern mitgeteilt und beklagt, dass transportgeschädigte Rinder, die bereits am frühen Vormittag entladen worden waren, erst am späten Nachmittag zur Notschlachtung nach Rijeka verladen worden seien.

Diese Angaben der Fahrer habe ich noch am gleichen Tage telefonisch voraus und am **22.3.1993** schriftlich an das zuständige Ministerium weitergeleitet mit der gleichzeitigen Bitte um Prüfung und Weisung, wie nach diesen erneuten Vorkommnissen in Zukunft bei Exporten über den Hafen Rasa zu verfahren sei.

Die Rückantwort aus Hannover kam am **19.5.1993**, in der mitgeteilt wurde, dass unser Schreiben vom 22.3.1992 sowie ein Bericht eines anderen niedersächsischen Veterinäramtes ähnlichen Inhaltes an das Bundeslandwirtschaftsministerium in Bonn und an die Spedition D. in M. weitergeleitet sei. Außerdem wurde erneut darauf hingewiesen: „Auf die Austeilung von Transportbescheinigungen und Genehmigungen besteht im Rahmen des geltenden Rechts ein Rechtsanspruch".

Am 22.6.1993 traf über die Bezirksregierung eine Rundverfügung des Niedersächsischen Landwirtschaftsministeriums vom

1.6.1993 ein mit je einer Stellungnahme der Hafendirektion Rasa und der o.a. Spedition und Frachtagentur D, aus M.

Längere Wartezeiten für beladene Transportfahrzeuge wurden in beiden Stellungnahmen in Abrede gestellt.

Auszug aus dem Schreiben der Firma D:

> *„Im fraglichen Zeitpunkt hielt sich der Unterzeichner mehrfach u.a. in Rasa auf. Es wurde zu der Zeit sehr rege über Rasa verladen, z.T. auch dadurch bedingt, dass der Hafen Trieste für Viehverladungen zeitweilig gesperrt war. Nach meinen persönlichen Beobachtungen habe ich zu dem Zeitpunkt und auch später keine tierschutzrelevanten Vorkommnisse festgestellt.*
>
> *Die Tatsache, dass zwei Schiffe nebeneinander lagen, wie Dr. Focke schreibt, ist an sich nichts Besonderes und bedeutet keinen zusätzlichen Stress für die Tiere, denn sie haben lediglich ca. 15 Meter weiter zu laufen".*

Zum Schluss dieses Schreibens der Firma D. kommt der Unterzeichner zu einer entlarvenden Darlegung:

> *„Bei dieser Angelegenheit möchte ich mal darum bitten, nicht ständig Rasa aufs Korn zu nehmen, denn während man sich in Rasa um anständige Arbeit bemüht, herrschen in Trieste z.T. chaotische Zustände der Art, dass dort verletzte und halbtote Tiere mit dem Kran auf die Schiffe geworfen werden und z.T. ins Meer. Offenbar stört das aber niemanden, da Trieste ein EG-Hafen ist."*

Auf die Zustände im Hafen von Triest, von denen das niedersächsische Landwirtschaftsministerium schon seit Mai 1993 Kenntnis hatte, und die fortwährende Hinhaltetaktik der Ministerien in Bonn und Hannover, wird im weiteren noch näher einzugehen sein.

Jedoch zunächst weiter zu den Vorgängen in Rasa.

Die Hafendirektion hatte ihrer o.a. Stellungnahme als Anlage einen „Auszug aus der Hafendokumentation" in deutscher Sprache für den fraglichen Zeitraum vom 18.–20. 2.1993 beigefügt. Dieses Papier war jedoch wenig ergiebig, da wesentliche Passagen – wie sich später herausstellte – nicht enthalten waren.

Mit Datum vom 30.6.1993 teilte das niedersächsische Landwirtschaftsministerium den vier niedersächsischen Bezirksregierungen mit, *„dass mittlerweile ein weiteres Schreiben der für den Hafen von Rasa zuständigen Hafendirektion Rijeka zugegangen ist. In diesem Schreiben wird eingeräumt, dass nach weiteren Recherchen festgestellt worden ist, dass es nicht im Februar, sondern im März zu tierschutzrelevanten Vorkommnissen im Hafen von Rasa gekommen sei. Grund dafür war, dass durch die Sperre des Hafen von Triest* (Anmerkung: Die Sperre erfolgte nicht aus tierschutz- sondern aus tierseuchenrechtlichen Gründen wegen Mau -und Klauenseuche in Italien) *eine erheblich größere Anzahl von Tieren abgefertigt werden musste. Dabei sei es durch unkoordinierte Anlieferungen und Verladungen zu den aufgezeigten Problemen gekommen. Auch seitens des kroatischen Landwirtschaftsministeriums wurde mittlerweile ein detaillierter Bericht der für die veterinärbehördliche Überwachung in Rasa zuständigen Behörde übersandt, in der ebenfalls Missstände eingeräumt wurden. Eine Ablichtung ist beigefügt."*

Anmerkung: Dieser Bericht ist mir offiziell nie bekannt gemacht worden.

Dass es neben den für den März 1993 von kroatischer Seite eingestandenen tierschutzrelevanten Vorkommnissen sehr wohl – wie mir von den Fahrern am 15.3.1993 berichtet worden war – vom 18.–20. Februar 1993 im Hafen Rasa erhebliche tierschutzrelevante Probleme gegeben hatte, wurde offenbar aus einem Dokument „Cattle Transshipment in the Port of Rasa-Veterinary Inspectors Report", das mir im Juni 1993 zugespielt worden ist. In diesem Dokument wurden sehr detailliert aufgelistet die Anzahl der ankommenden Transporte, die Probleme bei der Entladung und Versorgung der Tiere, Anzahl und Namen der beladenen Schiffe und vieles andere mehr.

Es wurde z.B. bemängelt, dass eine Firma aus Deutschland nicht bereit war, die Tiere in den Ställen unterzubringen, sondern aus Kostengründen (siehe Mangalia) die Tiere bis zur Beladung des Schiffes auf den LKW beließ. Es wurden detaillierte Angaben über die Anzahl von transporttoten wie von notzuschlachtenden Tieren gemacht. So findet sich beispielsweise unter dem 20. Februar 1993 der Eintrag „five head of cattle perished and 11 head of cattle ordered for slaughter."

Die Eintragung vom 15. März 1993 wies 15 transporttote Rinder und drei Notschlachtungen aus.

Also hatten meine Fahrer doch nicht so ganz Unrecht.

Auf Grund der enormen tierschutzrechtlichen Defizite, die erwiesener Maßen nach wie vor im Hafen von Rasa bestanden sowie der zahlreichen Kontradictionen sowohl auf kroatischer wie auf niedersächsischer Seite ist es für kaum jemanden nachvollziehbar, wenn das niedersächsische Ministerium für Ernährung, Landwirtschaft und Forsten in dem genannten Schreiben vom 30.6.1993 an die Bezirksregierungen Hannover, Braunschweig, Lüneburg und Weser-Ems zu dem Ergebnis kommt: *„Durch die Offenheit und die Detailhinweise in den beiden Schreiben ist h. E. auf den Wahrheitsgehalt der Angaben und das Bemühen um Abstellung der Mißstände zu schließen."* und daher auch keinen aktuellen Handlungsbedarf sieht.

Nachdem ich mit Schreiben vom 14.12.1992, 9.2.1993, 4.3.1993, 22.3.1993 und 5.5.1993 über selbst festgestellte und durch Informationen verschiedener Quellen bekannt gewordene Defizite bei grenzüberschreitenden Schlachttiertransporten dem Ministerium in Hannover berichtet hatte, hat Ende Mai 1993 eines der größten Veterinärämter Niedersachsens die ihm zugegangenen Rücklaufatteste für Versorgungsstationen und Zielhäfen ausgewertet und die Ergebnisse über die zuständige Bezirksregierung dem niedersächsischen Landwirtschaftsministerium mitgeteilt. Die Ergebnisse waren mehr als ernüchternd.

So waren z.B. in der Zeit vom 19.11.1992 bis zum 7.4.1993 für 119 Lebendtiertransporte als Versorgungsstation Hegyeshalom angegeben worden. Lediglich bei 77 dieser 119 Transporte = 64,7 % wurde die Versorgung der Tiere bestätigt. Aus den Rücklaufattesten ergab sich darüber hinaus, dass von diesen 77 Transporten nur acht innerhalb der gesetzlich vorgeschriebenen Maximalzeit von 24 Stunden angekommen und versorgt worden waren. 19 Transporte benötigten mehr als 30 Stunden, davon acht länger als 38 und zwei LKW mehr als 45 Stunden bis zur ersten Versorgung der Tiere.

7.3 Nicht nur Rasa

Von der Versorgungsstation Aosta, die häufig auf dem Weg zum Hafen Triest benannt worden war, wurden weder von den beteiligten Speditionen noch vom Exporteur amtlich bestätigte Rücklaufatteste beigebracht. Das gleiche galt für die offizielle französische Station Noidans le Ferroux, die regelmäßig bei Verladungen zum französischen Mittelmeerhafen Sète angegeben wurde. Aufgrund dieser Ergebnisse habe ich wiederholt beim niedersächsischen Landwirtschaftsministerium interveniert. Auch von anderen Veterinärämtern regte sich inzwischen Unmut, besonders nach einer ZDF-Sendung „Achtung lebende Tiere" vom 30. Juni 1993; hier hatte der bereits erwähnte Fernsehjournalist und Dokumentarfilmer Manfred Karremann erschreckende Bilder gezeigt und entlarvende Zahlen genannt.

Der erwähnte wachsende Unmut unter den Amtskollegen ging besonders deutlich aus einem Statement der Kollegen des Landkreises Friesland vom 12.7.1993 hervor:

Als beamtete Tierärzte sind wir empört darüber, daß es bis heute nicht gelungen ist, die mit kaum faßbaren Tierquälereien verbundenen internationalen Schlachtviehtransporte zu unterbinden. Die erschütternden Bilder der ZDF-Sendung vom 30.06.93 sowie die desillusionierenden Erfahrungsberichte von Herrn Dr. Focke (Cloppenburg) geben uns Veranlassung, an alle Verantwortlichen zu appellieren, für ein rasches Ende dieser skandalösen Zustände zu sorgen. Nach unserer Auffassung genügt es nicht, von der EG-Kommission den (nicht abschbaren) Wegfall der Lebendvieh-Exporterstattung zu fordern, sondern es muß sofort gehandelt werden. Dies liegt nicht nur im Interesse der Tiere, sondern letztlich auch im Interesse der beteiligten Behörden und beamteten Tierärzte, deren guter Ruf unseres Erachtens auf dem Spiele steht.

Obwohl längst erwiesen ist, daß selbst die gutwilligsten Viehtransportunternehmen sowie deren Fahrer einen halbwegs tiergerechten Transport der Schlachttiere bis zu den Verladehäfen des Mittelmeeres trotz aller Auflagen der Behörden nicht sicherstellen können (z.B. aufgrund der nicht beeinflußbaren Wartezeiten im Verkehrsstau, an der Grenze und am Hafen), werden täglich neue internationale Schlachtbullentransporte von deutschen Veterinärbehörden abgefertigt. Tag für Tag setzen beamtete Tierärzte ihre Unterschrift unter die für den Grenzübertritt der Tiere notwendigen Gesundheits- und Transportbescheinigungen. Sie tragen auf diese Weise dazu bei, daß ausgewachsene Bullen nicht im nahegelegenen Schlachthof, sondern erst nach einer mehrwöchigen, mit unendlichen Leiden verbundenen LKW- und Schiffsreise geschlachtet werden, sofern die Tiere den Bestimmungsort überhaupt lebend erreichen. Zugemutet wird den Tieren diese Tortur ausschließlich deshalb, um die z.Zt. attraktiven EG-Lebendvieh-Exporterstattungen zu erhalten. Ob dies als "vernünftiger Grund" anzusehen ist, den Tieren derartige Leiden zuzufügen (s. § 1 Tierschutzgesetz), bezweifeln wir.

Es ist für uns unerträglich, daß wir als beamtete Tierärzte, denen das Wohl der Tiere aufgrund unserer Berufsordnung sowie aufgrund unserer dienstlichen Aufgaben beim Vollzug des Tierschutzgesetzes ganz besonders am Herzen liegt, die unermeßlichen Leiden der Tiere mit unserer Unterschrift erst ermöglichen. Gemäß § 1 des Tierschutzgesetzes darf niemand einem Tier ohne vernünftigen Grund Schmerzen, Leiden oder Schäden zufügen. Diese Bestimmung gilt nicht nur für den Tierhalter, sondern für jeden Menschen, der über das Schicksal von Tieren zu entscheiden hat. Insofern macht sich unseres Erachtens der beamtete Tierarzt, der trotz Kenntnis der tierschutzwidrigen Transportbedingungen im Auftrage seiner Dienststelle einen internationalen Schlachtviehtransport nach Rasa, Triest oder Sète abfertigt. Er wird nach unserer Auffassung seiner Verantwortung für das Tier als Mitgeschöpf und seiner Verpflichtung, das Leben und Wohlbefinden der Tiere zu schützen, nicht gerecht (s. § 1 Tierschutzgesetz). Das gilt unseres Erachtens auch dann, wenn den Tieren erst außerhalb des Geltungsbereiches des Tierschutzgesetzes erhebliche Schmerzen, Leiden oder Schäden zugefügt werden.

Aufgrund des dargestellten Sachverhaltes teilen wir nicht die Auffassung des Nds. Landwirtschaftministeriums, wonach der Schlachtviehexporteur einen Rechtsanspruch auf Ausstellung der notwendigen amtstierärztlichen Bescheinigungen hat. Solange die entsprechende Weisung vom 10.05.93 besteht, werden wir alle Atteste für Schlachtviehtransporte zu Mittelmeerhäfen nur noch mit dem Zusatz "auf Weisung des Nds. Landwirtschaftsministeriums" unterschreiben.

Jever, den 12.07.1993

_____   _____   _____   _____
(Dr. Zander)   (Dr. Sasse)   (Dr. Sasse Patzar) (Dr. Petermann)

Anhand der genannten Zahlen und Fakten habe ich Anfang Juni 1993 gegenüber dem niedersächsischen Landwirtschaftsministerium klar und deutlich meine Auffassung zum Ausdruck gebracht, dass die in der Vergangenheit durchgeführten und amtlich abgefertigten Drittlandlebendtiertransporte zum weit überwiegenden Teil rechtswidrig seien und dafür eine Reihe von Gründen angeführt, die im folgenden nur beispielhaft wiedergegeben werden sollen:

1. Die Entfernung Norddeutschland–Hegyeshalom beträgt je nach Ladeplatz zwischen 1.100 und 1.200 km und kann auch unter Mißachtung der gesetzlich vorgeschriebenen Lenkzeiten nicht innerhalb von 24 Stunden erreicht werden. Beweis: siehe oben; für nur acht von 119 Transporter wurde eine amtliche Bestätigung der Einhaltung der Versorgungsfrist erbracht.

2. Für die Station Hustopece in der Slowakei, die trotz unserer Feststellungen im Juni, Juli und Oktober 1992 zwischenzeitlich von Niedersachsen als offizielle Versorgungsstation anerkannt worden war, wurden – wenn überhaupt – nur durch die Betreiberfirma mit Sitz in München Rücklaufatteste vorgelegt, die aber in keinem Falle, wie gefordert, amtlich bestätigt waren. Das gleiche galt für den Hafen Triest und für die Versorgungsstation Noidans le Ferroux.

3. Für den Hafen Rasa wurden trotz dortiger offizieller Zusagen immer noch keine Bestätigungen über tierärztliche Überwachung der Entladung, Versorgung und tierschutzgerechter Betreuung der Tiere abgegeben. Vor allem die immer noch unhaltbare Situation fehlender Euthanasie im Hafen und die Tatsache, dass notwendig werdende Schlachtungen weiterhin in 70 km Entfernung und auch erst nach Beendigung des Verladegeschehens durchgeführt wurden, sind besonders herausgestellt worden.

In diesem Zusammenhang habe ich dann auch dem Landwirtschaftsministerium angekündigt, dass ich in den nächsten Tagen eine öffentliche Selbstanzeige erstatten würde, da ich mich in der Vergangenheit, wenn auch auf behördliche Weisung, durch die Abfertigung von Drittlandlebendtransporten zumindest der Beihilfe zur Tierquälerei schuldig gemacht hätte.

An dem darauffolgenden Tag wurde mir aus dem Ministerium telefonisch mitgeteilt, dass ein neuer niedersächsischer Transport – Erlass unterschriftsreif auf dem Tisch läge, sich dadurch die Situation für Lebendtiertransporte verbessern würde und man mich deshalb ersuchen würde, mein o.a. Ansinnen zurückzustellen.

Dieser Erlass vom **13.7.1993** erreichte uns am 28.7.1993. Ein Erlass des Bundesministerium für Ernährung, Landwirtschaft und Forsten vom **29.7.1993** zur gleichen Thematik kam mit einer Verzögerung von mehr als vier Monaten in den niedersächsischen Veterinärämtern an. Dieser Erlaß des Bundes sollte sicherstellen, daß in allen Bundesländern auf gleiche Art und Weise verfahren werde.

Der niedersächsische Erlaß beginnt mit folgendem Satz: *„Ein generelles Verbot von Lkw-Langzeittransporten kann h. E. nicht ausgesprochen werden, da aufgrund der Rechtssystematik generell ein Anspruch auf Erteilung einer Transportbescheinigung nach § vier der Verordnung zum Schutz von Tieren beim grenzüberschreitenden Verkehr besteht, der nur in begründeten Einzelfällen als nicht gegeben angesehen werden kann."*

Neben der bereits erwähnten Änderung und damit Aufweichung der Rücklaufatteste für Zielorte und -Häfen von *„innerhalb von 60 Minuten"* in *„unverzüglich"* waren in dem Erlaß vom 13.7.1993 zwei erwähnenswerte Neuerungen enthalten.

> *1. unter 2b): „Die Transportbescheinigung ist zu versagen, wenn beim Transport von mehr als acht Stunden der Abstand zwischen Widerristhöhe und Decke weniger als 30 cm beträgt."*

> *2. unter 2d): „Die Transportbescheinigung ist zu versagen, wenn die Planung des Transports erkennen läßt, daß die Bestimmungen (EWG) Nr. 3820 des Rates über die Harmonisierung bestimmter Sozialvorschriften im Straßenverkehr nicht eingehalten werden können. Die Fahrer- und Lenkzeiten sind nach dieser Verordnung sehr unterschiedlich.*

Sie können nur im Einzelfall festgesetzt werden. Sofern zur Einhaltung der Lenk- und Ruhezeiten, insbesondere nach Artikel 6–8, zu erwarten ist, daß aufgrund der Anzahl der für das Transportfahrzeug vorgesehenen Fahrer

a)   die Versorgungsstation nicht innerhalb von 24 Stunden erreicht werden kann oder

b)   sich die Transportdauer erheblich verlängert, ist die Anzahl der Fahrer entsprechen zu erhöhen. In aller Regel dürfte bei Transporten, die länger als 10 Stunden dauern ein 2. Fahrer erforderlich sein."

Anmerkung zu 1.: Nach dem Straßenverkehrsrecht dürfen LKW eine Maximalhöhe von 4,00 Metern nicht überschreiten. Grenzüberschreitende Rindertransporte werden fast ausschließlich mit sogenannten Doppelstocktransportern durchgeführt; d.h. die Tiere sind in zwei Etagen übereinander untergebracht. Da der Boden der unteren Etage in einer Höhe von 80-100 cm liegt, stehen für beide Etagen unter Abzug des Zwischenbodens ca. 300–310 cm zur Verfügung.

Ein weitgehend ausgewachsenes Rind hat eine Widerristhöhe von 130–150 cm. Unter Hinzunahme des geforderten Zwischenraumes von jeweils 30 cm vom Widerrist der Tiere zur Zwischendecke bzw. zum Dach des Fahrzeuges sind z.B. bei der Verladung von mittelgroßen Rindern mit einer maximalen Widerristhöhe von 140 cm ein Boden-Decke-Abstand von 170 cm gegeben, was für zwei Etagen 340 cm ausmacht, plus 10–20 cm für den Zwischenboden; zusammen mit dem Bodenabstand von 80–100 cm würde damit die zulässige Gesamthöhe nach dem Straßenverkehrsrecht erheblich überschritten. Aufgrund der Erhöhung des bisher vorgeschriebene Widerrist-Deckenabstandes von bisher 10 cm auf nunmehr 30 cm bedeutete dieses, dass bei Langzeittransporten in Zukunft nicht mehr doppelstöckig geladen werden konnte. Der neue niedersächsische Erlaß vom 13.7.1993 sowie der Erlaß des Bundes vom 29.7.1993 bedeutete für die Exporteure auf Grund geringerer Tierzahlen pro Fahrzeug und des Einsatzes von zwei Fahrern pro Lkw eine nicht unwesentliche Erhöhung der Transportkosten und hätte dadurch aus Wirtschaftlichkeitserwägungen zu einer deutlichen Reduzierung bzw. möglicherweise zu einem fast vollständigen Stopp von Lebendtier-Langzeittransporten geführt.

Dieses trat jedoch nicht ein, da die neuen Rechtsnormen – wie im weiteren ausführlich dargelegt – mit „rechtsstaatlichen Mitteln" unterlaufen wurden und zwar nach folgendem Schema:

1. Der Erlass vom 13.7.1993 erreichte die zuständigen Land-kreise am 28.7.1993.

2. Die Landkreise wurden vom niedersächsischen Landwirt-schaftsministerium angewiesen, den im Erlass geforderten Widerrist-Deckenabstand (Rückenfreiheit) bei Rinder-transporten von mindestens 30 cm sowie die Forderung nach dem 2. Fahrer bei Langzeittransporten nicht sofort, sondern erst nach dem 1.9.1993 anzuwenden.

3. Während des Monats August 1993 diskutieren die Ver-waltungsjuristen von Bezirksregierung und Landkreisen über die „sinnvolle Umsetzung des Erlasses."

4. Mit Schreiben vom 27.8.1993 werden dem Aufkäufer (Anm. Zulieferer) der für Drittlandverladungen bestimmten Schlachtrinder und nicht – wie von mir den Verwaltungs-juristen vorgeschlagen – den Exporteuren als Eigentümern der Tiere der Inhalt des Erlasses vom 13.7.1993 mitgeteilt.

5. Noch am gleichen Tage beantragt der Aufkäufer schriftlich für eine Verladung von 200 lebenden Schlachtrindern zu einem Mittelmeerhafen die Ausstellung der ent-sprechenden Internationalen Transportbescheinigung beim zuständigen Veterinäramt.

6. Da die Auflagen des Erlasses vom 13.7.1993 betr. Rückenfreiheit der Rinder und des 2. Fahrers nicht ein-gehalten werden, wird die Ausstellung von Transport-bescheinigungen vom Veterinäramt abgelehnt.

7. Der Aufkäufer legt beim zuständigen Verwaltungsgericht Widerspruch ein.

8. Es kommt, wie es der Veterinär dem Verwaltungsjuristen bereits vorhergesagt hatte (sieh unter 4.); der Aufkäufer war nach Feststellung des Verwaltungsgerichtes der

falsche Ansprechpartner –" nicht aktiv legitimiert" -. Es wird daher in der Hauptsache (Rechtmäßigkeit der Forderung von mindestens 30 cm Rückenfreiheit und Verlangen nach dem 2. Fahrer) nicht entschieden, da „die Antragstellerin (Anm. der Aufkäufer) nicht als Absender verantwortlich für den Transport der Tiere ist." Dieser Beschluß des Verwaltungsgerichtes vom 4.10.1993 trifft eine Woche später am 12.10. bei den Veterinärämtern ein. Es sind also seit Verkündung des Erlasses weitere drei Monate vergangen, ohne dass sich etwas geändert hatte.

In der Zwischenzeit hatte jedoch eine PR-Veranstaltung im Landwirtschaftsministerium stattgefunden. Zum 8.9.1993 wurden alle Veterinäramtsleiter der niedersächsischen Landkreise und kreisfreien Städte nebst Dezernenten zum Thema Tiertransporte nach Hannover beordert. Der große Sitzungssaal des Ministeriums quoll fast über. Die Medien berichteten ausführlich. Dazu als Beispiel aus der Tageszeitung „Burgdorfer Anzeiger" vom 10.9.1993:

„Schröder zu Veterinären: Erlaß offensiv anwenden. Niedersachsen möchte im Tierschutz das sein, was es ist, nämlich Vorbild für andere Bundesländer. Das erklärte Ministerpräsident Schröder in einer Dienstversammlung mit Veterinäramtsleitern. Ministerpräsident Schröder forderte die Landkreise auf, den Erlass vom 13.7.1993 offensiv anzuwenden ..."

Im Fall eventueller Regressansprüche beteiligter Wirtschaftskreise würde die Landesregierung juristisch, und falls erforderlich, auch finanziell die eventuell betroffenen Kommunen unterstützen.

Der Ministerpräsident hatte kaum den Saal verlassen, schränkte der zuständige Abteilungsleiter des Landwirtschaftsministeriums die Ausführungen seines Landesvaters wieder ein, indem er erklärte, der Landkreis X führe einen „Musterprozess" betr. Erlass vom 13.7.1993 (siehe oben); es sollten erst die Gerichtsurteile abgewartet werden und bis dahin sollte wie vor dem 1.9.1993 (wie bisher) abgefertigt werden.

Der Vollständigkeit halber sei noch erwähnt, dass eine Besprechung zum Thema Schlachttiertransporte von Seiten des Landwirtschaftsministeriums mit den beteiligten Wirtschaftskreisen bereits drei Wochen vor der genannten Dienstreiseverpflichtung aller Veterinäramtsleiter Niedersachsens, nämlich am 19.8.1993, stattgefunden hatte. Es änderte sich also nichts. Die Karawane zog also weiter z. T. auf neuen Wegen z.T. mit neuen Praktiken.

Seit Frühjahr 1993 wurden aus tierseuchenrechtlichen Gründen (auf dem Balkan und in Italien grassierte die Maul- und Klauenseuche) die Transportrouten und ab Juli 1993 als erste Reaktion auf den niedersächsischen Erlass vom 13.7.1993 z.T. auch die Transportmittel geändert.

Hauptumschlagplatz für Schlachtrinder aus Deutschland nach Nordafrika und Nahost wurde ab Sommer 1993 Sète, ein französischer Mittelmeerhafen ca. 80 km westlich von Marseille. Als Versorgungsstation wurden gelegentlich Aosta (französisch-italienische Grenzstation) und fast regelmäßig Noidans le Ferroux angegeben. Über das Vorhandensein beider Stationen bzw. deren Funktionsfähigkeit waren zunächst weder in Bonn noch in Hannover Auskünfte zu erhalten.

Mein Angebot – in meiner Freizeit und auf eigene Kosten – vor Ort entsprechende Erkundigungen einzuholen, wurde zwar vom niedersächsischen Landwirtschaftsministerium offiziell begrüßt, vom eigenen Dienstherrn (Kreisverwaltung) jedoch ausdrücklich untersagt. Also waren wir angewiesen auf die Angaben beteiligter Fahrer. Deren Auskünfte: Aosta war nur unzureichend bzw. überhaupt nicht funktionsfähig; Noidans le Ferroux liegt ca. zwei Stunden von der Transportroute Belfort–Besancon entfernt und wurde daher von den Fahrern in der Regel nicht angenommen. Von den Fahrern wurden außerdem lange Wartezeiten bis zur Entladung der Tiere in Sète beklagt, da im Hafen keine Stallungen vorhanden waren und deshalb die Tiere vom LKW direkt auf die Schiffe verladen werden mußten. Der bereits mehrfach erwähnte Fernsehjournalist Manfred Karremann erstellte Ende Mai 1993 eine Dokumentation über die Vorgänge in Sète, die am 30. 6.1993 in der ZDF-Sendung „Vorsicht lebende Tiere" ausgestrahlt wurde.

Aus dem Bericht von M. Karremann:

> *„In der letzten Maiwoche 1993 werden über 1.000 deutsche Rinder auf zwei Schiffe mit Bestimmungsort Alexandria*

(Ägypten) verladen. Die Rinder zahlreicher LKW sind seit der Beladung in Deutschland nicht getränkt worden; die meisten Transporter waren überladen. Ein Teil der Fahrer begründet die fehlende Versorgung der Tiere damit, dass die Rinder auf dem Schiff getränkt würden; dabei ist jedoch nicht berücksichtigt worden, dass die Rinder bis zur Umladung auf das Schiff – auf den LKW stehend – bis zu weiteren 30 Stunden nach Ankunft im Hafen ohne Versorgung auf den Transportern verbringen mussten. Befragungen der Fahrer und die Feststellungen vor Ort ergaben, dass die Tiere im Durchschnitt insgesamt 65 Stunden ohne Wasserversorgung verbringen mussten."

Aus dem Fernsehkommentar von M. Karremann:

„Ein Hafen in Südfrankreich am 26. Mai 1993. Letzte Woche lieferten hier 68 LKW Schlachttiere an. Meistens sind es Rinder aus Deutschland, die von Südfrankreich aus nach Nordafrika verschickt werden, etwa nach Ägypten oder in den Libanon. Auch in der letzten Maiwoche liefern deutsche LKW wieder über 1000 Rinder an. Viele Tiere haben während der Fahrt von Norddeutschland nach Südfrankreich kein Wasser bekommen, obwohl sie nach dem deutschen Gesetz alle 24 Stunden getränkt werden müßten. Schon 24 Stunden wären für die Tiere wohl Strapaze genug, zumal die meisten LKW auch noch überladen sind. Der erste Fahrer, der in dieser Woche hier ankommt, war 32 Stunden unterwegs, ohne die Tiere während dieser Zeit zu tränken. „Das macht nichts" meint er, „die Tiere bekommen im Schiff sowieso Wasser." Der Fahrer irrt sich. Nach stundenlangem Warten auf dem LKW werden die durstigen Tiere auf das Schiff verladen. Im Schiff bleiben sie weitere 30 Stunden ohne Wasser, insgesamt 65 Stunden.

Also fast drei Tage haben diese Rinder nichts mehr zu trinken bekommen. Manches Tier bricht zusammen, andere sind fast wahnsinnig vor Durst. Die genannten Zeiten wurden zusammen mit den LKW-Fahrern berechnet und nachgeprüft. Auch hier keine Ausnahme, daß Tiere zwei oder drei Tage ohne Wasser bleiben, sondern die Regel. Es ist also reine Augenwischerei, wenn das Bundesministerium für Landwirtschaft in Bonn diese Zustände immer wieder als Extremfälle bezeichnet. Bei allen Tieren vergehen hier über 60 Stunden bis sie Wasser bekommen. Die wenigen Fahrer, die ihre Tiere unterwegs getränkt haben, erreichen den Hafen später. Dafür warten sie dann bis zu zwei Tagen mit den Tieren auf dem LKW" Während der gesamten Entladung der Transportfahrzeuge und Beladung der Schiffe fehlten tierärztliche Überwachung und Kontrollen. Ein Betäubungsgerät für schwerverletzte und moribunde Tiere wurde nicht eingesetzt. Im Gegenteil, eine Reihe von Rindern mußten bis zu 1 1/2 Tagen auf den Transport zur Notschlachtung in Nimes warten. Die Ende Mai 1993 in Séte beladene „Allondra" hatte bei ihrer Entladung in Alexandria 48 tote Rinder an Bord.

Der Kapitän eines anderen Schiffes bestätigt, dass er bei seiner letzten Fahrt nach Ägypten von 728 Bullen 43 Tiere nicht überlebt hatten."

Eine knappe Woche nach der Beladung der beiden Transportschiffe in Sète stellte M. Karremann in Alexandria fest, dass mehr als 100 Tiere auf der Überfahrt verendet waren. Wie oben bereits erwähnt, war ich von verschiedenen Fahrern schon Anfang Mai 1993 über die unhaltbaren Zustände in Sète informiert worden und hatte auch umgehend das niedersächsische Landwirtschaftsministerium telefonisch und schriftlich (erstmals am 5.5.1993) davon in Kenntnis gesetzt. Am 17.5.1993 teilte mir ein Kenner der Szene mit, dass in der vorhergehenden Woche auf einem Schiff von Sète nach Alexandria aufgrund einer defekten Wasseraufbereitungsanlage (Entsalzungsanlage) die Tiere zusätzlich 65 Stunden ohne Wasserversorgung gewesen seien. Auch dies war dem Ministerium sofort mitgeteilt worden. Um so unverständlicher blieb, dass trotz meiner wiederholten Meldungen nach Hannover und der Dokumentation von M. Karremann im ZDF – zur besten Sendezeit um 21.00 Uhr am 30.6.1993 – in dem am 13.7.1993 herausgegebenen Erlass von Niedersachsen der Hafen Sète in der Liste „Ausgewählte Versorgungsstellen (EG- und Drittländer)" ausdrücklich genannt wurde.

Während man auf der einen Seite mit Hilfe von Verwaltungsgerichten hinsichtlich wesentlicher Bestimmungen (30cm Rückenfreiheit und 2. Fahrer bei Transporten von mehr als 10 Stunden) Zeit gewinnen wollte und dieses auch weitgehend gelang, dachte man sich andererseits neue Vorgehensweisen aus, um wesentliche Auflagen des Erlasses vom 13.7.1993 zu unterlaufen.

Seit August wurde in zunehmendem Maße folgendes praktiziert: Da die Auflage nach 30 cm Rückenfreiheit erst bei LKW-Transporten von mehr als acht Stunden galt, wurden in Norddeutschland die Transportfahrzeuge doppelstöckig beladen mit den Bestimmungsorten Bahnhof Raubling in Bayern (in der Nähe von Rosenheim) und Bahnhof Appach, kurz hinter der deutsch-französischen Grenze, um dort von LKW auf Eisenbahnwaggons umgeladen zu werden. Bereits die ersten zurückkehrenden LKW-Fahrer berichteten, dass sie zwar in ca. 10-12 Stunden die Bahnhöfe erreichen würden, eine Entladung der Tiere jedoch erst nach weiteren 10-14 Stunden erfolgen würden, und die Rinder somit zwischen 20 bis 24 Stunden auf den LKW verbleiben müssten.

Am 6.10.1993 machte ein mir gut bekannter Fahrer auf einen Trick aufmerksam, den ich dann noch am gleichen Tag dem niedersächsischen Landwirtschaftsministerium mitgeteilt habe. Folgendes hatte sich in der vorangegangenen Woche abgespielt: In der Nähe von Magdeburg waren von einem Exporteur mehrere LKW mit Rindern beladen worden und diese wurden dann zum rumänischen Schwarzmeerhafen Mangalia transportiert. Da nach meinen Recherchen im Oktober 1992 wegen nicht vorhandener Versorgungsstationen nicht mehr nach Mangalia, Constanza oder Veria abgefertigt werden konnte, war in Magdeburg mit doppelten Papieren gearbeitet worden. Dem abfertigenden Veterinär in Sachsen-Anhalt waren Papiere mit dem Zielhafen Rasa vorgelegt, dann hinter der tschechischen Grenze durch Dokumente mit dem Zielhafen Mangalia ausgetauscht worden. Bevor überhaupt das Ministerium die anderen niedersächsischen Veterinärämter davon in Kenntnis gesetzt hatte, war auch in Niedersachsen ein gleich gestrickter Vorfall aufgedeckt worden. Die Hannoversche Allgemeine Zeitung berichtete darüber am 14.10.1993 mit der Schlagzeile „Schweinerei bei Transport von Schlachtrindern nach Rumänien". Interessant und sehr aufschlußreich in diesem Artikel waren zwei Statements aus dem niedersächsischen Landwirtschaftsministerium.

1. „Es gibt keinen richtigen Verbleibnachweis, sagte H.D., der im niedersächsischen Ministerium für Tierschutz zuständig ist."

Anmerkung: Die von dem oben genannten Ministerialbeamten als Verbleibnachweis bezeichneten Rücklaufatteste waren jedoch wesentlicher Bestandteil der niedersächsischen Erlasse vom 27.7.1992 und 13.7.1993 sowie des Bundeserlasses vom 29.7.1993.

2. „Auf der zweitägigen Fahrt (Anm. nach Rasa) werden die Tiere in der Versorgungsstation Hegyeshalom, die in etwa in 30 Stunden zu erreichen ist, getränkt. erläutert eine Expertin (Anm. aus dem Landwirtschaftsministerium)."

Wie bereits erwähnt, hatte ich wiederholt dem Ministerium berichtet, dass die auf dem Weg zu den östlichen Mittelmeerhäfen einzige funktionsfähige Versorgungsstation in Hegyeshalom mit nur einem Fahrer nicht innerhalb der vorgeschriebenen 24 Stundenfrist erreicht werden könne. Diese rechtliche Bestimmung mit Gesetzeskraft (Artikel vier des Gesetzes zum Europäischen Übereinkommen zum Schutz von Tieren beim internationalen Transport vom 12.7.1973) wurde auf der oben bereits erwähnten Tiertransporttagung am 8.9. 1993 in Hannover durch die Weisung, bis zum Vorliegen entsprechender Verwaltungsgerichtsurteile auf den 2. Fahrer zu verzichten, eklatant unterlaufen und war daher meines Erachtens zumindest für Transporte zu den östlichen Mittelmeerhäfen unter Einbeziehung der einzigen funktionsfähigen Station in Hegyeshalom nicht gesetzeskonform. Aus diesem Grund haben wir in unserem Landkreis im Gegensatz zu vielen anderen Veterinärämtern ab Anfang Oktober 1993 Transporte über Hegyeshalom mit nur einem Fahrer pro Fahrzeug nicht mehr abgefertigt.

Mit Datum vom 14.10 1993 kam daraufhin vom niedersächsischen Landwirtschaftsministerium der Erlaß III-42501-247:

Tierschutz; Internationale Schlachttiertransporte

„Aus gegebenem Anlaß weise ich nochmals daraufhin, daß die in meinem Erlaß vom 13.07.1993 (Az. 108 III-42501-190; VORIS 78350000000009) enthaltende Anforderungen

unverzüglich anzuwenden sind, lediglich der Vollzug der unter zwei b genannten Anforderungen des zu fordernden Abstandes zwischen Widerristhöhe und Decke von 30 cm bei Rindertransporten und der Forderung zwei d (Anm. 2. Fahrer) wird bis zum Vorliegen der Gerichtsentscheidungen ausgesetzt.

Anzumerken ist in diesem Zusammenhang, daß bereits ein Monat vorher am 10.9.1993 das Schleswig-Holsteinische Verwaltungsgericht in einem Verfahren zwischen einem Exporteur und dem Landkreis H. den Landkreis in seinem Verlangen nach dem 2. Fahrer bei länger als zehnstündigen Rindertransporten bestätigt hatte. Im gleichen Verfahren war die Forderung des Landkreises nach dem 30 cm Rückenabstand jedoch verworfen worden. In dem Nachfolgeverfahren vor dem Schleswig-Holsteinischen Oberverwaltungsgericht wurde mit Beschluss vom 21.10.1993 auch die Rechtmäßigkeit des mindestens 30 cm Widerrist-Deckenabstandes bestätigt; das gleiche galt für den bereits erstinstanzlich bestätigten 2. Fahrer.

Den Veterinärämtern in Niedersachsen gingen diese Gerichtsurteile jedoch erst Anfang Dezember 1993 zu mit der Weisung (Erlass vom 23.11.1993), nunmehr den Erlass vom 13.7.1993 in vollem Umfange anzuwenden.

Aber es wurde – zumindest was die Rückenfreiheit von mindestens 30 cm betraf – nichts daraus, da das Verwaltungsgericht Oldenburg am 27.12.1993 folgenden Beschluss verkündet: *„Der Antragsgegner (Landkreis A.) wird im Wege der einstweiligen Anordnung verpflichtet, die von der Antragstellerin am 23. Dezember 1993 beantragten Transportbescheinigung (2 Lkw Schlachtbullen für den Transport von Bad Zwischenahn nach Séte) nicht mehr als 10 cm Freiraum über dem Widerrist der Bullen zu verlangen."* Das Oberverwaltungsgericht Lüneburg bestätigte einen Tag später am 28.12.1993 diesen Beschluss.

Die Frage, in wieweit bei Langzeittransporten in der Folge der Verpflichtung nach dem 2. Fahrer nachgekommen wurde kann im einzelnen nicht beantwortet werden. Tatsache jedoch ist, dass im November 1994 der Leiter eines norddeutschen Veterinäramtes dem Ministerium in Hannover berichtet hat, er würde bei der

Abfertigung von Ferntransporten nicht mehr den 2. Fahrer verlangen, die anderen (gemeint Landkreise) täten es ja auch nicht. Sehr aufschlussreich für das tatsächliche Geschehen bei internationalen Schlachtrindertransporten dürfte die Auswertung eines norddeutschen Veterinäramtes, die im Oktober 1994 dem niedersächsischen Landwirtschaftsministerium zugeleitet worden ist.

Auswertung der Rückmeldungen der internationalen Transporte von lebenden Schlachtbullen in der Zeit vom 1.1.1994 bis 30.6.1994.

Es wurden im Landkreis X in dem Zeitraum vom 1.1. 1994 bis 30.6.1994 138 Transporte mit insgesamt 4.234 Tiere abgefertigt.

Rückmeldungen: Von den 138 Transporten fehlten <u>38 (= 28 %)</u> Versorgungsbestätigungen (= 1. Versorgung) und <u>41 (= 30 %)</u> amtliche Bestätigungen der Hafenbehörden (= 2. Versorgung). Bei 12 Transporten fehlte die Abfertigungsuhrzeit.

Transportdauer: Es konnten nur Transporte mit Rückmeldungen ausgewertet werden. Nur 32 % der rückgemeldeten Transporte erreichten die angegebenen Versorgungsstellen innerhalb der vorgeschriebenen 24 Stunden. 68 % überschritten diesen Zeitraum.

Der längste registrierte Zeitraum bis zur 1. Versorgung betrug 33 Stunden und 45 Minuten. Zwischen der 1. bis zur 2. Versorgung lagen 65 % der Transporte innerhalb der 24-Stunden-Frist. Von den übrigen 35 % betrug das längste Versorgungsintervall mehr als 46 Stunden.

	< 24Stunden	> 24 Stunden	Höchstdauer
1.Versorgung	32 %	68 %	33,75 h
2. Versorgung	65 %	35 %	46,50 h

Nachdem seit meinen ersten Kontrolltouren mehr als zwei Jahre vergangen waren, stellte ich mir häufig die Frage, was nach den zahlreichen Verlautbarungen von Politikern, den vielen Sitzungen, Besprechungen und ministeriellen Erlassen sich denn tatsächlich für den praktischen Tierschutz geändert habe; ob die Situation auf Europas Fernstraßen, an den Versorgungsstellen und in den Verladehäfen sich nachhaltig gebessert hätte.

Deshalb war ich sehr dankbar, als Anfang September 1994 Frau Kollegin Dr. A. Schmiddunser, Veterinärdirektorin und damalige Leiterin des Veterinäramtes Fürstenfeldbruck, mir ihre Absicht bekundete, einen Schaftransport von Süddeutschland zum süditalienischen Verladehafen Brindisi zu begleiten. Auffällig war, dass das „Schnittmuster" internationaler Tiertransporte sich im wesentlichen nicht geändert hatte. Bei dem ihr eigenen Berufsethos und Tierschutzverständnis folgten der ersten Begleitfahrt von Frau Kollegin Schmiddunser noch zahlreiche Inspektionstouren – häufig zusammen mit ihrem Ehemann – und zumeist finanziert aus der eigenen Haushaltskasse.

1996 hat Frau Dr. Schmiddunser beim Veterinärkongress des Bundesverbandes der beamteten Tierärzte (BbT) in Staffelstein den folgenden Vortrag gehalten, den ich mit ihrer freundlichen Erlaubnis dem Leser nicht vorenthalten möchte.

7.4 Internationale Tiertransporte – noch immer ein Problem

Mit meinem Vortrag möchte ich an das von Herrn Dr. Focke 1993 in Berlin gehaltene Referat anknüpfen. Er berichtete damals über unzureichende bzw. fehlende Versorgungsmöglichkeiten bei Schlachttiertransporten zu verschiedenen Mittel- und Schwarzmeerhäfen. Ich war damals sehr beeindruckt und nahm mir vor, ebenfalls die Versorgung zu überprüfen, sofern ich einen Langzeittransport abzufertigen hätte.

Ich möchte Ihnen nun über meine Erfahrungen berichten, die ich bei der Begleitung von 2 Schlachtschaftransporten nach Griechenland sowie bei Besuchen der Versorgungsstationen in Triest und im französischen Mittelmeerhafen Sète gesammelt habe. Im dritten Teil meines Vortrags werde ich kurz darauf eingehen, was ich mir aufgrund der gewonnenen Erkenntnisse von der Umsetzung der Transport-Richtlinie erwarte.

1. Begleitung der Schaftransporte

Der erste Schaftransport im Herbst 94 führte von München über Mühlhausen nach Frankreich und durch ganz Italien nach Brindisi, von wo aus der LKW ohne mich mit der Fähre nach Griechenland übersetzte. Die Versorgung der Tiere war schriftlich zugesichert worden und sollte in der privaten Versorgungsstelle in Aosta und der offiziellen, von den italienischen Behörden mehrfach bestätigten Versorgungsstation in Brindisi erfolgen. Jedes Tierabteil verfügte über einen Tränkenippel, außerdem wurden Tränkerinnen mitgeführt. Der LKW war dick mit Stroh eingestreut und ich hatte durchgesetzt, dass das übliche Platzangebot wegen der in Italien und Griechenland herrschenden heißen Witterung um 20 % vergrößert wurde.

Ich war der festen Überzeugung, dass dieser Transport tierverträglich ablaufen würde.

Tatsache ist jedoch, dass die Schafe und Lämmer aus Thüringen 88 Stunden und die Schafe aus München 75 Stunden ohne jegliche Versorgung transportiert wurden.

Die schriftlich zugesicherte Versorgung stellte sich als große Lüge heraus:

Die Versorgungsstation in Aosta war geschlossen – die Öffnungszeiten sind Montag bis Freitag 8.00 bis 18.00 Uhr, Samstag 8.00 bis 12.00 Uhr. Die Station ist außerdem viel zu klein ausgelegt: innerhalb von 2 Stunden fuhren 3 Tiertransporter vorbei, die ebenfalls zu versorgen gewesen wären, aber überhaupt keinen Platz gefunden hätten.

Es gibt 3 Pferche mit 4 x 11 m. Die Absperrgitter sind für Bullen zu labil und Lämmer können hindurchschlüpfen. An der hinteren Rampe findet ein LKW Platz, dessen Tiere in der oberen Etage über ein fahrbares Podest versorgt werden können. Ein Wasserschlauch zum Befüllen der Tränkebecken auf dem LKW und in den Pferchen ist vorhanden. Jeder Pferch verfügt nur über einen einzigen Trog mit 3 bzw. 1,50 m Länge.

In Brindisi gibt es – entgegen der Zusicherung der italienischen Behörden – überhaupt keine Versorgungsstation. Als ich klarlegte, dass die bereits über 50 Stunden unversorgten Lämmer und Schafe zumindest Wasser brauchten, wurden wir zu einem Feuerwehrschlauch, bzw. einem Wasserhydranten geschickt, der nicht einmal über ein Gewinde verfügte.

In Aosta war uns vorgelogen worden, dass die Schafe an einer Tankstelle in Bologna getränkt würden. In Brindisi wurde mir jedoch klar, dass die immer wieder zugesicherte Versorgung an Tankstellen überhaupt nicht durchführbar ist:

Grundvoraussetzung wären fahrbare Podeste oder Leitern, die es nicht gibt. Es ist auch bei sportlichster Veranlagung nicht möglich am LKW hochzuklettern, sich mit einer Hand festzuhalten, die Schafe zurückzudrängen, die Halterungen und Tränkerinnen einzuhängen und dafür zu sorgen, dass die Rinnen immer mit Wasser gefüllt sind:

Den Tieren, die bei über 30 °C in der Sonne auf die Verladung auf die Fähre warteten, war deutlich das Leiden anzusehen:

Die Schafe knirschten laut mit den Zähnen und hatten eingefallene Flanken und leidende Gesichter. Besonders elend sahen holländische Lämmer aus, deren Nasenlöcher durch ungeeignete Sägemehleinstreu völlig verklebt waren.

Als ich durchgesetzt hatte, dass zumindest den Lämmern in der unteren Etage die Tränkerinnen eingehängt wurden, merkte ich zum ersten Mal, welch große Rolle das Tierverhalten bei der Versorgung der Tiere spielt:

Die Lämmer tranken anfangs nicht, was von den vielen umherstehenden Fahrern damit erklärt wurde, dass die Tiere keinen Durst hätten. Plötzlich begannen die 12 vor den Tränkerinnen stehenden Tiere gierig zu saufen. Es war völlig unmöglich sie nach einer Weile zurückzudrängen, um den übrigen 28 Lämmern Zugang zur Tränke zu verschaffen, so dass die Rinnen wieder herausgenommen werden mussten. Die einhellige Aussage der LKW-Fahrer war, dass die vor der Tränke stehenden Schafe sich „kaputtsaufen" würden und ich doch wissen müsse, dass eine Versorgung der Schafe auf dem LKW nicht möglich sei.

Der zweite Schaftransport führte über Tschechien, Ungarn, Rumänien und Bulgarien nach Griechenland. Die Versorgung der Schafe war in Hegyeshalom an der ungarischen Grenze und bei der Fa. Somat an der bulgarischen Grenze schriftlich zugesichert worden.

Die Wirklichkeit sah völlig anders aus: Die Schafe haben auf größtenteils katastrophalen Straßen 2913 km zurückgelegt und verblieben während der 96stündigen Transportzeit ohne die notwendige Versorgung.

Da der LKW wegen fehlender Zollpapiere an der Grenze zurückgewiesen wurde, wurden die Schafe zur Versorgung am Verladeort erneut abgeladen. Im Nachhinein stellte ich mir die Frage, welche Fresszeiten zur Bedarfsdeckung eigentlich eingehalten werden müssen:

Bei Hütehaltung – wie im vorliegenden Fall – brauchen die Schafe eine Grasenszeit von 5 bis 9 Stunden, in der sie zweimal sattgehütet werden. Unseren Schafen standen nur 1 1/2 Stunden zur Verfügung, für die erneute Verladung wurden hingegen 2 1/2 Stunden benötigt. Fazit: Wenn eine Bedarfsdeckung nicht möglich ist, stellt die zu kurze Versorgungspause für die Tiere nur eine zusätzliche Belastung dar.

Die Versorgung der Schafe in Hegyeshalom stellte für mich – was die Frage nach der Bedarfsdeckung angeht – eine Art Schlüsselerlebnis dar.

Aus der Zeit der Bahnverladung gibt es große Rampen mit 2 Wasserschläuchen, so dass 2 Transporter gleichzeitig Platz finden. In 2 Abteile unseres Schaftransporters wurden Tränke-wannen geschoben, doch tranken die Tiere nicht, was sich jedoch nicht mit den günstigen Temperaturen von 15 °C erklären ließ. Heu wurde zu den Seitentüren hineingeschoben und die Tiere begannen sofort zu fressen. Mit den Dias könnte man ganz leicht den Eindruck erwecken, dass eine optimale Versorgung in Hegyeshalom möglich sei. Ich kam jedoch zu der deprimierenden Erkenntnis, dass die Versorgung der Tiere auf dem LKW aus zwei Gründen überhaupt nicht funktionieren kann:

1. Die technischen Voraussetzungen für die Versorgung auf dem LKW sind nicht gegeben

   - als Grundvoraussetzung für die Versorgung der Tiere in mehrstöckig beladenen Fahrzeugen müssen entsprechende Wasserschläuche und Rampen vorhanden sein. Häufig fehlen Versorgungsstationen, die über diese Einrichtungen verfügen oder sie haben unzureichende Öffnungszeiten und sind viel zu klein ausgelegt.

   - Jedes Tierabteil auf dem LKW kann nur von einer Seite über eine Türe versorgt werden. Die bei der extrem rationierten Fütterung während des Transports zu fordernde Einhaltung eines Tier – Fressplatz-Verhältnisses von 1 : 1 ist nicht gewährleistet. Somit können nur die Tiere fressen, die direkt vor dem Futter stehen.

   - Die Menge Heu, die den Erhaltungsbedarf der Tiere decken würde, kann in den Tierabteilen gar nicht untergebracht werden. Für eine Gruppe von 24 Schafen müssten 36 kg Heu in das Abteil geschoben werden, wofür der Platz gar nicht vorhanden ist. Außerdem würde das Futter sehr schnell mit Kot und Harn verschmutzt und daher nicht mehr gefressen. Dazu kommt, dass die Tiere nur fressen, wenn der LKW hält. Ansonsten stehen die Tiere während der ganzen Fahrt und versuchen die Fahrbewegungen auszugleichen,

2. Auch wenn eine Beschickung des LKW mit Futter und Wasser von beiden Seiten her möglich wäre ist eine Versorgung aufgrund des Verhaltens der Tiere dennoch unmöglich

- Man muss sich klarmachen, dass die Belastung der Tiere mit zunehmender Transportdauer extrem ansteigt. Ursache dafür sind die ungewohnten Menschen und Tiere, die unbekannten Geräusche, die schlechten klimatischen Bedingungen besonders bei dreistöckiger Verladung sowie der durch die Fahrbewegungen ständig schwankende Untergrund. Die Tiere stehen während der ganzen Fahrt, um im Liegen nicht von anderen getreten zu werden. Wenn das Fahrzeug endlich hält, legen sich die vom Stehen erschöpften Tiere, wodurch für die anderen Tiere der Zugang zu Futter und Wasser blockiert ist.

- Die Schafe haben außerdem eine ausgeprägte soziale Hierarchie, so dass rangniedrige Tiere nicht ans Futter und Wasser kommen.

- Die Nahrungsaufnahme der Tiere ist an feste Verhaltensmuster gebunden, die sich für den Transport nicht kurzfristig ändern lassen:
Schafe sind lichtaktiv mit vormittäglich und nachmittäglichen Aktivitätsgipfeln. Die Nahrungsaufnahme erfolgt dadurch mit zweigipfeligem Verlauf, wobei innerhalb eines Tages „Schübe" der Nahrungsaufnahme in unterschiedlicher Zahl (7 bis 15 Verzehrsperioden bei Stallhaltung) auftreten. Das Wiederkauen erfolgt in über den Tag verteilten Pausen, jedoch hauptsächlich in den nächtlichen Ruhephasen. Wenn die Tiere Tag und Nacht fahren, fehlen ihnen nicht nur die Zeiten zum Wiederkauen, sondern die fehlenden Ruhepausen stellen eine extreme Zusatzbelastung dar, die einem ständigen Schlafentzug beim Menschen gleichzustellen ist. Wenn man sich die angeborenen Verhaltensmuster vor Augen hält, wird einem völlig klar, dass es unmöglich ist, die Schafe während einer Fütterungspause

von 1 1/2 Stunden mit Futter zu versorgen. Schließlich müssen sich die Tiere erst beruhigen und lassen sich nicht wie Automaten bedienen.

Das gleiche gilt für die Wasseraufnahme:

Die Wasseraufnahme erfolgt drei- bis viermal täglich in Abhängigkeit von der Futtermenge, dem Trockensubstanzgehalt, der Umgebungstemperatur und dem Status der Schafe. Der Wasserbedarf eines nicht trächtigen Schafes, steigt unter Stress und bei hohen Umgebungstemperaturen, die in den niedrigen Fahrzeugabteilen sehr schnell erreicht werden, auf 7 l pro Tag. Es ist den Tieren überhaupt nicht möglich, nach einer Fahrtdauer von 24 Stunden in der Versorgungspause den Tagesbedarf von 7 l Wasser auf einmal zu trinken. Damit bleiben auch die Tiere, die direkt vor dem Wasserbecken stehen, unterversorgt. Dazu kommt, dass 80 % des Wassers in den ersten 3 Stunden nach der Fütterung aufgenommen werden. Wenn die Tiere nach dem Fressen trinken wollen, sind die Tränken jedoch schon längst wieder aus dem Fahrzeug entfernt. Das Trinkverhalten der Tiere war somit auch die Ursache dafür, dass die Schafe in Hegyeshalom nur Heu gefressen aber nicht getrunken haben.

Leider kann man den Schafen auch nicht klarmachen, dass sie sofern sie nicht gleich trinken – für den weiteren Transport kein Wasser mehr erhalten werden.

Die zweite benannte Versorgungsstation der bulgarischen Grenze in Vidin existiert nicht. Der Chefmanager der Fa. Somat hatte jedoch erklärt, dass bei entsprechenden Vertragsabschlüssen die Versorgung von Tieren organisiert werden könne – eine Möglichkeit von der zumindest bis Ende 1995 niemand Gebrauch gemacht hat.

Beide Schaftransporte, bei denen die Schafe 88 bzw. 96 Stunden ohne Versorgung transportiert wurden, waren in höchstem Grade tierschutzwidrig, und den Tieren wurden zweifelsfrei länger andauernde erhebliche Schmerzen, Leiden und Schäden zugefügt.

2. Bericht über die Versorgungsstationen Triest und Sète

1. Triest wurde von verschiedenen Viehhändlern als sehr gute Versorgungsstation eingestuft, was im Gegensatz zu den Berichten stand, da bis zu 40 LKW bis zu 36 Stunden in Triest warten mussten, bis die Bullen ohne Versorgung direkt auf das Schiff verladen wurden. Triest verfügt wirklich über große Stallungen und ohne Verladebetrieb entsteht zwangsläufig für den Laien der Eindruck, dass Tiere gut versorgt werden können:

In 2 großen Gebäuden sind 16 bzw. 18 ca. 5 x 15 m große Stallungen untergebracht. Außerdem sind große Wassertröge und Heuraufen vorhanden.

Bei meinem zweiten Besuch in Triest war ich mit den Begleit-papieren für einige LKW mit Bullen aus Norddeutschland aus-gerüstet. Zu meinem großen Erstaunen wurden die am Vortag in Norddeutschland verladenen Tiere direkt aufs Schiff gebracht. Begründet wurde dies damit, dass die 24-Stunden-Frist bis zur Versorgung noch nicht verstrichen sei und den Tieren ein zusätzliches Ent- und Beladen erspart bliebe, zumal sie auf dem Schiff versorgt würden. Über den Versorgungszeitpunkt auf dem Schiff war jedoch nichts bekannt.

Bei meinem Besuch auf dem Schiff fiel mir auf, dass die Tiere sehr trockene Flotzmäuler und tiefliegende Augen hatten. Die Tränkebecken waren leer und hochgehängt. Als ich mir zeigen ließ, wie die Becken eingehängt werden, entstand in den Boxen sofort eine enorme Unruhe. Nicht nur die Tiere in der betroffenen Box, sondern auch die auf der gegenüberliegenden Gangseite begannen nach dem Wassertrog zu gieren. Vom Kapitän erfuhr ich, dass die Tiere üblicherweise immer erst nach dem Auslaufen des Schiffes getränkt werden. Die Stiere waren somit mindestens 48 Stunden ohne Wasserversorgung und wären, da das Schiff erst abends auslaufen sollte, frühestens nach weiteren 12 bis 18 Stunden getränkt worden.

Der Besuch in Triest hat deutlich gemacht, dass auch bei freien Versorgungskapazitäten in einer Station die Versorgung der Tiere nicht garantiert ist. – Offensichtlich verlässt sich jeder darauf, dass der andere schon für die Tiere sorgen wird, wobei die Tiere letztlich unversorgt bleiben.

2. Auch vom französischen Hafen Sète war bekannt, dass die Tiere direkt auf das Schiff verladen werden. Bei meinem Besuch Ende August 95 fand ich dies bestätigt. Mit 2 Containern und Leitplanken war ein Gang zum Schiff gebildet worden. Die Tiere scheuten nicht nur vor der steilen Rampe am LKW, sondern mussten auch eine ca. 50 cm hohe Stufe überwinden. Entsprechend massiv wurden Treibhilfen eingesetzt. Es existieren zwar Pferche, jedoch wurden sie nicht benutzt; lediglich ein toter Stier lag dort. Auffallend war, dass nur in einem Teil der Pferche Wassertröge vorhanden waren; in anderen Pferchen war an einer Längsseite lediglich eine Selbsttränke installiert. Ich hatte die Befürchtung, dass eine Versorgung vieler durstiger Tiere problematisch sein würde.

Bei meinem zweiten Besuch bestätigte sich dies in vollem Umfang: Um 18.00 Uhr lag zwar kein Schiff im Hafen, jedoch warteten viele Tiertransporter. Die Pferche waren belegt; es finden dort nur ca. 300 Tiere Platz, so dass die restlichen Tiere auf den LKW bleiben mussten. In den einsehbaren Pferchen spielten sich unbeschreibliche Szenen ab:

Salers- und Charolais-Bullen trugen in einem Pferch vor der Selbsttränke Rangkämpfe aus. Der Großteil der Tiere kannte offensichtlich keine Selbsttränken und als ich per Handdruck das Wasserbecken füllte, begannen richtige Kämpfe um das Wasser. Den Tieren war außerdem die Erschöpfung von der Fahrt deutlich anzusehen. Im Nachbarpferch befanden sich Charolais- und schwarzbunte Bullen, die sich gegenseitig besprangen, verdrängten und mit herausgestreckter Zunge dastanden und versuchten von der Tränke herabtropfendes Wasser aufzulecken.

Der Deutsche Vieh- und Fleischhandelsbund vertritt die Meinung, „dass ausreichende von den EU-Behörden überprüfte Versorgungsstationen bestehen" (u.a. werden hier die Häfen von Sète und Triest sowie Hegyeshalom genannt). Der Widerspruch zu meinen Feststellungen ist wohl damit zu erklären, dass die Überprüfungen wie von Herrn Dr. Focke in Rasa und von mir in

Triest in Erfahrung gebracht wurde – vorangemeldet erfolgten und zum Zeitpunkt der Kontrollen keine Verladungen stattfanden.

Die Versorgungsstationen sind nicht nur zu klein ausgelegt, besonders wenn für mehrere Schiffe Tiere angeliefert werden, sondern sie haben auch gravierende Einrichtungsmängel wie z. B. zu wenig Tränkemöglichkeiten, kein Aufspringschutz, die Stallabteilungen sind zu groß, so dass die Gruppeneinteilung der Tiere nicht beibehalten werden kann, was zu erneuten Rangkämpfen führt. Das Hauptmanko besteht jedoch darin, dass keinerlei Kontrolle erfolgt, ob die Tiere tatsächlich versorgt werden.

3. Angesichts dieser Missstände stellt sich die Frage, welche Verbesserungen durch die Transportrichtlinie, die bis zum 31.12.1996 in nationales Recht umgesetzt werden soll, zu erwarten sind.

Für die Langzeittransporte sind 2 Varianten vorgesehen:

1. Mit **Normalfahrzeugen** können die Tiere 8 Stunden transportiert werden.

   Der Weitertransport für wiederum 8 Stunden darf erst nach einer 24-stündigen Versorgungspause erfolgen; die Tiere müssen zum Tränken und Füttern abgeladen werden. Für diese Transportvariante fehlt nicht nur das notwendige dichte Netz von gutausgestatteten Versorgungsstationen, sondern die Transporte können nicht mehr gewinnbringend durchgeführt werden: z. B. würde die Fahrt von Norddeutschland zum Verladehafen Triest nicht mehr 24–28 Stunden, sondern 3 Tage dauern.

2. Auf **Spezialfahrzeugen**, den sogenannten Pullman-Fahrzeugen, die beispielsweise mit einer Vorrichtung ausgerüstet sein müssen, die bei Fahrtunterbrechungen einen Anschluss an die Wasserversorgung ermöglicht, können Schafe unterbrochen von einer mindestens einstündigen Tränkepause insgesamt 28 Stunden transportiert werden. Anschließend müssen die Schafe für eine 24stündige Versorgungspause abgeladen werden.

Während ich vor meinen Transportbegleitungen der Überzeugung war, dass die Probleme bei Langzeittransporten nur durch eine

Versorgung der Tiere auf dem LKW zu lösen wären, weiß ich heute, dass die Versorgung der Schafe auf dem LKW selbst bei einem Tier – Fressplatz /Trinkplatzverhältnis von 1 : 1 aufgrund des Tierverhaltens nicht funktionieren kann. Mit zunehmender Transportdauer werden die Tiere unvorstellbar belastet. Wenn die Schafe bis zur ersten Ruhepause 14 Stunden stehend versucht haben die Fahrbewegungen auszugleichen, sind sie völlig erschöpft und brauchten eine Beruhigungsphase, bevor sie fressen und trinken. Wenn die Tiere anfangen würden, sich für Futter und Wasser zu interessieren, ist die einstündige Ruhepause mit Sicherheit abgeschlossen. Tatsache bleibt, dass bei den Versorgungspausen – selbst bei bestausgestatteten Fahrzeugen – das Verhalten der Tiere den begrenzenden Faktor darstellt. Tiere können in den Versorgungspausen nicht wie Automaten bedient werden, so dass die einstündige Ruhe- bzw. Tränkepause nur Alibifunktion hat.

Mit den Spezialfahrzeugen sind Transportzeiten von 28 Stunden möglich. Vor Ablauf dieser Zeit lässt sich problemlos irgendein Mittelmeerhafen erreichen, so dass es immer möglich sein wird, die Tiere direkt auf das Schiff zu verladen. Wann dort die Versorgung der Tiere erfolgt, liegt im Ermessen des Kapitäns und ist nicht beeinflussbar.

An den tierschutzwidrigen Transporten über den Balkan wird sich ebenfalls nichts ändern. Auf Spezialfahrzeugen mit einer einstündigen Alibiversorgung werden die Tiere aus der EU transportiert und die 24-stündige Ruhepause nach Ablauf der 29 Stunden wird nirgends im Drittland erfolgen. Sofern das notwendige Netz an Versorgungsstationen geschaffen und durch Kontrollen die Versorgung der Tiere sichergestellt würde – was Utopie bleiben wird – wären die Langzeittransporte für den Viehhandel unrentabel: Die Transportdauer von München nach Timavos in Griechenland würde sich bei Alttieren von 3 auf 5 und bei Jungtieren von 3 auf 6 Tage verlängern.

Meine Meinung, dass bei ordentlicher Verladung und schriftlich bestätigter Versorgung eine tierverträgliche Durchführung von Langzeittransporten möglich sein kann, habe ich gründlich geändert. Bei Transporten, die mehrere Tage dauern, ist den Tieren eine Bedarfsdeckung und Schadensvermeidung nicht möglich, wodurch ihnen länger andauernde, erhebliche Schmerzen, Leiden und Schäden zugefügt werden.

Herr Dr. Focke hat 1993 seinen Vortrag in zwei Sätzen zusammengefasst:

1. Die internationalen Schlachttiertransporte stellen ein viel tausendfaches Drama dar ohne absehbares Ende.

2. Sie bedeuten eine Kulturschande, an der wir Amtstierärzte nicht ganz unschuldig sind; unser Selbstverständnis als Tierärzte sollte dies nicht länger zulassen.

Diese Sätze haben ihre Gültigkeit nicht verloren. Ich möchte jedoch hinzufügen, dass es kein gutes Licht auf uns Amtstierärzte wirft, wenn wir es 3 Jahre nach diesem Aufruf noch nicht fertiggebracht haben, uns gemeinsam von den Langzeittransporten zu distanzieren. Ich glaube, es wäre höchste Zeit dafür."

Und dies alles, obwohl ich schon vor mehr als drei Jahren Behörden und Verbänden von den Zuständen vor Ort Bericht erstattet hatte.

8 Internationale Schlachttiertransporte und die Strafverfolgungsbehörden

Am 17.8.1992 wurde die Kreisverwaltung in X auf Veranlassung des niedersächsischen Landwirtschaftsministeriums durch die Bezirksregierung angewiesen, zu prüfen, ob aufgrund meiner Feststellungen bei den Schlachtrindertransporten Ende Mai und Ende Juni 1992 nach Rasa und Triest *„der Verdacht des Verstoßes gegen den Straftatbestand des § 17 Nr. 2 b Tierschutzgesetz bzw. Bußgeldbestand des § 18 Abs. 1 Nr. 1 vorliegt, sodass Strafanzeige bzw. Ordnungswidrigkeitsverfahren durchzuführen sind. Es wird in diesem Zusammenhang außerdem verwiesen auf § 7 StGB."*

Der zuständige Dezernent und Kreisdirektor hatte an mich eine Reihe von Fragen und ließ die Angelegenheit durch sein Rechtsamt prüfen. Weil die Verwaltung sich jedoch viel Zeit ließ, kam ihr der Deutsche Tierschutzbund e. V. zuvor und erstattet gegen einen Exporteur und zwei Speditionen Strafanzeigen bei den zuständigen Staatsanwaltschaften. Offen blieb zunächst die Frage nach der Identität eines zweiten Exporteurs oder besser gesagt, es fehlten zunächst gerichtsverwertbare Beweise für die Identität des Eigentümers von sieben toten und sechs notgeschlachteten Mastbullen, die ich am 25.5.1992 im kroatischen Hafen Rasa angetroffen hatte. Die mir am frühen Nachmittag des gleichen Tages vom dortigen Grenztierarzt kurzfristig überlassenen Internationalen Transportbescheinigungen wiesen als Versender der Tiere die Firma E.-G. aus.

Kommanditist dieser Firma E.-G. aus M. war der damalige Landtagsabgeordnete und hohe Verbandsfunktionär F. R. Dieser behauptete jedoch in der Folge immer wieder u.a. in einer Stellungnahme gegenüber dem Hamburger Abendblatt resp. Harburger Rundschau vom 19.11.1992: „Die E. -G. hat im Mai keine Tiere über Rasa exportiert und wir haben keine Erstattung beantragt." und in einem weiteren Statement in gleicher Zeitung: „Die E.-G. Viehhandelsgesellschaft hat für einen Schlachtviehtransport, der über den kroatischen Hafen Rasa nach Ägypten ging, keine Drittlanderstattung beantragt. **Wer das behauptet, der lügt."**

Zwischenzeitlich hatte sich bei mir ein Mitarbeiter des Hauptzollamtes Hamburg-Jonas gemeldet mit folgender Einlassung: „Herr Doktor, das was in Ihrem Bericht über den Hafen Rasa geschrieben steht, kann nicht stimmen."

Auf meine Frage, warum dieses denn nicht stimmen könne, erhielt ich die überzeugende Antwort:: „Wir bearbeiten hier die Anträge für Drittlandexporterstattungen und Erstattungen werden nur gezahlt für Tiere, die lebend im Bestimmungsland ankommen. Derartig hohe Ausfälle sind uns noch nie gemeldet worden."

Auf meine Frage, wie hoch denn die gemeldeten Verluste gewöhnlich seien, antwortete man mir: „Bei tausend Tieren 'mal eines, bei zweitausend Exportrindern 1–2."

Darauf schlug ich vor, doch einmal zu prüfen, wie viele Tiere die Firma E.-G., die dem Beamten bestens bekannt war, an Drittlandsubventionen kassiert habe betr. Verzollung am 22.5.1992 für 601 Tiere in P., Verladung am 24.und 25.5.1992 auf Motorschiff MS S. B. im Hafen Rasa mit Ziel Alexandria (Ägypten). Einige Tage später Rückruf vom Hauptzollamt Hamburg-Jonas: „Die Firma E.-G. hat für diesen Zeitraum keine Exporterstattung beantragt."

Einige Wochen später, Mitte Februar 1993, Hamburg Jonas am Telefon:

„Herr Doktor, wir haben ihn. Sie hatten recht. Nicht die Firma E.-G. (Anm.: bei der F.R. Kommanditist war) hat kassiert, sondern die Firma U., eine Tochterfirma der E.-G.; und was glauben Sie, wer Geschäftsführer der Firma U. ist? Richtig, F.R. Kassiert hat er für alle 601 Rinder, ihr 13 toten von Rasa mit eingeschlossen."

Einige Tage später am 24.2.1993 hatte die Harburger Rundschau ihre Schlagzeilen und eine ausführliche Titelstory.

Am 26.2.1993 legte ich dem Herrn Dezernenten die entsprechende Akte mit den nunmehr neuen Erkenntnissen auf den Tisch. Das niedersächsische Landwirtschaftsministerium hatte Ende November 1992 über die Bezirksregierung den Landkreis erneut angewiesen, die zwischenzeitlich bekannt gewordenen tierschutzwidrigen Sachverhalte durch die zuständigen Staatsanwaltschaften prüfen zu lassen. Darauf wurden mit zeitlicher Verzögerung im Februar 1993 zwar die entsprechenden Unterlagen betr. eines Exporteurs aus Baden-Württemberg und eines Spediteurs aus Bayern in Sachen Mangalia (siehe Kapitel: Horrortrip ans Schwarze Meer) an die Staatsanwaltschaft übersandt, nicht jedoch der Vorgang um den Landtagsabgeordneten und hohen Verbandsfunktionär F.R..

Eine findige Journalistin, die Mitte April 1993 mit dem Landrat und dem Kreisdirektor ein Hörfunkinterview geführt hatte, brachte einiges ans Licht der Öffentlichkeit. Die Münsterländische Tageszeitung berichtete am 19.5.1993:

Münsterländische Tageszeitung

VOM. *19. 05. 93*

Schlachtvieh-Transporte bleiben Thema

Medien-Schelte für die Kreisverwaltung wegen Focke-Maulkorb

Von Angelika Hauke

Cloppenburg – Erst sorgte der Leiter des Cloppenburger Kreisveterinäramtes, Dr. Hermann Focke, bundesweit für erhebliches Aufsehen, als er grobe Mißstände im Transport von Schlachtvieh aufdeckte – jetzt ist es die Spitze der Kreisverwaltung, deren Verhalten bundesweit in Funk und Fernsehen diskutiert wird. Während das Engagement von Focke, der in seinem Urlaub den Transporten hinterherfuhr und Tierquälerei in Wort und Bild festhielt, als vorbildlich dargestellt wird, stößt die Entscheidung der Kreisbehörde, die ihrem Tierarzt Interviews untersagt hat, in den Medien auf Unverständnis. Wie die MT bereits berichtete, hatte Kreisdirektor Jochen Hollinderbäumer dies damit begründet, daß die Anfragen zu zahlreich gewesen seien. Landesweit war allerdings in der Presse von einem Maulkorb für Focke die Rede.

Medienschelte für den Kreis gab es zuletzt am Samstagabend im Dritten Programm des Norddeutschen Rundfunks. Das Moderatorenteam, das aus dem Landkreis Vechta live über Massentierhaltung und Tiertransporte berichtete, vermißte in der Talkrunde jenen, der den Stein ins Rollen gebracht hatte: Dr. Hermann Focke hatte zwar eine Einladung erhalten, durfte aber nicht daran teilnehmen – auf Anweisung der Kreisbehörde.

Äußern konnte sich dagegen der Präsident des Deutschen Vieh- und Fleischhandelsbundes, Dr. Franz Röhrs aus Hanstedt. Recherchen der Zollfahndung haben inzwischen ergeben, daß 13 Tiere, die am 25. Mai des vorigen Jahres im Hafen von Rasa verendeten, einer seiner Gesellschaften gehörten. Eine Anzeige wurde von Dr. Focke vorbereitet, beim Staatsanwalt landete sie jedoch nicht. Sie verschwand in den Schubladen der Kreisverwaltung, behauptete Radio ffn am 28. April. Der dazu befragte Kreisdirektor Jochen Hollinderbäumer vertritt die Ansicht, diese Anzeige hätte keine Aussicht auf Erfolg gehabt.

Doch inzwischen ist die Immunität des Landtagsabgeordneten aufgehoben, allerdings wird jetzt gegen ihn wegen Subventionsbetruges ermittelt. Er soll Ausgleichszahlungen kassiert haben – nicht für lebendes Schlachtvieh, sondern für verendete Tiere. Röhrs bestreitet die Vorwürfe. Eine Anzeige wegen Tierquälerei liegt noch nicht vor, die wollen die Tierschützer jetzt erheben.

Auf Sendung ging ebenfalls der niedersächsische Landwirtschaftsminister Funke, der im Januar dieses Jahres in einer Presseinformation verbreitete: „Niedersachsen hat mehr Tierschutz in Kroatien durchgesetzt." Auf einer Tagung der Deutschen Tierärzteschaft vor wenigen Tagen, auf der auch Focke zu dem Thema Tierschutz bei internationalen Tiertransporten referierte, war zu erfahren, daß im Hafen Rasa die Zustände sich noch nicht im wesentlichen geändert haben.

Zu der Kommission, die auf Anweisung des niedersächsischen Landwirtschaftsministers die Zustände in Rasa kontrollierte und „zufriedenstellende Ladebedingungen" registrierte, gehörte nach Informationen der Münsterländischen Tageszeitung auch Franz Röhrs.

Am 25.5.1993 wandte sich der Kreisverband „Die Grünen" an die Staatsanwaltschaft.

Anfang Dezember 1993 wurden die Ermittlungen gegen die Kreisverwaltung eingestellt, im Januar 1994 jedoch „aus eigenem Antrieb" und aufgrund einer Beschwerde der Grünen erneut aufgenommen.

8.1   Strafvereitelung im Amt?

Die Münsterländische Tageszeitung berichtete am 1. Februar 1994:

Wegen möglicher Strafvereitelung im Amt

Grüne: Ermittlungen gegen Landkreis wieder aufgenommen

Cloppenburg (ha) — Die Staatsanwaltschaft Oldenburg ermittelt wieder gegen die Verwaltungsspitze des Landkreises Cloppenburg wegen möglicher Strafvereitelung im Amt. Das bestätigte gestern die Sprecherin der Fraktion der Grünen im Kreistag, Irmtraud Kannen.

Wie schon mehrfach berichtet, haben die Grünen im Zusammenhang mit der „Unterdrückung einer Strafanzeige" gegen den Präsidenten des Vieh- und Fleischhandelsbundes, Franz Röhr, die Einleitung eines Ermittlungsverfahrens betrieben. Dabei ging es um Tierschutzbelange. Dies war dann eingestellt worden, nachdem der Landkreis mitgeteilt hat, daß „aufgrund der vorliegenen Einlassung der zuständigen Mitarbeiter des Landkreises Cloppenburg von einem hinreichenden Tatverdacht nicht die Rede" sein könne.

„Eine Ermittlung also nach dem Motto: Angeklagter, bist du schuldig - Nein - dann ist ja gut," kritisieren die Grünen. Deshalb habe der Kreisvorstand Beschwerde eingelegt. In ihrer Begründung fordern sie unter anderem , „die Angaben der Kreisspitze durch Beurteilung der Aktenlage zu überprüfen und den Leitenden Veterinär des Landkreises, Dr. Hermann Focke, als Zeugen zu hören." Aufgrund der Beschwerde wird jetzt neu ermittelt.

Am 26.4.1994 erhielt ich von der Staatsanwaltschaft Oldenburg eine Ladung als Zeuge im Ermittlungsverfahren gegen den Landkreis X wegen „Strafvereitelung im Amt". Dieser Termin wurde kurzfristig wieder abgesagt. Eine erneute Ladung erfolgte zum 22.7.1994. Nach einer knappen halben Stunde unterbrach der ermittelnde Staatsanwalt jedoch „aus Termingründen" die Vernehmung und stellte für den folgenden Monat August eine längere Gesprächsrunde in Aussicht: „Dann nehmen wir uns einen ganzen Tag Zeit." Diesen Tag hat es nie gegeben.

Die Staatsanwaltschaft Stade war da wesentlich schneller. Mit Schreiben vom 22.7.1994 Az. 1465-6-132 Ha 10445/93 wurde mitgeteilt, dass die Ermittlungen gegen den Viehkaufmann F.R. sowohl wegen Tierquälerei als auch wegen Subventionsbetrug eingestellt worden sei.

8.2 Die Staatsanwaltschaft „stellt ein" – die Grünen protestieren

Dem Ansinnen der Staatsanwaltschaft wurde jedoch im Rahmen einer Beschwerde von Seiten des Kreisverbandes der Grünen mit dem folgenden Schreiben energisch widersprochen:

> *„In Ihrem Schreiben vom 22. 7. 1994 Az. 1465-6-132 Ha 10445/ 93 erwähnen Sie u.a.: Der Beschuldigte beruft sich darauf, dass er davon ausgegangen sei und ausgehe, dass die von ihm beauftragte Frachtfirma alle maßgeblichen Vorschriften einhalte. Dies kann ich nicht sicher widerlegen. Eine Straftat wegen Tierquälerei würde in subjektiver Hinsicht vorsätzliches Handeln voraussetzen. Eine positive Kenntnis des Beschuldigten von den Transportbedingungen ist jedoch nicht sicher nachweisbar."*

> *Dieser Einlassung muss unter Kenntnis der tatsächlichen Abläufe entschieden widersprochen werden.*

> 1. *Der Exporteur ist Eigentümer der Exporttiere. Wenn er eine Spedition für den Transport der Tiere unter Umständen unter Zwischenschaltung einer Agentur (hier CST Hamburg) beauftragt, kennt er die Anzahl sowie die ungefähren Gewichte der zu transportierenden Tiere. Hiernach richtet sich also der benötigte Frachtraum, sprich Anzahl der benötigten Transportfahrzeuge. Bezahlt wird nach Frachtraum, d.h. nach Anzahl der benötigten Transportfahrzeuge. Frage: Sind die Verträge zwischen den Firmen CST Hamburg und U. überprüft worden? Der Exporteur weiß, wie viele Transportfahrzeuge bei Einhaltung tierschutzrechtlicher Bestimmungen er für eine bestimmte Anzahl von Rindern entsprechender Gewichtsklassen benötigt. Sowohl die Agentur als auch die Spedition hat, da pro Lkw bezahlt wird, zunächst ein*

ursächliches Interesse, dass möglichst viele Transportfahrzeuge eingesetzt werden, da je mehr Lkw eingesetzt werden, auch ein mehr an Provision bzw. Fuhrlohn zu erzielen ist.

2. *Bei der Verladung in der Bundesrepublik ist aus verständlichen Gründen immer der Eigentümer der Tiere bzw. eine von ihm beauftragte Person anwesend, um die Kondition der Tiere, die Gewichtserfassung der Rinder und die Beladung der Lkw zu überwachen.*

3. *Der Viehkaufmann und Geschäftsführer der Fa. U., F. R. kannte die Situation im grenzüberschreitenden Tierverkehr aus langjähriger eigener Erfahrung; er wusste, dass es im Mai 1992 nur eine – und zwar nur bedingt funktionsfähige Versorgungsstation und zwar Hegyeshalom (Ungarn) gab. Er, als Viehkaufmann und damaliger Präsident des DVFB (Deutscher Vieh- und Fleischhandelsbund) wusste, dass entspr. Art. 6 (4) des Europäischen Übereinkommens zum Schutz von Tieren bei internationalen Transporten vom 13. Dezember 1968 und dem Gesetz zum Europäischen Übereinkommen vom 12.7.1973 um die Versorgungs- und Tränkepflicht nach spätestens 24 Stunden. Er hat der Firma CST aus Hamburg den Auftrag erteilt, 601 Schlachtrinder aus Brandenburg nach Rasa/Kroatien zu transportieren, wohl wissend, dass die Ladekapazitäten von 17 Transportfahrzeugen für 601 Tiere mit einem Gesamtgewicht von 339 Tonnen, sowohl unter Tierschutz- als auch nach Straßenverkehrsrecht bei weitem nicht ausreichten. Bei der Gesamttonnage hätten nach überschlägiger Rechnung mindesten 3 weitere Transportfahrzeuge benutzt werden müssen; d.h. eine Kostenersparnis für den Exporteur von ca. 15.000 DM. Da die 17 Lkw durch Überladung über weit mehr als 40 t zulässigem Gesamtgewicht lagen, setzte sich der Verlader der Gefahr aus, bei den regelmäßigen Wiegungen an der Slowakisch-Ungarischen Grenze ein Bußgeld von 900 DM/Lkw zu zahlen. Und jetzt kommt das Diabolische:*

Jeder in der Branche weiß, dass Rinder, sofern sie nicht zwischenzeitlich getränkt und gefüttert werden, in den ersten 24 Stunden 7 % und innerhalb von 48 Stunden bis zu 12% ihres Körpergewichtes verlieren. Dr. Focke (siehe 3. Bericht) hat dieses auf einer seiner Kontrollfahrten eklatant nachgewiesen. Durch den Gewichtsverlust durch fehlende Fütterung und Tränkung stimmt dann das Gewicht an den Grenzen wieder und der Verlader hat – wie in diesem Falle 17 mal 900 = weitere 15.300 DM gespart. Bei Tierverlusten wird der Kaufpreis der Tiere in der Regel dem Spediteur vom Fuhrlohn abgezogen oder bei Versicherung des Transportgutes von der entsprechenden Gesellschaft eingefordert. Frage: Sind entsprechende Recherchen bei der Spedition A. bzw. hinsichtlich Versicherung durchgeführt worden?

Tatsache ist weiter, dass Herr Dr. Focke am 25.5.1995 im Hafen Rasa 13 tote Tiere der Fa. E.-G. resp. U. festgestellt hat, die Fa. German Control in Alexandria die Entladung von 601 lebenden Bullen bestätigt hat. Dass es für eine derartige Falschbeurkundung einen Verursacher geben muss, ist unseres Erachtens schlüssig. Dass die Agentur CST und die Spedition A. hierbei nicht ursächlich in Frage kommen, ergibt sich aus der Tatsache, dass deren Auftrag mit der Entladung im Hafen Rasa erfüllt war. Also kommt nur die Fa. U. in Frage. Durch den o.a. in höchstem Maße tierschutzwidrigen Transport von 601 Bullen von Brandenburg nach Alexandria hat die Fa. U. folgende ungerechtfertigten finanziellen Vorteile gehabt:

1. *Überladung, dadurch mindestens 3 Lkw gespart, 15.000DM*

2. *durch fehlendes Füttern und Tränken keine Bußgelder wegen Überladung 15.300DM*

3 *durch unzulässige Drittlandsubventionen von mindestens 13 Bullen (13 mal ca. 1.500 DM) 19.500 DM*

Aufgrund der genannten Fakten kann die Einstellung der Ermittlungen durch die Staatsanwaltschaft Stade vom 22. 7. 1994 nicht hingenommen werden und es wird daher von hier offiziell Beschwerde gegen die Einstellung des Verfahrens eingelegt. Des weiteren wird es für notwendig erachtet, dass Herr Dr. Focke, Leitender Veterinärdirektor beim Landkreis. zeugenschaftlich zu den Vorfällen vernommen wird, da dieser

a)   mit den Tatvorgängen unmittelbar befasst war und

b)   europaweit – und außerhalb der Branche – als der beste Kenner der Szene zu gelten hat und

c)   als Fachtierarzt für Tierschutz als fachkompetent anzusehen ist."

Aufgrund der o.a. Beschwerde wurden die Ermittlungen wieder aufgenommen, zwei Jahre später aber wieder eingestellt, ohne dass ich je zur Sache vernommen worden wäre.

Auffällig ist, dass nach meiner Kenntnis von den o.a. sechs Strafanzeigen aus den Jahren 1992 und 1993 nur eine einzige zur Anklage gelangt ist und zwar gegen einen Spediteur und seine beiden polnischen Fahrer. In allen fünf anderen Fällen kam es weder zu einer Anklage vor Gericht, noch bin ich als unmittelbarer Zeuge von der Staatsanwaltschaft vernommen worden. Das macht einen schon nachdenklich. Eine Journalistin, die schon seit Jahren in Sachen Tierschutz und internationalen Tiertransporten recherchierte, hat mir dann einige Zeit später folgende mit zahlreichen Fakten belegte Version unterbreitet:

8.3   Eine Journalistin ermittelt: 5.000.000 DM Strafe auf 100.000 DM heruntergehandelt

Wie aus dem bisher Geschilderten hervorgeht, spielen bei internationalen Schlachtrindertransporten die Drittlandland-subventionen aus der Brüsseler EU-Kasse eine dominierende Rolle. Wie ich im Fall F.R. beweisen kann – und die Beweise liegen auch der Staatsanwaltschaft vor – sind von 601 Rindern, die am 22. 5.1992 in Prenzlau in Brandenburg zollrechtlich abgefertigt worden sind, 601 Tiere als lebend in Alexandria angekommen attestiert worden und für diese Zahl auch am 13.7.1992 Drittlandsubventionen beantragt worden und zur Auszahlung gelangt, obwohl ich allein 13 Tiere dieser Partie verendet bzw. zur Notschlachtung bestimmt im Hafen Rasa am 25.5.1992 vorgefunden habe. Wie Karremann und andere recherchiert und teilweise auch dokumentiert haben, lagen die Verlustraten bei Schlachtrindertransporten aus Deutschland über die Mittelmeerhäfen nach Nordafrika und Nahost nicht selten zwischen 5 und 10 %; Exporterstattungen wurden aber für mehr als 99,8 % kassiert.

Als ich bereits im August 1992 im Bundeslandwirtschaftsministerium die Summe der jährlich an ungerechtfertigt ausgezahlten Drittlandsubventionen auf dem Schlachtrindersektor allein die Bundesrepublik betreffend auf zwischen 10 und 20 Millionen DM bezifferte, wurde dies von den Herren Ministerialbeamten als unmöglich und absurd abgetan. Wie aus der Antwort der Brüsseler EU-Kommission (Aktenzeichen 1956/95 DE) auf eine diesbezügliche Anfrage des bayerischen Europaabgeordneten W. Kreissl-Dörfler hervorgeht, betrug die Schadenssumme durch Finanzbetrügereien bei Tiertransporten von 1990 bis Mitte 1995 die Bundesrepublik betreffend 79 Millionen DM.

Doch jetzt zu den Ergebnissen der Recherchen der bereits erwähnten Journalistin:

Wenn die Zollfahndung oder andere Strafverfolgungsbehörden einem Exporteur für mehrer Jahre ungerechtfertigt kassierte Subventionen von beispielsweise 5 Millionen DM nachweisen, dann geht dieser mit seinem Anwalt zum ermittelnden Oberstaatsanwalt. Nach Sichtung der Ermittlungsakten kommt dann der Anwalt des Exporteurs mit beispielsweise folgendem Vorschlag:

1. *„Ihre Beweislage Herr Oberstaatsanwalt ist in dem und dem Punkt ziemlich dünn.*

2. *Sie wollen von meinem Mandanten die 5 Millionen zurück und darüber hinaus auch noch ein Strafverfahren.*

3. *Die 5 Millionen hat mein Mandant nicht.*

4. *Wenn Sie trotzdem darauf bestehen, geht die Firma meines Mandanten in Konkurs und Sie haben gar nichts.*

5. *Ich schlage vor, Sie stellen nach § 153 c der Strafprozessordnung ein; mein Mandant ist bereit, freiwillig 50.000 DM zu zahlen."*

Nun muss unser Herr Staatsanwalt aber doch sein Gesicht wahren und verlangt 200.000 DM. Innerhalb von 5 Minuten haben sich die drei Herren auf 100.000 DM geeinigt und unser Mann verlässt erhobenen Hauptes das Büro des Oberstaatsanwaltes, nachdem er mit dem Einsatz von 100.000 DM illegal erworbene 5.000.000 DM sauber gewaschen hat und noch dazu straffrei ausgeht. Denn würde der Mann verurteilt, und bei ihm ist nichts zu holen, weil die Millionen in der Schweiz, in Lichtenstein oder wo auch immer liegen, dann muss die Bundesrepublik Deutschland den ermittelten Betrag – in unserem Beispiel die 5 Millionen DM – in die Brüsseler EU-Kasse zurückzahlen. Die Strafverfolgungsbehörde verzichtet deshalb „aus übergeordnetem Interesse der Bundesrepublik Deutschland" auf die Verurteilung des Millionenbetrügers.

Obwohl die mit dem Subventionsbetrug einhergehende Tierquälereien einen gesonderten Straftatbestand darstellen, fallen diese als „Peanuts" mit unter den Tisch.

Armer Rechtsstaat

9 Wie man einen Veterinärbeamten kaltstellt

Als ich im September 1989 mit viel Enthusiasmus die Leitung eines der größten Veterinärämter der Bundesrepublik antrat, war ich der Auffassung, einiges bewegen zu können. In einem Team von engagierten Tierärztinnen, Tierärzten, Lebensmittelkontrolleuren und Verwaltungskräften konnten wir – ohne überheblich zu sein – auf den Gebieten Tierseuchenbekämpfung, Tiergesundheit und Tierschutz sowie Fleischhygiene und Lebensmittelüberwachung zunächst durchaus positive Akzente setzen. Insbesondere in den Bereichen Gesundheitsvorsorge und Tierschutz (Kälberhaltung, Flugenten-, Masthähnchen- und Putenmast) konnten wir in enger Zusammenarbeit mit der heimischen Landwirtschaft eine Reihe von Fortschritten erzielen. Ab Mitte 1992 musste ich jedoch immer mehr erkennen, dass zwischen Schwarz und Weiß im Tagesgeschäft unzählige Grautöne bestehen und dass im Spannungsfeld von Politik, Wirtschaft, Verwaltung und Öffentlichkeit die mathematische Formel 2+2=4 sich häufig als realitätsfremd herausstellt. Wie bereits in einem der vorangegangenen Kapitel beschrieben, hatte ich mir nach dem traumatischen Erlebnis vom 25.5.1992 im Hafen Rasa Gedanken gemacht, wie man in Zukunft derartig tierfeindlichen Machenschaften begegnen könne. Eine Unterrichtung und Aufklärung der Kolleginnen und Kollegen anderer Veterinärämter, mit gleicher Aufgabenstellung durch Veröffentlichung meiner Feststellungen im Deutschen Tierärzteblatt ist mir von meinem Vorgesetzten verwehrt worden. Von dem offiziellen Gang durch die Institutionen haben Sie sich in dem vorangegangen Kapiteln selbst ein Bild machen können.

Im folgenden möchte ich anhand einiger Beispiele zeigen, mit welchen Problemen und subtilen Methoden ein beamteter Tierarzt sich manchmal auseinander zu setzen hat.

Wie erwähnt war mein erster Bericht über meine Feststellungen in den Verladehäfen Rasa und Triest sowie die tatsächlich vorhandenen (Hegyeshalom) und fiktiven Versorgungsstellen

(Duby, Descin, Mohr, Bratilslava und Hustopece) durch Indiskretion im niedersächsischen Ministerium Ende Juli 1992 an die Öffentlichkeit gelangt. Nach den ersten Pressemeldungen Ende Juli und Anfang August kamen sowohl von den Printmedien als auch von verschiedenen Hörfunk- und Fernsehanstalten eine Reihe von Anfragen und Interviewwünschen. Die meistens telefonisch gestellten Auskunftsersuchen der Journalisten habe ich, wie es der Geschäftsverteilungsplan der Kreisverwaltung vorschreibt, an meinen direkten Vorgesetzten und Dezernenten weitergegeben, der gleichzeitig für Presseauskünfte der Kreisverwaltung zuständig war. Zunächst wurde auch in einigen Fällen dem Ersuchen verschiedener Medienvertreter entsprochen und zwar dergestalt, dass mich der Herr Dezernent anrief und mir detailliert vorgab, was mir zu sagen erlaubt war und was nicht.

Etwa ab Ende September 1992 kam dann die Order: „Wimmeln Sie ab." Jeder, der schon einmal mit Medienvertretern zu tun gehabt hat, weiß, wie schwer in derartigen Fällen „wimmeln" ist. Ließen sich die Anrufer partout nicht „abwimmeln", habe ich zum Dezernenten durchstellen lassen. Als nächstes kam dann die Weisung, bei Anfragen von Journalisten auf das für den Tierschutz zuständige niedersächsische Landwirtschaftsministerium zu verweisen. Dieser Argumentation war ich auch durchaus bereit zu folgen, denn meine Mitarbeiter und ich hatten uns eines Problems angenommen, das Landkreis übergreifend war und weitgehend im Zuständigkeitsbereich von Bund und Ländern liegt.

Ich habe also ab sofort auf die zuständigen Stellen verwiesen und als besonderen Service gleich die entsprechende Telefonnummer mitgeliefert. Gewöhnlich vergingen keine 20 Minuten und die Anruferin oder der Anrufer meldeten sich telefonisch zurück mit der Einlassung, Frau Dr. D. oder Herr Ministerialrat Dr. D. wären nicht in der Lage gewesen, Detailfragen zu beantworten und hätten erklärt, man möge sich doch an den Dr. Focke in X. wenden, der wisse über „all diese Fragen" am besten Bescheid.

Mitte Dezember erhielt ich einen vertraulichen Anruf aus dem niedersächsischen Landwirtschaftsministerium: „Passen Sie auf, man will Ihnen an die Karre fahren. Es ist mit Ihrem Kreisdirektor telefoniert worden. Ministerialrat D. läuft triumphierend im Hause herum und erzählt: „Dem Focke ist nun das Wasser abgegraben, der ist nun still. L. hat mit seinem Kreisdirektor telefoniert."

Einige Tage später am 17.12.1992 verfügte der Herr Kreisdirektor nunmehr schriftlich: „Bei Bitten der Presse um Interviews oder ähnliches, im Dienst und außerhalb des Dienstes in Fragen von Tiertransporten und den damit zusammenhängenden Tierschutzgesichtspunkten ist auf die Zuständigkeit des Landes zu verweisen." Dabei hielt es der Kreisdirektor „für sinnvoll, geboten und möglich, zur Begründung nach außen nicht auf eine entsprechende Weisung der Behördenleitung abzuheben."

Im Januar 1993 fand in X die Landesverbandsschau der niedersächsischen Kaninchenzüchter statt. Schirmherr der Veranstaltung war der niedersächsische Landwirtschaftsminister Funke. Am Rande der Veranstaltung führte ich mit dem Minister und seinem Staatssekretär Bartels ein Gespräch über Schlachttiertransporte. In diesem Zusammenhang stellte ich die Frage, ob ich mich ihrer Meinung nach unverhältnismäßig in die Belange von Bund und Ländern einmischen würde. Da beide Herren dieses verneinten, fuhr ich fort und drückte mein Befremden darüber aus, dass aus ihrem Ministerium in der oben geschilderten Weise mit meinem Vorgesetzten telefoniert worden sei. Sprach- und Ratlosigkeit bei beiden Herren, die offensichtlich von den o.a. Vorgängen nichts wussten. Die Angelegenheit war für alle drei Beteiligten nicht frei von Peinlichkeit. Einziger Kommentar von Staatssekretär Bartels: „Das muss mit irgendwelchen Lobbyaktivitäten zusammenhängen."

Einige Tage später wurde ich zum Rapport beim Kreisdirektor und anschließend zusammen mit diesem zum Oberkreisdirektor bestellt. Der Herr Kreisdirektor erklärte, dass ein derartiges Telefonat nicht mit ihm geführt worden sei und verstieg sich dann zu der Unterstellung meine Person betreffend: „Das müssen Sie sich wohl aus den Fingern gesaugt haben."

In den folgenden Wochen hatte ich Ruhe vor den Medien. Alles wurde von oben „abgewimmelt." Selbst einer Einladung der Tierärztlichen Vereinigung für Tierschutz am 17.12.1992 zwecks Beratung in dessen Arbeitskreis „Handel und Transport" wurde von der Verwaltungsspitze ebenso widersprochen wie der Bitte der Deutschen Tierärzteschaft e.V. zur Teilnahme an einem Expertengespräch am 3.3.1993 zur Vorbereitung eines Internationalen Symposiums „Tiertransporte".

Dazu sei kurz angemerkt, dass jede deutsche Tierärztin und jeder deutsche Tierarzt per Gesetz Mitglied in einer Landes - Tierärztekammer und somit auch Mitglied der Deutschen Tierärzteschaft e.V. ist. Aus den Kammersatzungen der einzelnen Bundesländer ergeben sich auch berufständische Pflichten, die auch von Vorgesetzten nicht konterkariert werden dürfen.

Aber die öffentliche Diskussion ließ sich nicht mehr aufhalten, wie die folgenden Presseberichte der Münsterländischen Tageszeitung beispielhaft verdeutlichen. Dabei will ich nicht verhehlen, dass manches, was nun folgte, mir wie eine schlechte Provinzposse vorkam.

Diskussion in 3 Sat über Mißstände bei Schlachtviehtransporten

Tierschutz stützt sich auf Bericht von Focke: Quälerei hat System

Von Angelika Hauke

Cloppenburg – Das Bild ging um die Welt: Ein Bulle, der beim Verladen in einem kroatischen Hafen gestürzt und sich das Hüftgelenk gebrochen hatte, wurde per Seilwinde an einem Bein hochgezogen und ins Schiff gehievt. Dabei brach dann auch noch das Fußgelenk. Kein Einzelfall in diesem Geschäft mit Tieren. Gezeigt wurde die Szene unter anderem am Dienstagabend in 3 Sat in der Sendung „Tierskandale". Aufgezeigt wurden schockierende Mißstände im Schlachtviehtransport, in der Massentierhaltung und in der Schlachtung. Grundlage der anschließenden Diskussion war ein Bericht des Leitenden Veterinärdirektors beim Landkreis Cloppenburg, Dr. Focke. Der Tierarzt, der unter anderem in seinem Urlaub Tiertransporteuren nachgefahren war, hatte aufgezeigt: Gravierende Verletzungen des Tierschutzes sind die Regel. (MT berichtete mehrfach)

Doch in der Diskussionsrunde am Dienstagabend fehlte Focke. Wie Moderator Karl Schnelting mitteilte, sei es ihm von der vorgesetzten Behörde nicht gestattet worden, die Einladung anzunehmen. Auf Nachfrage der Münsterländischen Tageszeitung bestätigte Kreisdirektor Jochen Hollinderbäumer dies: Nach der Veröffentlichung des Berichts von Dr. Focke habe ein derartiger Medienrummel eingesetzt, „daß wir die Notbremse ziehen mußten."

Deshalb habe der Kreis generell bei allen Anfragen auf das Landwirtschaftsministerium in Hannover verwiesen, „die aktuell auch zuletzt einen Tiertransporter begleitet haben." Hollinderbäumer: „Wir mußten irgendwo die Grenze ziehen, unsere Veterinäre können schließlich nicht ständig umherreisen."

So konnte Ilja Weiß vom Bund gegen den Mißbrauch von Tieren nur das Engagement des Cloppenburger Tierarztes lobend erwähnen und im übrigen aus dem Bericht zitieren, der bundesweit für Aufsehen gesorgt. Weiß: „Die Quälerei hat offensichtlich System. Da werden zum Beispiel Rinder nicht getränkt, damit hier die Wagen überladen werden können und

später an der Grenze kein Übergewicht haben. Wer Schlachtvieh mißhandelt, begeht lediglich eine Ordnungswidrigkeit und keine Straftat." Sowohl an der Überprüfung wie auch an Sanktionen mangele es in großem Maße.

Über ihre Erfahrungen im Landkreis Cloppenburg berichtete in der Diskussion auch Jutta Altmann-Brewe, die jahrelang nur mit einem Mundschutz durch die Kreisstadt laufen konnte. Sie leidet unter einer Schimmelpilzallergie, die sie zurückführt auf die Staubimmissionen aus den Ställen der Massentierhaltung. In letzter Konsequenz mußte Frau Altmann-Brewe samt Familie den Wohnsitz wechseln. Sie lebt jetzt in der Wesermarsch.

Maulkorb für Tierarzt

Von **Angelika Hauke**

Ausgerechnet der Mann, der von Amts wegen Mißstände im Umgang mit Schlachtvieh aufdeckte, war nicht dabei, als am Dienstagabend in 3SAT über den schockierenden Umgang mit lebenden Kreaturen diskutiert wurde. Dr. Hermann Focke, Leitender Amtstierarzt beim Landkreis Cloppenburg, durfte nicht mitreden, Vertreter des Bundes für Vieh- und Fleischhandel konnten nicht zuletzt deshalb seinen Bericht so auslegen, wie es ihnen paßte. Focke war offensichtlich ein Maulkorb verpaßt worden.

Wenn ein an verantwortlicher Stelle sitzender engagierter Mitarbeiter des Kreises nicht öffentlich über seine Arbeit reden darf, vermutet der Bürger mehr dahinter als eine Überlastung durch Medienrummel. Zumal Focke die Mißstände in seiner Urlaubszeit aufdeckte, eben weil ihm die Routine sonst keine Zeit dafür ließ. Und auch die von den Medien angeforderten Interviews gab er in seiner Freizeit.

Die Landkreise Vechta und Cloppenburg, als Zentren der Massentierhaltung mittlerweile verschrien, hätten sich doch keinen kompetenteren Fürsprecher wünschen können. Denn es ging in der Diskussionsrunde eben nicht um die Verunglimpfung jener Landwirte, die durch politische Vorgaben zum „Wachsen oder Weichen" gezwungen sind. Angeprangert wurden vielmehr die Mißstände, die nicht die Ausnahme, sondern die Regel sind. Da wird zum Elektrostock gegriffen, um Tiere mit gebrochenen Gliedmaßen doch noch zum Aufstehen zu zwingen, da werden Schweine der Einfachheit halber von der Laderampe geworfen, und Schlachthähnchen, die dem Gurgelschnitt entronnen sind, weil sie zu klein sind, kommen am Laufband lebendig ins kochendheiße Brühwasser.

Niemandem wird die Notwendigkeit abgesprochen, Geld zu verdienen. Und auch im Umgang mit Tieren sollte keine falsche Sentimentalität aufkommen. Doch die Achtung vor den Kreaturen darf nicht vor die Hunde gehen.

Auf Grund der Presseberichte stellte die SPD-Opposition des Kreistages am 11.6.1993 eine entsprechende Anfrage an die Kreisverwaltung. Mit der Beantwortung dieser Fragen waren drei Verwaltungsjuristen befasst und auch ich wurde zu Vorgängen einvernommen. Der abschließende Bericht wurde mir von einem der leitenden Kreisbediensteten in seinem Büro zur Durchsicht gegeben. Ich machte darauf aufmerksam, dass dieser Bericht in wesentlichen Punkten unzutreffend sei. Eine Korrektur erfolgte jedoch nicht, sondern der Bericht wurde in der ursprünglichen, irreführenden Form den Kreistagsabgeordneten übergeben.

Als die öffentliche Diskussion über den „Behörden-Maulkorb" in der Region nicht verstummen wollte, meldete sich der Kreisdirektor und gleichzeitige Pressesprecher der Kreisverwaltung am 3.7.1993 in einem Interview mit der Nordwest-Zeitung (NWZ) zu Wort. Was, gemessen an den Fakten, in diesem Interview vom Kreisdirektor an Behördenarroganz, -ignoranz, Dreistigkeit sowie Tatsachenverdrehungen und definitiven Unwahrheiten geboten und einer breiten Öffentlichkeit eingeflüstert wurde, hatte ich während meiner fast 20-jährigen Behördenzugehörigkeit noch nicht erlebt. Als Beispiel soll nur eine einzige Passage aus diesem Interview dem tatsächlichen Geschehen gegenübergestellt werden.

9.1 Die Wirklichkeit und deren Darstellung durch die Behörde

Auf die Frage der Nordwest-Zeitung: „Warum durfte beispielsweise Dr. Focke dem ZDF kein Interview geben?" antwortete der Kreisdirektor: „Die Erfahrungsberichte unserer Veterinäre über ihre Inspektionsreisen hatten eine riesige Resonanz. Wir haben Herrn Focke zunächst von März 92 bis Ende letzten Jahres für die vielen – vor allem auch auswärtigen – Interviewwünsche freigestellt. Anschließend mussten wir die „Notbremse" ziehen, weil der Leiter eines großen und wichtigen Amtes nicht über lange Zeit für PR-Arbeit freigestellt werden kann. Das lassen seine sonstigen Aufgaben nicht zu. Außerdem fallen grundsätzliche Angelegenheiten des Tierschutzes ja auch nicht in die Zuständigkeit des Kreises, sondern in die von Bund und Land."

Der Kreisdirektor versuchte also in der Öffentlichkeit den Eindruck zu erwecken – und dieses ist ihm teilweise auch gelungen –, dass ich von März 1992 bis Ende des Jahres kaum etwas anderes getan, als mich in Redaktionen, Fernsehstudios, Pressekonferenzen und „Talkshows" aufgehalten hätte. Fakten sind folgende:

1. Die erste Inspektionsfahrt nach Rasa und Hegyeshalom fand unter Einbeziehung meines freien Wochenendes sowie im zeitlichen Zusammenhang mit einer Dienstreise nach München statt. Bis auf die Dienstreisekosten bis München ist alles aus eigener Kasse bezahlt worden.

2. Für die zweite Reise nach Hustopece und Triest habe ich Urlaub genommen und die Kosten selbst getragen.

3. Für die dritte Fahrt auf Ersuchen des niedersächsischen Landwirtschaftsministeriums nach Mangalia habe ich ebenfalls Urlaub genommen, obwohl mir rein verwaltungsrechtlich Dienstbefreiung zugestanden hätte. Kosten entstanden dem Landkreis ebenfalls nicht, da diese vom Landwirtschaftsministerium übernommen worden waren.

Folgende Medienkontakte sind von mir in Sachen Tierschutz und Schlachttiertransporte bis zu der generellen und schriftlichen Untersagung vom 17.12.1992 wahrgenommen worden:

1. Am 30.7.1992 Telefonat mit der Hannoverschen Allgemeinen Zeitung, nachdem der Redakteur T. von mir zunächst an den Kreisdirektor verwiesen worden war und letzterer mich angewiesen hatte, bei dem Journalisten zurückzurufen.

2. 3.8.1992 nach Dienstschluss Statement bei RTL in Hannover mit ausdrücklicher Billigung des Kreisdirektors.

3. 4.8.1992 am Dienstort Gespräch mit einer Redakteurin der Münsterländischen Tageszeitung mit ausdrücklicher Billigung des Kreisdirektors.

4. 5.8.1992 am Dienstort Interview mit der Nordwest-Zeitung mit ausdrücklicher Billigung des Kreisdirektors.

5. Mitte September in meinem Büro Interview mit Radio ffn mit nachdrücklicher Billigung und vorheriger Instruktion durch den Kreisdirektor.

6. Ende September am Dienstort, an einem freien Wochenende, Gespräch mit einem Redakteur von Bild am Sonntag.

7. 23.10.1992 aufgrund telefonischer und schriftlicher Anforderung des Niedersächsischen Landwirtschaftsministers zur Teilname an dortiger Pressekonferenz in Sachen Tiertransporte mit ausdrücklicher Billigung des Kreisdirektors.

8. 3.11.1992 in meinem Büro Gespräch mit einer Redakteurin von Top-Agrar mit ausdrücklicher Billigung des Kreisdirektors.

9. 5.11.1992 in meinem Büro Gespräch mit einem Redakteur vom Hamburger Abendblatt / Harburger Rundschau, nachdem ich diesen zunächst an den Kreisdirektor verwiesen hatte.

10. 30.11.1992: während meines Urlaubs Gesprächsrunde beim Süd-West-Funk in Mainz.

Dazu sei kurz angemerkt, dass auf Grund der Behauptung des Kreisdirektors in dem o.a. Interview „Wir haben Herrn Focke zunächst von März ' 92 bis Ende letzten Jahres für die vielen vor allem auch auswärtigen Interview-Wünsche freigestellt" in der Öffentlichkeit den Eindruck entstehen musste, dass der Leiter eines der größten Veterinärämter der Republik 10 Monate lang in PR-Angelegenheiten herumgereist sei. Tatsache jedoch ist, dass es z. B. von März bis zum 30. Juli 1992 überhaupt keine Medienkontakte in Sachen Tiertransporte gegeben hat; ja nicht einmal geben konnte, da wir uns erst Mitte April dieses Problems angenommen hatten, die erste Inspektionsfahrt vom 22. bis zum 26. Mai stattfand und die erste Medienanfrage in dieser Angelegenheit vom 30. Juli datierte. Was die „vielen auch auswärtigen" Termine angeht muss angemerkt werden, dass es an offiziellen Medienterminen nur ganze zwei (siehe unter 2. und 7.) gegeben hat, wobei das unter 2. genannte Statement in Hannover am Feierabend erfolgte.

Zu dem unter 10. Medienkontakt während meines Urlaubs am 30.11.1992 beim Süd-West-Funk in Mainz muss gesagt werden, dass dieser Termin nicht mit dem Kreisdirektor abgesprochen war; ich hatte zunächst auf telefonische Anfrage eine Teilnahme abgesagt, jedoch in einem zweiten Telefonat zugestimmt, da einerseits ein mir bereits bekannter Film, in dem u.a. Veterinäre pauschal kritisiert und angegriffen wurden, der geplanten Fernsehdiskussion vorangestellt werden sollte und andererseits der mir bis dahin hinlänglich bekannte Präsident des Vieh- und Fleischhandelsbundes F.R. zu Wort kommen sollte.

Für mich besonders frustrierend war die Tatsache, dass ich sowohl was die o. a. Kreistagsanfrage als auch das Zeitungsinterview des Kreisdirektors anging, wegen beamtenrechtlicher Bestimmungen und auf Grund innerbehördlicher Weisungen weder gegenüber den Kreistagsabgeordneten noch gegenüber der Öffentlichkeit die Dinge richtig stellen konnte.

9.2 Und so sahen das die Landwirte

Im Herbst 1993 kam es in verschieden Landkreisen Niedersachsens zum Ausbruch der Schweinepest. Unser Kreis war seit Ende Oktober davon betroffen; meine Mitarbeiter und ich arbeiteten unter Einbeziehung der Wochenenden fast rund um die Uhr. Wir waren ein wirkliches Team und konnten erreichen, dass unser Landkreis, im Gegensatz zu den benachbarten Kreisen, bereits Ende Dezember 1993 wieder schweinepestfrei war. Unsere Arbeit litt in der ersten Wochen der Schweinpestbekämpfung nicht unerheblich darunter, dass der Kreisdirektor, in dessen Dezernat das Veterinäramt seit 1991 verwaltungstechnisch angesiedelt war, sich wiederholt auch in Fachfragen unqualifiziert einmischte. Dies blieb natürlich auch den durch die Ausbreitung der Schweinepest in ihrer Existenz bedrohten Landwirten auf die Dauer nicht verborgen und so schrieb der erste Vorsitzende des Kreislandvolkverbandes am 6.12.1993 an den Oberkreisdirektor wie folgt:

Sehr geehrter Herr ......

im Namen des Kreislandvolkverbandes möchten wir uns für die bisher – insbesondere im Rahmen der Schweine-pestbekämpfung – geleistete Arbeit des Veterinäramtes recht herzlich bedanken.

Besonders in den letzten Wochen und Monaten haben die Mitarbeiter Ihres Amtes bewiesen, dass sie auch unter schwierigen Verhältnissen sachbezogen und effektiv zum Wohle unseres ländlichen Raumes wirken.

Die hierbei erzielten Ergebnisse haben dem Veterinäramt über die Region Weser-Ems bis hin nach Bonn und Brüssel Anerkennung gebracht.

Um ein gutes Funktionieren des Veterinäramtes zu gewährleisten hält es der Kreislandvolkverband ... für notwendig, dass das Team des Veterinäramtes, durch sachfremde Einflüsse ungehindert, engagiert und erfolgreich agieren kann.

Vielen Dank für Ihre Bemühungen.

Mit freundlichen Grüssen

In den folgenden Wochen konnten wir daraufhin weitgehend ungehindert unserer eigentlichen Aufgabe, der Schweine-pestbekämpfung nachgehen, wäre da nicht eine vorwiegend verwaltungsrechtliche und forensische Angelegenheit aufge-taucht, deren Folgen – zumindest

was meine Person betraf – noch Jahre nachwirken sollte. Über die sogenannte Schweineschmuggel-Affäre und deren Begleit-umstände könnte man allein ein ganzes Buch schreiben. Die in diesem Zusammenhang von hoch dotierten Behördenvertretern, Rechtsanwälten, Staatsanwälten, Richtern u. a. verfassten Schrei-ben, Gegenschreiben, Stellungnahmen, Zeugeneinvernahmen u.a. füllten zahlreiche Aktenordner und der Umfang der damit angefüllten schreibmaschinengeschwärzten DIN A 4 Seiten kann nur noch in Megabyte beziffert werden.

9.3 Die Schweinepest und die Schweineschmuggel-Affäre

Trotzdem will ich versuchen, in gebotener Kürze das Wesentliche der Ereignisse darzulegen:

Auf Grund des Auftretens der Schweinepest Ende Oktober 1993 war zunächst der gesamte Landkreis X für Schweine gesperrt; d.h. um eine Verbreitung der Seuche zu verhindern, durften keine Schweine aus dem Landkreis X in andere, insbesondere schweinepestfreie Gebiete verbracht werden. Am 22. November 1993 verunglückte an der Kreisgrenze ein LKW mit 170 Schweinen, deren Frachtpapiere auf den Schlachthof Dresden ausgestellt waren. Als Herkunftsbestände waren Betriebe aus einem damals noch schweinepestfreien Landkreis angegeben, was sich bereits am nächsten Tage auf Grund der eingeleiteten Recherchen als falsch herausstellte, da die meisten der angegebenen landwirtschaftlichen Betriebe nicht mehr existierten. Auf Grund dieser Ermittlungsergebnisse räumte dann auch der Schweinehändler – übrigens einer der größten aus der Region – ein, dass die Tiere aus unserem Landkreis stammten. Am gleichen Tag erhielten wir Kenntnis davon, dass der gleiche Viehhändler bereits am 18.11.1993 mit der gleichen Masche in einem benachbarten Landkreis aufgefallen war. Auch diese Schweine stammten aus unserem Landkreis. Am darauffolgenden Tag legte ich dem Kreisdirektor unsere Ermittlungsergebnisse vor mit dem Ersuchen, für weitere Recherchen einen Durchsuchungsbeschluss beim Amtsgericht zu erwirken und die Staatsanwaltschaft einzuschalten, da

1. zu vermuten war, dass bereits vor dem 18.11. und 22.11. weitere illegale Transporte von der gleichen Firma durchgeführt worden waren und

2. insbesondere verhindert werden musste, dass durch derartige Transporte die Schweinepest in andere Gebiete exportiert werden konnte.

Der Kreisdirektor – ein Jurist – wies jedoch mein Ansinnen zurück und erklärte mir, dass es sich hier um Einzelfälle und damit lediglich um eine Ordnungswidrigkeit handeln würde. Da war ich –

wenn auch kein Jurist – aber ganz anderer Meinung und holte als Begründung aus meinem Büro einen Erlass des niedersächsischen Landwirtschaftsministerium vom 29.6.1993, in dem ausdrücklich auf die Straftatbestände des Tierseuchengesetzes verwiesen wurde und der meine dem Kreisdirektor vorgetragene Rechtsauffassung untermauerte. Dieser beharrte jedoch auf seiner Meinung und wies mich an, wir sollten dem Schweinehändler „zu gegebener Zeit" einen Anhörbogen schicken und beendete das Gespräch mit den Worten: „Sie haben jetzt was besseres zu tun."

Wir ermittelten jedoch weiter und konnten bis Mitte Dezember mindestens sieben weitere Fälle von illegalen Schweinetransporten belegen. Als ich diese neuen Ergebnisse am 15. Dezember dem Kreisdirektor vortrug, fertigte er mich schon an der Tür seines Büros mit den Worten ab: „Das ist eine Ordnungswidrigkeit, haben Sie das denn immer noch nicht kapiert?"

Trotz der hartnäckigen Weigerungen des Kreisdirektors, dem besagten Schweinehändler Einhalt zu gebieten, hat das Veterinäramt Mitte Januar 1994 einen erneuten Vorstoß unternommen. Eine passende Gelegenheit hierfür bot eine Kreistagsanfrage an die Verwaltung vom 12.1.1994 zur Beantwortung für die Kreistagssitzung am 27.1.1994, „betreffend der Schweinepest und ihre Folgen für den Landkreis X", für die das Veterinäramt einen Bericht als Tischvorlage für den Kreisdirektor abzuliefern hatte. In diesem Bericht wurde auch auf die illegalen Schlachtschweinetransporte eingegangen. Ausgehend von dem am 22.11.1993 verunfallten und durch zahlreiche Medienberichte bekannt gewordenen Transport wurde von uns berichtet, dass

> „weitere Ermittlungen in dieser Angelegenheiten ergeben haben, dass die o.a. Viehhandlung zusätzlich zu dem o.a. Fall, in erheblichem Umfang Schlachtschweine unter falscher Herkunftsangabe an verschiedene Schlachthöfe in der Bundesrepublik Deutschland verbracht hat."

Erneut wurde in unserem Bericht auf die strafrechtliche Problematik – in diesem Fall auf § 253 Strafgesetzbuch – hingewiesen. Der Bericht des Veterinäramtes, datiert vom 20.1.1994, wurde vom Kreisdirektor vor der o.a. Kreistagssitzung

gegengelesen und in erheblichem Umfang handschriftlich korrigiert .

Dazu sei kurz angemerkt, dass am 20.1.1994 inzwischen ca. 20
Transporte des o. a. Schweinehändlers enttarnt worden waren.

Es kam, wie es kommen musste, wie wir Veterinäre es befürchtet
und wiederholt dem Kreisdirektor vorgetragen hatten. Ende
Februar brach in der Nähe von Dresden die Schweinepest aus.
Das zuständige Ministerium wandte sich an das niedersächsische
Landwirtschaftsministerium und auf dessen Druck wurde am 8.
März 1994 endlich die Staatsanwaltschaft eingeschaltet. In der
darauf folgenden Woche fand eine Durchsuchung der Geschäfts-
räume des o.a. Schweinehändlers statt und umfangreiches
Material an Geschäftsunterlagen wurde beschlagnahmt, aus dem
sich ergab, wie später das Kreisblatt unter Berufung auf einen
vorläufigen Ermittlungsbericht der Staatsanwaltschaft verlauten
ließ, dass dieser Händler von Anfang November 1993 bis Ende
Februar 1994 **31.458 Schweine** aus Schweinepestsperr-Gebieten
als „einwandfreies Schlachtvieh" in fünf andere Bundesländer
verkauft hatte. Die regionalen Tageszeitungen berichteten am
Wochenende ausführlich über die staatsanwaltschaftlichen
Durchsuchungsaktionen.

Am darauf folgenden Montag, dem 21. März 1994 suchte ich am
Vormittag den Oberkreisdirektor auf, sagte ihm wörtlich, die
Angelegenheit sei „eine ganz heiße Kiste" und dass ich mich bei
den zu erwartenden Recherchen z.B. der Bezirksregierung bzw.
des Landwirtschaftsministeriums von der offiziellen Version der
Verwaltungsspitze abkoppeln und nach Aktenlage d.h.
wahrheitsgemäß berichten würde.

9.4   „Strafvereitelung im Amt"?

Einige Stunden später rief mich der Oberkreisdirektor an und
sagte mir, bei ihm seien zwei Journalisten einer Regionalzeitung
und wollten etwas über Schweinepest wissen. Zwischenzeitlich
war die Schweinepest erneut in den Landkreis X eingeschleppt
worden. Darauf habe ich ihm erklärt, dass nach meiner Meinung
die Herren nicht etwas über die Schweinepestsituation, sondern

über die illegalen Schweinetransporte erfahren möchten und dass ich es daher für besser und angebrachter hielte, wenn er den Journalisten Rede und Antwort stehen würde. Der Oberkreisdirektor entgegnete jedoch, er habe im Moment keine Zeit und ich solle den beiden Herren irgend etwas über Schweinepest erzählen.

Drei Minuten später standen die Reporter in meinem Büro. Nach kurzem Vorgeplänkel kamen die Journalisten auch schnell zur Sache und stellten ganz konkrete Fragen nach der Razzia aus der Vorwoche und nach den ja bereits öffentlich bekannten Schweineschmuggeltransporten. Als dann die Frage kam, was denn das Veterinäramt unternommen habe und warum derartige Praktiken nicht von uns Tierärzten unterbunden worden seien, habe ich wahrheitsgemäß und nach Aktenlage die Dinge klargestellt. Am Ende des Gespräches erklärte einer der beiden Journalisten, es sei ja bekannt, dass in Sachen internationaler Schlachtrindertransporte gegen den Kreisdirektor ein Ermittlungsverfahren wegen „Strafvereitelung im Amt" anhängig sei, und er stellte die Frage, ob es sich in diesem Fall auch um „Strafvereitelung" handeln würde. Ich habe darauf entgegnet, wenn er das so sehen wolle, dann könne er das tun; ich sei jedoch Veterinär und kein Jurist und wenn er diese Frage beantwortet haben wolle, dann möge er doch den ermittelnden Staatsanwalt fragen.

Am nächsten Tag – am 22.3.1994 – fand sich in der Regionalzeitung die Schlagzeile:

Schweinepest: Kreisdirektor in der Kritik
Kreisveterinär Dr. Focke wirft ... Strafvereitelung vor

Jetzt war die Aufregung natürlich groß. Die Verwaltungsspitze reagierte mit einer Presseerklärung, in der es – wie in der Headline des Kreisblattes vom 23.3.1994 – hieß:

„Erst Anfang März ausreichend Material für eine Anzeige gehabt" und somit in der Presseinformation der Kreisverwaltung verschwiegen wurde, dass am 24. November 1993 zwei, Mitte Dezember bereits acht und am 20. Januar 1994 ca. zwanzig illegale Schweinetransporte eines einzigen Händlers definitiv nachgewiesen waren.

Am 25.3.1994 fand auf Antrag einer der Oppositionsfraktionen des Kreistages eine Sondersitzung des Kreisausschusses statt, in der der Kreisdirektor Stellung nahm. Dabei verstieg er sich zu der Behauptung, dass er seit dem ersten bekannt gewordenen Fall vom 22.11.1993 (Unfall an der Kreisgrenze, über den die Presse mehrfach berichtet hatte) bis zum 8.März 1994 mit einer einzigen Ausnahme vom Veterinäramt nicht unterrichtet worden sei.

Wörtlich hieß es dazu im Sitzungsprotokoll:

„In der Folgezeit, bis zum 8.3.1994, habe er von Dr. Focke oder sonstigen Bediensteten des Veterinäramtes nichts von weiteren oder weitergehenden Ermittlungsergebnissen gehört, noch sei der konkrete Vorschlag, Strafanzeige zu erstatten, an ihn oder den Oberkreisdirektor herangetragen worden. Dies gelte mit folgender Ausnahme: Ca. Mitte Dezember habe ein auswärtiger Journalist angerufen und sich nach dem Sachstand der Ermittlungen gegen den ... Viehhändler erkundigt.

Er (Kreisdirektor) habe darauf den Verwaltungssachbearbeiter im Veterinäramt angerufen und der habe erklärt, es werde noch, wegen weiterer Verdachtsfälle ermittelt. Ergebnisse lägen noch nicht vor, weil die Schlachthöfe Dresden und Crailsheim und verschiedene Veterinärämter hätten angeschrieben werden müssen. Deren Antworten stünden noch aus.“

Dazu sei angemerkt, dass auch letzteres schon rein sachlich nicht stimmte und auch nicht stimmen konnte, da wir bereits Anfang Dezember außer den beiden Ereignissen von November für mindestens vier weitere Fälle definitive Beweise für falsche Herkunftsangaben hatten und am 15. Dezember die schriftliche Nachricht eines weiteren Veterinäramtes über Falschangaben des Schweinhändlers auf dem Tisch liegen hatten. Mit diesen Unterlagen hatte ich dann auch am 15.12.1993 erneut den Kreisdirektor aufgesucht und war (siehe oben) mit den Worten abgekanzelt worden: „Das ist eine Ordnungswidrigkeit, haben Sie denn das immer noch nicht kapiert.“

Zu den Einlassungen des Kreisdirektors, er sei von Ende November 1993 bis zum 8. März 1994 vom Veterinäramt in

Unkenntnis gehalten worden, fällt einem dann auch überhaupt nichts mehr ein, insbesondere nicht eingedenk der Tatsache, dass ich den Kreisdirektor wochenlang immer wieder auch unter Zeugen bedrängt hatte, dem Treiben des Schweinehändlers Einhalt zu gebieten, um eine weitere Seuchenverbreitung zu verhindern.

Es hatten auch nachweislich mehrere meiner Mitarbeiter bei ihm wegen der illegalen Transporte interveniert bzw. ihn über den Stand der Ermittlung in Kenntnis gesetzt. Zudem hatte es seit dem 20. Januar ein Dokument (Bericht des Veterinäramtes für die Kreistagssitzung vom 27.1.1994) gegeben, in dem vom Veterinäramt dezidiert auf die illegalen Schweinetransporte einge-gangen und das vom Kreisdirektor persönlich handschriftlich korrigiert worden war.

Nun hätte ich die Darstellungen des Kreisdirektors anhand der zahlreichen Gegenbeweise leicht widerlegen können, jedoch wurde ich zu der Kreisausschusssitzung nicht zugelassen. Stattdessen holte sich die Verwaltungsspitze bei diesem Gremium das Placet für ein bereits am Vortag gegen mich eingeleitetes Vorermittlungsverfahren für ein Disziplinarverfahren. Nachdem von der Zweidrittelmehrheitsfraktion des Kreistages nichts mehr zu befürchten war, ging der Kreisdirektor Anfang April an die örtliche Presse und wiederholte hier seine völlig unzutreffenden Schutzbehauptungen. Das Kreisblatt berichtete am 8. April 1994 unter der Schlagzeile:

„Kreisdirektor: Nach Stand der Kenntnisse korrekt entschieden" und die Regionalzeitung brachte ein Interview mit der Headline: „Etwaige Versäumnisse betreffen eindeutig nicht meine Person."

9.5 Die Verwaltungsspitze untersagt jegliche Stellungnahme zu den Vorgängen

Ich konnte mich leider nicht wehren, da mir von der Verwaltungsspitze jegliche Stellungnahme zu den Vorgängen untersagt worden war. Während sich – wie oben bereits erwähnt – die Mehrheitsfraktion offensichtlich mit den Einlassungen des Kreisdirektors zufrieden gab, intervenierte die Oppositionspartei

156

und drohte mit einer öffentlichen Kreistagsanfrage, wenn der Veterinäramtsleiter sich nicht vor dem Kreisausschuss zu den Vorfällen äußern dürfe. Nach mehr als drei Monaten erhielt ich dann im Juli 1994 Gelegenheit, mich vor diesem Gremium zu erklären und zwar als geheimer Tagesordnungspunkt ohne Protokoll.

Akribisch habe ich alle Fakten, Daten und Belege den Kreistagsabgeordneten vorgetragen.

Alle mir zur Verfügung stehenden Beweismittel – die entsprechende Akte des Veterinäramtes den besagten Schweinehändler betreffend war am 23.3.1994 von der Verwaltungsspitze konfisziert worden und mir seitdem nicht mehr zugänglich – habe ich den Kreistagsabgeordneten per Overheadprojektor dargeboten. Nach meinen Ausführungen herrschte große Sprachlosigkeit unter den Abgeordneten; selbst der Oberkreisdirektor brachte während meiner Gegenwart im Sitzungssaal nur ganze zwei Sätze heraus. Im Anschluss an meine Stellungnahme habe ich dann an die Fraktionsvorsitzenden der vier im Kreistag vertretenen Parteien jeweils ein Exemplar meines Manuskriptes samt allen Belegen übergeben.

Mit Ausnahme einer der drei Oppositionsparteien erfolgte jedoch keinerlei Reaktion von Seiten der Politik.

Siehe dazu Kommentar aus der Münsterländischen Tageszeitung.

Wie Brüssel Herrn Focke recht gab ...

Von Hubert Kreke

Der eilig aufgeschüttete Damm riß rascher, als der Oberkreisdirektor schaufeln konnte. Seit dem Zwischenbericht der Staatsanwaltschaft Oldenburg über illegale Schweinetransporte steht Herbert Rausch, der sich schützend vor seine Behörde stellte, vollends in den Fluten. 31 400 Schweine aus Pest-Sperrbezirken soll ein einziger Handelsbetrieb aus dem Landkreis Cloppenburg verschoben haben. Die verheerende Schlußfolgerung: Während die Behörde trotz handfester Indizien 14 Wochen brauchte, um die Akten eines einzigen Betriebes zu prüfen, zog praktisch unbehelligt unter ihren Bürofenstern eine „Schweine-Karawane" nach Sachsen. Mit der von Rausch beschworenen Sorgfalt der Ermittlungen ist das nicht mehr zu erklären.

Denn bislang hat der Landkreis nicht glaubhaft machen können, daß er die Warnsignale beachtet und wirksame Kontrollen durchgesetzt hat. Im Gegenteil. Als Kreisveterinär Dr. Hermann Focke den Streit um Mängel in der Transport-Kontrolle rabiat (aber wirksam) öffentlich machte, reagierten Oberkreisdirektor und Kreisausschuß zwar rasch auf die Form seines Vorgehens – mit Disziplinarverfahren und Presseverbot. Nur die Sachfrage nach Wirksamkeit und Umfang der bisherigen Kontrollen beantworten sie nicht. Stattdessen wurde Focke sogar ein „gestörtes Verhältnis zur Realität" unterstellt. Der Vorwurf

könnte auf den Landkreis zurückfallen.

Denn die Behörde verschanzte sich schon im November hinter einer juristischen Haarspalterei. Der illegale Schweine-Transport bedeutete „nur" eine Ordnungswidrigkeit, beschied Kreisdirektor Jochen Hollinderbäumer nachfragende Journalisten, nachdem ein offensichtlich illegaler Transport am 24. November auf der Autobahn verunglückt war. Der Landkreis behielt damit die Hoheit des Verfahrens und konnte so auf eine Strafanzeige verzichten.

Wenn es der Behörde aus eigener Kraft gelungen wäre, das Transportverbot durchzusetzen, hätte vermutlich kein Hahn nach dieser „weichen" Rechtsauslegung gekräht. Weil jedoch die Zweifel wuchsen, entwickelte sich die amtliche Zurückhaltung unbemerkt zum politischen Sprengstoff. Schließlich hat die Europäische Union die Handelssperre über Niedersachsen mit dem Vorwurf begründet, das Land sei nicht in der Lage, die Ausbreitung der Schweinepest zu verhindern. Der Ministerpräsident reicht den Vorwurf nach Cloppenburg und Vechta weiter. Und er kann es sich leicht machen, wenn ein Landkreis die Verantwortung geradezu an sich gezogen hat.

In dieser Situation mit Strafanzeigen um sich zu werfen, um Kritiker zurechtzuweisen, offenbart Schwäche, solange sich Landkreis und Politiker in der Sache auf pauschale Zurückweisungen beschränken. Wenn sie nicht mehr zu bieten haben, hat Focke die politische Prügel, die ihm anscheinend – unabhängig von seinem Disziplinarverfahren – verpaßt werden soll, nicht verdient.

Die Tatsache, dass der Kreisdirektor mit Datum vom 11.4.1994 eine Strafanzeige gemäß §§ 194, 186, 187 gegen mich erstattet hatte (Anmerkung: wegen Beleidigung, Verleumdung, übler Nachrede etc.) hatte mich keineswegs verunsichert; im Gegenteil: Ich erhoffte mir vielmehr, endlich öffentlich die Karten auf den Tisch legen zu können und die tatsächlichen Abläufe und Hintergründe darlegen zu können – wenn auch vor Gericht als Angeklagter. Das gleiche galt auch für das gegen mich eingeleitete Disziplinarverfahren. Aber zunächst musste ich mich mit einer neuen Situation in meiner Eigenschaft als Veterinäramtsleiter auseinandersetzen. Unmittelbar nach dem Eklat vom 22.3.1994 setzte von Seiten der Verwaltungsspitze eine systematische Beschneidung meiner Aufgaben und Befugnisse als Amtsleiter ein, was im weiteren nur exemplarisch wiedergegeben werden kann.

Ab Ende März 1994 durfte ich monatelang während der Dienstzeit den Landkreis X nicht mehr verlassen. Auch jede Dienstfahrt innerhalb des Landkreises bedurfte der vorherigen schriftlichen Genehmigung der Kreisspitze. Diese verband die Auflage mit der Erklärung, dass ich an den damals aktuellen ESP-Krisensitzungen (Europäische Schweinepest) nicht teilzunehmen habe. Gleichzeitig war ich aber nach wie vor Leiter des ESP-Krisenzentrums des Landkreises X. Zwei Tierärzte nahmen an meiner Stelle an den Sitzungen teil mit der Folge, dass der Informationsfluss nur noch begrenzt war, immer mehr abnahm und quasi dem Gusto der teilnehmenden Veterinäre überlassen blieb. Dies galt auch besonders für Sitzungen bei der Bezirksregierung im Rahmen der aktuellen Schweinepestbekämpfung, an denen die jeweiligen Veterinäramtsleiter der betroffenen Landkreise teilnahmen, nicht jedoch der Amtsleiter des Landkreises X. Pressemitteilungen über die Bekämpfung der Schweinepest durch den Landkreis wurden in der Folgezeit mir nicht mehr zugänglich gemacht, sondern von einem Verwaltungsbeamten erstellt.

Auch der Kontakt mit den Landwirten und den landwirtschaftlichen Organisationen wurde mir weitgehend verwehrt. So hatte am 30.3.1994 der Ortslandvolkverband L. zu einer Versammlung in das Gemeindezentrum eingeladen, um aktuelle Fragen bei der Bekämpfung der Schweinepest zu besprechen. Der Ortslandvolkvorsitzende hatte mich dazu persönlich eingeladen. Die Verwaltungsspitze untersagte mir jedoch die Teilnahme und delegierte stattdessen zwei meiner Mitarbeiter. Erst auf intensive Intervention des Landvolkvorsitzenden („Ich will den Dr. Focke hier haben") „durfte" ich dann an der Versammlung teilnehmen und die anwesenden Bauern über die aktuelle Schweinepestsituation informieren.

In der Folgezeit wurden Dienstreisen bestimmter Mitarbeiter allein von der Kreisspitze genehmigt, ohne dass ich informiert wurde, so dass ich nicht selten über den aktuellen Personalbestand im Unklaren war. Permanent fanden dann auch von verschiedenen Leuten des Amtes Besprechungen mit Vertretern des Kreislandvolkes, der Bezirksregierung usw. statt, ohne dass mir dieses mitgeteilt wurde. Ende April 1994 delegierte die Verwaltungsspitze meine Funktionen als Leiter des ESP-Krisenzentrums auf einen meiner tierärztlichen Mitarbeiter. Als ich daraufhin in der Chefetage der Kreisverwaltung vorstellig wurde und u. a. die Frage stellte, welche Aufgaben ich denn als hoch dotierter Veterinärbeamter (A 16) noch wahrnehmen könne, erhielt ich die lapidare Antwort: „Sie können dann ja beim Schweineabladen helfen."

Für den 9.6.1994 hatte ich eine persönliche Einladung zu einem Gespräch zwischen Vertretern der Landwirtschaft/ Landvolk mit Staatssekretär Carstens im Bundeslandwirtschaftsministerium in Bonn die Schweinepest betreffend, erhalten. Die Teilnahme an dieser Veranstaltung wurde mir versagt.

Am 18.7.1994 fand eine Versammlung des Landvolkverbandes statt, in der Staatssekretär Bartels vom niedersächsischen Landwirtschaftsministerium zur Bekämpfung der Schweinepest sprach. Die Teilnahme wurde mir versagt.

Jedes Jahr im Dezember findet im Landkreis X eine außerordentliche Vertreterversammlung des Kreislandvolkverbandes statt, so u.a. auch am 9.12.1994, auf der der Tierseuchenreferent des Bundeslandwirtschaftsministeriums Dr. Zwingmann ein Referat hielt zu dem Thema: „Seuchenpolitik unter Berücksichtigung spezieller Strukturen und Darstellung kalkulierbarer

Perspektiven für die Landwirtschaft." Die Teilnahme an der Versammlung wurde mir versagt.

Meine fast völlige Isolierung und die faktische, „stillschweigende Amtsenthebung" veranlasste ein Mitglied des Kreistages zu der öffentlichen, das Verhalten der Kreisverwaltung anprangernden Feststellung, „dass der Veterinäramtsleiter von jeglichen Kontakten zu seiner Mandantschaft, d. h. den Landwirten abgeschnitten ist. Er ist mit irgendwelchen Tätigkeiten beauftragt. Genauso gut könnte er Telefonbücher abschreiben." Diese Feststellung traf genau den Kern.

Erstmals am 25. 1. 1995 sah sich die Kreisverwaltung gemüßigt, die „Kaltstellung" meiner Person offiziell und schriftlich mit der Formulierung zu bestätigen:

„Die Bekämpfung der Schweinepest hatte ich Ihnen entzogen ... Diese Anordnung gilt nach wie vor ... Auch bitte ich Sie, durch Äußerungen gegenüber Dritten nicht den Eindruck zu erwecken, als wären Sie für diesen Bereich zuständig."

In einer Reihe von Fällen erfuhr ich von internen Vorgängen das Veterinäramt betreffend erst von dritter Seite. So wurde ich z.B. am 31.3.1995 vom Vorsitzenden des Vieh- und Fleischhandelverbandes darüber informiert, dass ich laut Auskunft eines Verwaltungsbeamten nichts mehr mit der Bekämpfung der Aujeszkyschen Krankheit (AK) zu tun hätte. Unter dem 3.4.1995 teilte der Oberkreisdirektor den Mitarbeitern des Veterinäramtes dann mit, dass die Bekämpfung dieser weit verbreiteten Schweinekrankheit und das damit verbundene Sachgebiet (AK-Sanierungsprogramm) aus der Abteilung Tierseuchenbekämpfung des Veterinäramtes ausgegliedert und ihm direkt unterstellt sei.

Durch meinen Rechtsanwalt habe ich mit Schreiben vom 31.4.1995 Widerspruch gegen die Verfügungen vom 25.1.1995 (Entzug der Bekämpfung der Schweinepest) und 3.4.1995 (AK-Sanierungsprogramm) eingelegt.

Die Reaktion der Kreisverwaltung nach verschiedenen Schreiben des Anwalts erfolgte mit Schriftsatz vom 9.6.1995, in dem es hieß:

„Die Bearbeitung des Widerspruchs erfordert verständlicherweise erhebliche Zeit. Mit der Prüfung sind zahlreiche rechtliche Problemstellungen verknüpft. Ich bitte diesbezüglich um Verständnis. Nach Abschluss der Prüfung werde ich den Widerspruch umgehend bescheiden." Dieser Bescheid ist jedoch nie ergangen; die Angelegenheit wurde totgeschwiegen und ausgesessen.

Begleitet waren die o.a. Vorgänge von zahlreichen z.T. höchst diskriminierende Maßnahmen, über die hier auch nur beispielhaft berichtet werden kann. Am 25.1.1995 erhielt ich einen Auszug der Stundenabrechnungen für die Monate Dezember 1994 und Januar 1995. In diesen Stundenabrechnungen waren Dienstreisen, die nicht im Hause der Kreisverwaltung gestempelt wurden mit „MA" gekennzeichnet; d.h.: Die Tierärzte des Veterinäramtes traten, falls erforderlich, Dienstreisen unmittelbar von ihrer Wohnung an, und zwar vor Dienstbeginn, nach Dienstende oder an den regelmäßigen Wochenenddiensten. Dies war bei der für Veterinäre häufigen/ ständigen Außendiensttätigkeit seit Jahren eingeführte Praxis. Diese außerhalb der Dienstzeit durchgeführten Dienstreisen wurden über ein Korrekturblatt dem Personalamt überstellt, welches die herein gegebenen Daten Computer mäßig erfasste.

Es wurde unter anderem verfügt:

„Für die Tage, an denen Sie den Dienstbeginn oder das Dienstende mit MA gekennzeichnet haben, bitte ich – unter Vorlage ihres Fahrtenbuches – um detaillierte Angabe der Gründe." Eine derartige Weisung war bis dato gegenüber keinem Bediensten des Veterinäramtes ergangen. Innerhalb von fünf Minuten hätte ich im Rahmen eines persönlichen Gesprächs anhand meines Fahrtenbuches den Grund der jeweiligen Dienstfahrt erklären können, da dieser unter der Rubrik Reisezweck für jede Dienstfahrt vermerkt wurde. Die Forderung nach einer schriftlichen Stellungnahme erforderte einen stundenlangen Arbeitsaufwand. 24 Anlagen waren zu der detaillierten Darstellung erforderlich.

In einer anderen Angelegenheit aus dem Bereich Tierzuchtüberwachung war ich, wie es dann hieß, zu umfassender schriftlicher Stellungnahme angewiesen worden. Mit dieser Sisyphusarbeit waren außer mir zwei Sachbearbeiterinnen des Amtes mehrere Tage beschäftigt. Auch diese Angelegenheit hätte in einem zehnminütigem Gespräch abgeklärt werden können.

Ab Mitte 1994 erhielt ich fast nur noch schriftliche Weisungen zur ebensolchen Beantwortung. Im gesamten Jahr 1995 habe ich mit meinem direkten Vorgesetzten ganze 4 (vier) Gespräche geführt.

Manche der schriftlichen Weisungen entbehrten nicht einer gewissen Komik, um es mit Galgenhumor auszudrücken und nicht mit der Bezeichnung „grotesk".

Am 6.11.1995 lud das Niedersächsische Ministerium für Ernährung, Landwirtschaft und Forsten zu einer Besprechung am 27.11.1995 betreffend Tierschutzfragen bei der Durchführung von Tiertransporten ein. Anstelle meiner Person wurde ein Kollege aus dem Veterinäramt angewiesen, an dieser Besprechung teilzunehmen. Erst als daraufhin das Landwirtschaftsministerium offiziell mich als Vertreter des Landkreises angefordert hatte, wurde verfügt:

„Die Teilnahme an der Veranstaltung des ML durch Sie und die entsprechende Dienstreise wird hiermit genehmigt. Herr Dr. .... (Kollege aus dem Veterinäramt) wird an der Veranstaltung ebenfalls teilnehmen. Seine Teilnahme ist notwendig, um auf diese Weise sicherzustellen, dass die bei der Besprechung am 27.11.95 gewonnenen Erkenntnisse im Interesse des Tier-schutzes auch sachgerecht und zielgerecht in Übereinstimmung mit den geltenden Rechts- und Verwaltungsvorschriften vor Ort umgesetzt werden."

Die Liste der o.a. Vorkommnisse könnte um ein Vielfaches erweitert werden, jedoch wem dient es; denn nach wie vor hegte ich die Hoffnung, dass in dem gegen mich angestrebten Strafprozess die tatsächlichen Abläufe offenbar werden würden; das gleiche galt auch für das gegen mich eingeleitete Disziplinar-verfahren. Doch die Staatsanwaltschaft ließ sich Zeit; mehr als 14 Monate brauchte man für die Erstellung der Anklageschrift; im Disziplinarverfahren war man noch hartleibiger.

9.6 Oktober 1996: Ende der ganzen Affäre? Hier die Begründung des Amtsgerichtes

Im Oktober 1996 schien sich jedoch ein Ende der ganzen Affäre abzuzeichnen, denn durch das Amtsgericht in X wurde die Zulassung der Anklage der Staatsanwaltschaft zur Hauptverhandlung und die Eröffnung des Hauptverfahrens gemäß § 240 StPO aus „tatsächlichen Gründen" abgelehnt. Aus der Begründung des Amtsgerichtes:

> *„... Danach ist für die weitere strafrechtliche Prüfung festzuhalten, dass die Wortwahl des Angeschuldigten nicht der Pressedarstellung entsprach, sondern – auf die Frage, ob Strafvereitelung im Amt vorliege – seine Äußerung zu prüfen ist „wenn Sie das so wollen, können Sie das so sehen" womit sich der Angeschuldigte allerdings auf den Begriff „Strafvereitelung im Amt" bezogen, ihn somit übernommen hat, mit der Einschränkung, „er sei kein Jurist und könne dies letztendlich nicht beurteilen".*

> *Die so getätigte Äußerung erfüllt indes keinen Straftatbestand. Die Strafbarkeit im Sinne der angeklagten Verleumdung nach § 187 StGB setzt nämlich voraus, daß der Angeschuldigte wider besseres Wissen eine unwahre, ehrenrührige Tatsache behauptet hätte.*

> *a) Behaupten im Sinne der §§ 186, 187 StGB bedeutet, etwas als nach eigener Überzeugung geschehen oder vorhanden hinzustellen (Schönke/Schröder-Leckner, StGB 24. Auflage, § 186 Randnummer sieben mit weiteren Nachweisen).*

> *aa) Bezüglich des ihm zur Last gelegten Begriffs der Strafvereitelung im Amt hat der Angeklagte dies gerade also nicht getan, da er hierzu eindeutig erklärt hatte, er sei kein Jurist und könne dies nicht beurteilen. Er hat mithin nicht behauptet im Sinne der oben angegebenen Definition der Anzeigenerstatter (Anm.: der Kreisdirektor) habe eine Straftat im Amt begangen.*

> *bb) Zumindest inzidenter lag allerdings in der Äußerung des Angeschuldigten gegenüber den Zeugen L. und L.*

(Anm.: die beiden Journalisten) die Tatsachenbehauptung, der Anzeigenerstatter habe trotz Vorliegens einer Straftat und diesbezüglicher Entscheidungskompetenz nichts unternommen und damit notwendige Ermittlungen zumindest verzögert, eine Tatsache, die durchaus geeignet sein konnte, den Anzeigenerstatter in der öffentlichen Meinung herabzuwürdigen.

b)	*Die so behauptete Tatsache war allerdings nicht unwahr im Sinne des § 187 StGB.*

bb)	*Zweifelsfrei handelte es sich dabei auch, entgegen der Entscheidung des Anzeigenerstatters, an welche sich der Angeschuldigte gebunden fühlte und deshalb nicht selbst in anderem Sinne tätig werden konnte, nicht um eine bloße Vermutung der Ordnungswidrigkeit, sondern um eine Straftat nach den §§ 52 Abs. I Nr. neun und 10 i.V.m. § 17 Abs. I Nr. 2b und 5b LMBG sowie §§ 263, 52, 53 StGB, für welche der damals beschuldigte W. (Anm.: Schweinehändler) zwischenzeitlich auch rechtskräftig verurteilt worden ist.*

cc)	*Zweifelsfrei wäre dies seinerzeit auch für den Anzeigenerstatter als Juristen und Vorgesetzten des Veterinäramtes zumindest objektiv erkennbar gewesen, ...*

dd)	*Entgegen der oft wiederholten Einlassung des Anzeigenerstatters und des Rechtsdezernenten des Landkreises lagen mithin massive Anhaltspunkte für eine Straftat vor, die gemäß § 41 OWiG eine unverzügliche Abgabepflicht an die Staatsanwaltschaft begründeten, zumal weitere erhebliche Straftaten zu befürchten waren und zu verhindern gewesen wären. Dies hat der Anzeigenerstatter aufgrund seiner, wie auch immer begründeten, Fehleinschätzung verhindert – da er, zuständiger Dezernent für das Veterinäramt war, war dieses, auch dessen für Ordnungswidrigkeitsverfahren zuständige Verwaltungsstelle, hieran gebunden, so dass es* *objektiv zu der von dem Angeschuldigten behaupteten Nichtverfolgung als Straftat kam, er mithin keine <u>unwahre</u> Tatsache behauptet hat, schon gar nicht subjektiv wider besseren Wissen.*

Eine Straftat nach § 187 StGB scheidet mithin aus.

2. *... Eine Straftat nach § 186 StGB scheidet damit ebenfalls aus, da die behauptete Tatsache nach den vorstehenden Ausführungen erweislich wahr war.*

3. *Auch eine Strafbarkeit nach § 185 StGB ist nach alldem nicht gegeben. Diese hätte wegen Wahrheitsgehaltes der inkriminierten Behauptung allenfalls in einer Formalbeleidigung liegen können (§ 192 StGB), wenn trotz des objektiven Wahrheitsgehaltes der aufgestellten Behauptung der Angeschuldigte dem Anzeigererstatter, ohne dass dies gerichtlich festgestellt war, im Wege der subjektiven Wertung eine vorsätzliche Straftat im Amt unterstellt hätte. Doch dies war aufgrund der von ihm gewählten Einschränkung bei der juristischen Bewertung nicht der Fall, zeigt diese jedoch vielmehr, dass es dem Angeschuldigten nur auf eine Darstellung der Tatsachen, nicht aber eine Kundgabe der Miss- oder Nichtachtung durch ein Werturteil ankam.*

4. *Nach alldem ist festzustellen, dass das Verhalten des Angeschuldigten, unbeschadet eventueller Verletzungen beamtenrechtlicher Pflichten, die das Gericht nicht zu beurteilen hat, jedenfalls keinen hinreichenden Verdacht irgendeiner Straftat begründet*

Die Zulassung der Anklage war daher aus. Tatsächlichen Gründen gemäß § 204 StPO mit der Kostenfolge nach § 467 Abs. I StPO abzulehnen."

Die Regionalzeitung hatte am 1. 11.1995 ihre Schlagzeile:

Mittwoch, den 1. November 1995   **NORDWEST/BREMEN**

NORDWEST-ZEITUNG

Kreisdirektor als Jurist blamiert

Anklage gegen Cloppenburgs Veterinär Dr. Focke nicht zugelassen – Beschwerde eingelegt

Kreisdirektor Hollinderbäumer hätte als Jurist eine Straftat von einer Ordnungswidrigkeit unterscheiden können müssen. Das stellte das Amtsgericht Cloppenburg fest.

Von Hajo Timmermann

Cloppenburg. Dr. Hermann Focke, Leiter des Cloppenburger Kreisveterinäramtes, hat in der Auseinandersetzung mit seinen Vorgesetzten in der Landkreisverwaltung einen ersten Erfolg errungen. Das Amtsgericht Cloppenburg hat eine Anklage gegen ihn erst gar nicht zugelassen. Cloppenburgs Kreisdirektor Jochen Hollinderbäumer hatte im April 1994 Strafantrag gegen Focke gestellt, weil dieser ihm in einem Interview der **NWZ** wider besseren Wissens

1 : 0 für den Tierarzt: Dr. Hermann Focke.   Bild: Archiv

Strafvereitelung im Amt vorgeworfen haben soll. Die Staatsanwaltschaft Oldenburg hat gegen die Entscheidung des Amtsgerichtes Beschwerde eingelegt.

Hintergrund ist der Transport von Schweinen aus pest-

gefährdeten Gebieten im November 1993. Bei einem Unfall fiel ein Transporter mit Schweinen auf, die ein Garteler Viehhändler zu Schlachthöfen in Dresden und Crailsheim transportieren wollte. Dr. Focke drängte bei seinem Vorgesetzten Hollinderbäumer darauf, daß Strafantrag gegen den Viehhändler gestellt werde. Doch Hollinderbäumer sah in der Tat nur eine Ordnungswidrigkeit und blieb auch bei weiteren Fällen bei dieser Auffassung. Erst aufgrund einer Anfrage des niedersächsischen Landwirtschaftsministeriums am 7. März 1994, so rekonstruierte das Amtsgericht die Hintergründe, habe Hollinderbäumer den Fall an die Staatsanwaltschaft abgegeben. Der Viehhändler wurde später rechtskräftig verurteilt.

Auf Anfrage eines **NWZ**-Redakteurs äußerte sich am 21. März 1994 Kreisveterinär Focke zu dem Fall. Das Gericht ging davon aus, daß Focke in diesem Gespräch seinem Vorgesetzten nicht vorsätzlich eine Straftat unterstellen wollte.

Darüber hinaus stellt das Gericht fest, daß die von Focke behauptete Tatsache eben nicht unwahr sei. Denn „zweifelsfrei" habe es sich bei den Viehtransporten „entgegen der Entscheidung des Anzeigeerstatters" nicht um eine Ordnungswidrigkeit, sondern um eine Straftat gehandelt. Dies wäre „zweifelsfrei" für Hollinderbäumer „als Jurist und Vorgesetzter des Kreisveterinäramtes zumindest objektiv erkennbar gewesen".

Der Grünen-Kreisverband forderte gestern die Einstellung des Disziplinarverfahrens, das wegen der gleichen Angelegenheit vom Landkreis gegen Dr. Focke eingeleitet worden ist. Oberkreisdirektor Herbert Rausch sieht dazu aber „keinen Anlaß".

Mit dem Beschluss des Amtsgerichts X konnte ich leben und habe der politischen und auch der

Verwaltungsspitze signalisiert, dass es nach meiner Auffassung für alle Seiten sinnvoll und geboten sei, sich an einen Tisch zu setzen und über eine vernünftige und gedeihliche Zusammenarbeit zu unterhalten. Von Seiten der Verwaltungsspitze war indes keinerlei Gesprächsbereitschaft vorhanden. Im Gegenteil: Der Oberkreisdirektor erklärte mir gegenüber völlig unversöhnlich: „Das Interesse der Medien an Ihrer Person wird mit der Zeit abnehmen und dann bin ich oben." Man setzte also auf Zeit bzw. Vergessen respektive Vergesslichkeit.

Aus Blamage nichts gelernt

Sie haben sich regelrecht in ihn verbissen. Cloppenburgs Oberkreisdirektor Rausch und sein Stellvertreter Hollinderbäumer liegen seit geraumer Zeit mit ihrem Kreisveterinär Dr. Hermann Focke über Kreuz. Focke stört mit seiner penetranten Hartnäckigkeit, mit der er die Mißachtung von Tierschutzbestimmungen und insbesondere die Quälereien auf Tiertransporten anprangert, jene Augen-zu-Mentalität, die sich die Behörden im Oldenburger Münsterland im

Umgang mit der Massentierhaltung angewöhnt haben. Ob es um Schwarzbauten von Ställen oder um die unsäglichen Tiertransporte geht – die Tendenz ist stets, lieber nicht so genau hinzuschauen.

Hin und wieder aber funkt Focke dazwischen. So wollte er vor eineinhalb Jahren nicht einsehen, wieso sein Vorgesetzter Hollinderbäumer den Schmuggeltransport von Schweinen aus einem Pestgebiet, der nur durch den Zufall eines Verkehrsunfalls öffentlich geworden war, lediglich als Ordnungswidrigkeit einstufte und partout keinen Strafantrag gegen den Viehhändler aus dem Landkreis stellte. Die Nachsicht, mit der Hollinderbäumer in diesem und anderen ähnlichen Fällen vorgegangen ist, hat sich jetzt zur Blamage für den Kreisdirektor ausgewachsen: Der Jurist Hollinderbäumer mußte sich nämlich vom Amtsgericht Cloppenburg sagen lassen, daß es gleichsam zum kleinen Einmaleins eines Juristen gehört, eine Straftat von einer Ordnungswidrigkeit unterscheiden zu können.

Trotz dieser herben Niederlage scheint die Cheforotage in der Landkreis-Verwaltung immer noch nicht bereit zu sein, den Frieden mit Focke zu suchen. Der Veterinär, der von Hollinderbäumer vor Gericht gezerrt werden sollte, weil er dem Kreisdirektor in einer ersten zornigen Aufwallung Strafvereitelung im Amt vorgeworfen hatte, soll nach wie vor die Knute seiner Vorgesetzten zu spüren bekommen. „Überhaupt keinen Anlaß" sieht Oberkreisdirektor Rausch, das gegen Focke angestrengte Disziplinarverfahren nach dem Beschluß des Amtsgerichts nun einzustellen. Und der Maulkorb, der dem Kreisveterinär seit langem jegliche öffentliche Äußerung verbietet, soll auch nicht gelockert werden.

Je unnachgiebiger jedoch Rausch und Hollinderbäumer versuchen, Focke endlich zum Schweigen zu bringen, um so hellhöriger wird die Öffentlichkeit. Mit Disziplinarverfahren und Maulkorb-Erlaß wird der weit über den Landkreis Cloppenburg hinaus reichende gute Ruf Fockes nicht zu erschüttern sein. Im Gegenteil: Es ist die Verwaltung des Landkreises, die in Verruf gerät.

Gegen den Beschluss des Amtsgerichts wurde von der Landkreisverwaltung Beschwerde eingelegt. Eine Gerichtsverhandlung in den nächsten Monaten wäre mir auch recht gewesen. Doch eine Gerichtsentscheidung ließ auf sich warten. Zwei Richter des Amtsgerichts erklärten sich als befangen, ein Dritter wurde wegen Befangenheit abgelehnt. Man setzte, wie gesagt, ganz offensichtlich auf Zeit. Parallel dazu gingen ganz gezielt Aufgaben- und Kompetenzbeschneidungen sowie persönliche Diskriminierungen und Diffamierungen weiter. Im Sommer 1996 wurde mir als Veterinäramtsleiter – wohl einmalig in Deutschland – die dienstliche Teilnahme an der Bezirkstierschau in meinem eigenen Dienstbezirk schriftlich untersagt und damit auch nach außen hin die völlige Isolierung von den Landwirten dokumentiert. Die Einleitung eines weiteren Disziplinarverfahrens ließ mich dagegen ziemlich kalt, da die mir von der Kreisspitze vorgeworfenen Dinge derart irreal und an den Haaren herbeigezogen waren, dass nicht nur ich der Meinung war, dass diese auf die Kreisverwaltung zurückschlagen würden.

Nervenaufreibend war allerdings die Tatsache, dass meine Einfluss- und Eingriffsmöglichkeiten immer geringer wurden, eine juristische Entscheidung sich nicht abzeichnete und ein Ende der ganzen Prozedur in immer weitere Feme abzugleiten drohte. Ab Anfang 1996 beschlich mich immer mehr ein allgemeines Gefühl der Ohnmacht und ein Anwachsen inneren und äußeren Isoliertseins, welches zu einer zunehmenden physischen und psychischen Erschöpfung führte, deretwegen ich, der ich in meinem Leben nie ernsthaft erkrankt gewesen war, mich für mehrere Monate in ärztliche Behandlung begeben musste.

Dass dieses alles kein tragisches Ende genommen hat war im Wesentlichen einerseits im Rückhalt durch meine Angehörigen sowie in der Verantwortung ihnen gegenüber begründet und andererseits durch die Tatsache, dass ich durch die Gründung der Tierärztlichen Initiative Tierschutz mich aus der dienstlich verordneten Paralyse in Sachen internationaler Schlachttiertransporte befreien und mich wieder außerhalb der eigenen Kreisgrenzen um „meine Schlachtbullen" kümmern konnte. Hierüber jedoch mehr im Kapitel Tiertransporte II.

9.7   Vieles im Leben ist ein Kompromiss

Im Januar 1997 bekam ich dann doch noch meinen Prozess.

Zunächst wurden die beiden Journalisten über das o.a. Pressegespräch vom 21.3.1994 vernommen. Dass der Verfasser des strittigen Artikels – Veterinär wirft Kreisdirektor Strafvereitelung vor – nicht von seiner Darstellung abrücken würde, der Begriff Strafvereitelung im Amt sei von mir in das Gespräch eingebracht worden und nicht von ihm, war meinem Anwalt wie auch mir von vorneherein klar; denn das hätte bedeutet, dass sich dieser als Journalist ziemlich unglaubwürdig gemacht und darüber hinaus sich eventuell sogar selbst der Gefahr eines Ermittlungsverfahrens ausgesetzt hätte. Enttäuschend war jedoch, dass sich sein Kollege, der bei der staatsanwaltschaftlichen Einvernahme im April 1994 eingeräumt hatte, dass ich am 21.3.1994 ausdrücklich betont hatte, dass ich die Frage, ob es sich um Strafvereitelung im Amt gehandelt habe, verbindlich nicht beantworten könne, da ich Veterinär und nicht Jurist sei, sich in der mündlichen Verhandlung vor Gericht „wegen der langen Zeit" nicht mehr an meine seinerzeitige Einlassung erinnern konnte und erklärte, es müsse dann wohl so sein, wie sein Kollege ausgesagt hätte. Aus dem überfüllten Zuhörerraum des Gerichtes waren mehrmals die Zwischenrufe: „Alzheimer, Alzheimer" zu vernehmen.

Nun standen in diesem entscheidenden Punkt die Aussagen von bisher 2:1 für mich plötzlich 2:1 gegen mich.

Der Staatsanwalt, dem die frühere Aussage des zweiten Journalisten aus den Gerichtsakten bekannt war, kam daher in der Sitzungspause mit dem Vorschlag, das Verfahren nach § 153 a einzustellen.

Nun stand ich ziemlich „belämmert" da, hatte ich nämlich zwischen zwei Übeln zu wählen. Denn sollte das Gericht den Einlassungen der beiden Journalisten folgen, dann wäre mir das wohl zum Nachteil gereicht; wäre indes, wie von mir und meinem Anwalt bisher angenommen, das Gericht zu dem gleichen Ergebnis wie in dem o.a. Beschluss vom 5.10.1995 gekommen und ich wäre freigesprochen worden, dann wäre mit an Sicherheit grenzender Wahrscheinlichkeit die Gegenseite in Revision gegangen und ich hätte weitere Monate und Jahre im Ungleichgewicht verbringen müssen. Um insbesondere auch von meiner Familie weiteren Druck zu nehmen, habe ich mich dann auf den keineswegs befriedigenden Kompromiss des § 153 a eingelassen.

Dass am nächsten Tag im Kreisblatt in einem Statement des Oberkreisdirektors zu lesen war, dass sein Stellvertreter hierdurch völlig rehabilitiert sei, gehört wohl zu den kleinen Mysterien allzu frommer Denkungsart.

In dem Buch „Tierische Geschäfte" von W.-M. Eimler findet sich folgendes Zitat eines niedersächsischen Veterinäramtsleiters: „Die Kreisverwaltung V. ist wie eine Champignonzucht. Erstens werden alle im Dunkeln gehalten, zweitens wird über alle regelmäßig Mist gestreut. Drittens: Wer den Kopf hebt, der wird abgestochen."

Als Ergänzung noch ein Zitat von Kurt Tucholsky: „In Deutschland gilt derjenige, der auf den Schmutz hinweist, für viel gefährlicher als derjenige, der den Schmutz macht."

In den nächsten Monaten änderte sich dienstlich nichts an meiner Situation; ich hätte auch weiterhin noch 8 ½ Jahre meinen mit A 16 gut dotierten Schreibtischsessel warm halten können, aber ohne effektiven Wirkungskreis; da ich jedoch einer sinnvollen Arbeit und Aufgabe nachgehen wollte, habe ich Ende 1997 auf eigenen Antrag den beamtensicheren Unterstand verlassen und konnte seitdem uneingeschränkt wieder Tierarzt sein.

10   Tiertransporte II

10.1   Die Gründung der Tierärztlichen Initiative Tierschutz (TIT) – Taten statt Warten

Doch zunächst noch einmal zurück in die Jahre 1995 bis Ende 1997, in denen ich ja nach wie vor Veterinäramtsleiter war.

Wie aus dem Vorhergehendem deutlich wurde, waren mir ab Dezember 1992 von Seiten der mir vorgesetzten Behörde jegliche weiteren Aktivitäten außerhalb meines eigenen Amtsbezirks untersagt worden. In Tierschutz- und insbesondere in Schlacht-tiertransportangelegenheiten waren mir – unter besonderem Hinweis auf das Beamtengesetz – weitgehend alle persönlichen Einwirkungsmöglichkeiten genommen. Darüber hinaus wurden mir jegliche Medienkontakte in dieser Angelegenheit per schriftlicher Verfügung ausdrücklich verboten. Ich war also im wahrsten Sinne des Wortes „kaltgestellt". Obwohl besonders in den Printmedien (Stern, Spiegel, Die Zeit u.a.) der „Maulkorb für den Amtsveterinär" bundesweit ein lebhaftes Echo auslöste, kam von Seiten der tierärztlichen Standesorganisationen in den Jahren 1994 – 1995 keinerlei Reaktion. Der damalige niedersächsische Landwirtschaftsminister Karl-Heinz Funke erklärte auf Grund einer entsprechenden Anfrage im Niedersächsischen Landtag, er könne und wolle sich nicht in die Belange der kommunalen Selbst-verwaltung einmischen. Im Januar 1995 berichtete die Tierärzt-liche Monatsschrift „Vet-Impulse" in ihrem Leitartikel „Tierschutz-gedanken passen nicht in behördliche Konzepte" über meine Situation. Daraufhin meldeten sich beim Herausgeber dieser Fachzeitschrift, dem Veterinärverlag, zahlreiche insbesondere praktizierende Tierärzte und Hochschullehrer mit dem Ausdruck der Empörung, Zeichen persönlicher Betroffenheit und zahlreichen Vorschlägen zur Verbesserung der Schlachttier-transportsituation .

Auf Initiative des Herausgebers der Vet-Impulse des Kollegen Dr. Andres kam es dann im Sommer 1995 zur Gründung der „Tierärztlichen Initiative Tierschutz-Taten statt Warten (TIT)." Der

Umstand, dass eine Reihe von Mitgliedern von nun an aktiv mit in das Geschehen eingriff und andere unsere Arbeit ideell und materiell unterstützten, war in der Tat sehr hilfreich. Für mich persönlich zählte besonders der Umstand, dass ich ab jetzt als Mitglied und Mitinitiator der TIT – und nicht als Veterinärbeamter – mich auch außerhalb meines Amtsbezirkes in Sachen Tierschutz und Tiertransporte wieder frei bewegen und das per Beamtengesetz gegen mich ausgesprochene Betätigungsverbot und den Maulkorb-Erlass unterlaufen konnte. Somit konnte ich also wieder aktiv in das Geschehen eingreifen.

10.2   Defizite und eklatante Rechtsverstöße bei Schlachtrindertransporten in Südfrankreich

Da mir in den vorangegangenen Monaten wiederholt verschiedene Fahrer über Defizite und eklatante Rechtsverstöße bei Schlachtrindertransporten zu den französischen Mittelmeerhäfen Sète und Port la Nouvelle berichtet hatten, machte ich mich Ende Juli 1995 zusammen mit einem der neuen TIT-Mitglieder auf den Weg nach Südfrankreich. Äußerer Anlass waren 26 Schlachtrindertransporte, die am 25.7.1995 in Norddeutschland an verschiedenen Ladestellen zum Verladehafen Sète amtstierärztlich abgefertigt worden waren. Auf dem Weg nach Sète haben wir auch die in den Transportpapieren festgeschriebene französische Versorgungsstation Noidans le Ferroux angefahren, die jedoch von keinem der 26 LKW aufgesucht worden war. Bei unserer Ankunft in Sète am frühen Nachmittag des 26.7.1995 waren bereits 19 Transporter im Hafen angekommen. Die LKW waren jedoch nicht entladen, sondern standen mit den Tieren in der prallen Sonne bei Außentemperaturen von 33°–35°C. Der Hafen Sète wurde in den Unterlagen der EU als offizielle Tränke- und Versorgungsstation geführt. Entsprechende – wenn auch unzureichende – Einrichtungen zur vorübergehenden Unterbringung und Tränkung der Tiere waren zwar vorhanden, wurden jedoch von der Hafenbehörde nicht zur Verfügung gestellt In den verschiedenen Abteilungen der Transporter habe ich Temperaturen gemessen von 44–56° C. Nicht einmal die Fahrzeuge, die über eigene Wassertanks mit Selbsttränken verfügten, wurden im Hafen mit Wasser aufgefüllt. Die hierauf angesprochenen Fahrer erklärten übereinstimmend: „Die Franzosen lassen keine Entladung zur Versorgung der Tiere im Hafen zu; die Tiere müssen bis zur Beladung der Schiffe auf dem LKW verbleiben." Im Mai 1995 – so wurde von mehreren Fahrern berichtet -mussten die Rinder bis zu 48 Stunden im Hafen Port la Nouvelle auf ihre Entladung bzw. auf die Beladung des Schiffes warten.

Mit der Beladung des Transportschiffes MV „Rabunion XX" wurde gegen 15.30 Uhr begonnen. Den Fahrern war jedoch schon vorher von der Verladeagentur erklärt worden, dass der überwiegende Teil der Transportfahrzeuge erst am nächsten Tag entladen würde, da ab 17.00 Uhr wegen Feierabends die Beladung des Schiffes unterbrochen würde. Mittels zweier Telefonate mit der deutschen Transportagentur aus München konnte ich erreichen, dass bis ca. 20.30 Uhr alle 26 Lkw entladen und die Tiere auf das Schiff verbracht wurden. Der Zugang zu dem Schiff wurde mir jedoch verwehrt, nachdem wir schon vorher rabiat dazu aufgefordert worden waren, die Ladepier zu verlassen. Noch in Sète erhielt ich Kenntnis von einer der größten Schlachtrindertransport-Katastrophen der letzten Jahre.

Als ich am 26.7.1995 die für den o.a. Transport verantwortliche Agentur in München anrief, versuchte der zuständige Mitarbeiter die von mir geschilderte Situation im Hafen Sète zunächst zu beschönigen und endete dann seinerseits mit dem Vorwurf an mich: „Warum kümmern Sie sich immer nur um unsere Transporte (siehe Rasa 1992) und nicht um andere Firmen. In der vergangenen Woche sind bei einem Transport der Firma L. aus W. (Anm.: Niedersachsen) von Norddeutschland nach Istanbul über 300 Schlachtbullen umgekommen. Die Tiere sind in Triest schon halbtot auf das Schiff getrieben worden, und der Kapitän hat sich zunächst auch geweigert, die Tiere überhaupt an Bord zu nehmen. Mehr als die Hälfte der Bullen sind krepiert. Die Zeitungen in Istanbul stehen voll davon."

10.3   Stimmen die Berichte, dass 316 Bullen den Transport nach Istanbul nicht überlebten?

Zunächst konnte ich die o.a. Einlassung des leitenden Angestellten der o. a. Agentur nicht glauben, sondern hielt dieses vielmehr für eine bewusste Fehlinformation und eine gegen meine Person gerichtete Falle nach dem Motto: „Jetzt erzählen wir dem Focke mal eine ganz unwahrscheinliche Story, die dieser dann ganz begierig aufnimmt und unverzüglich an die Presse weitergibt; wenn sich dann die ganze Geschichte als Ente herausstellt, dann ist Fockes Glaubwürdigkeit derartig erschüttert, dass dieser nie wieder „das Maul aufmacht" und kein Journalist ihm in Zukunft mehr Glauben schenken wird."

Sofort nach meiner Rückkehr in Deutschland habe ich mich dann in der Tiertransportszene umgehört und erfuhr, dass ein derartiger o.a. Transport nach Istanbul tatsächlich zwei Wochen vorher durchgeführt worden war und dass es dabei unverhältnismäßig hohe Verluste gegeben hätte. Daraufhin setzte ich mich mit einem türkischen Kollegen in Verbindung, der in Istanbul für Agrarimporte zuständig und daher über die Angelegenheit detailliert informiert war. Dieser hat mich dann auch ausführlich über das Geschehen in Kenntnis gesetzt. Kurze Zeit später wurden mir von dritter Seite darüber hinaus Kopien über die Transportatteste und Schiffspapiere zugeleitet, sodass wir uns ein genaues Bild über die katastrophalen Ereignisse machen konnten. Was war geschehen?

Am 12.7.1995 wurden von einer niedersächsischen Exportfirma in Norddeutschland 717 Schlachtbullen auf LKW verladen und zum italienischen Verladehafen Triest verbracht. Im Hafen Triest wurden die Tiere jedoch nicht zur Tränkung, Fütterung und Rekonvaleszenz in die dort vorhandenen Stallungen verbracht, sondern mussten bis zur Verladung auf das vorgesehene Schiff stundenlang bei hohen Außentemperaturen auf den Transportern verbleiben. Wie aus den mir vorliegenden Dokumenten hervorgeht, starben bereits bei der Verladung auf das Transportschiff M/V „Tweit IV" zwei Bullen und der Zustand der übrigen Tiere war derart schlecht, dass der Kapitän die Beladung des Schiffes unterbrach. Erst auf Intervention eines Vertreters der Exportfirma L. unter ausdrücklicher Zusage einer Haftungsbefreiung gegenüber der Frachtfirma (Reederei) wurde die Verladung wieder aufgenommen. Erwähnenswert ist in diesem Zusammenhang die Tatsache, dass die Exportfirma, während sich die „„Tweit IV" bereits auf hoher See befand und eine Reihe von Tieren bereits verendet waren, bei der vermittelnden Maklerfirma am 18.5.1995 um 8.40 Uhr eine Erhöhung der Versicherungssumme für die transportierten Rinder beantragte und diese auch von derselben zugestanden worden war.

Wie aus den Unterlagen hervorgeht, waren die Buchten auf den einzelnen Decks des Schiffes weit überbelegt. Die Ladedichte des Schiffes lag noch wesentlich höher als es die EU-Richtlinie für LKW-Transporte zuließ. Für Rinder mit einem Durchschnittsgewicht von 650 kg/ Tier ist bei LKW-Transporten ein Mindestplatzbedarf von 1,53 m² vorgeschrieben. Dazu aus der o.a. Ladeliste die Belegung für einzelne Stallbuchten des betreffenden Schifftransports:

5,1 m x 2,3 m = 12 m²   10 Bulls were placed = 1,2 m²/Tier

4,0 m x 2,0 m = 8 m²   6 Bulls were placed = 1,33 m²/Tier

8,0 m x 2,0 m = 16 m²   12 Bulls were placed = 1,33 m²/Tier

Wie der offizielle Veterinärbericht des „Istanbul Regional Office of the Ministry of Agriculture and Rural Affairs and Pending Animal Diseases Research Institute" auswies, wurde bei Ankunft des Schiffes in Istanbul festgestellt, dass 316 Bullen den Transport nicht überlebt hatten, wobei u. a. vermerkt wurde, dass zwischenzeitlich 86 Tiere auf hoher See verklappt worden waren („86 oft he animals that died during the transport were thrown into the sea") . Während der Entladung des Schiffes starben weitere 11 Tiere, sodass auf diesem Transport von Norddeutschland nach Istanbul insgesamt 327 transporttote Bullen zu beklagen waren.

Nachdem uns die Beweise für den o.a. katastrophalen Transport vorlagen, haben wir unverzüglich mit Datum vom 7.8.1995 den damaligen Niedersächsischen Minister für Ernährung, Landwirtschaft und Forsten, Karl-Heinz Funke, persönlich angeschrieben und auf die unhaltbaren Zustände und aktuellen Ereignisse hingewiesen. Wörtlich haben wir ihm u.a. mitgeteilt:

„Die Tierärztliche Initiative Tierschutz kann belegen, dass allein in den letzten Monaten bei Schlachtrindertransporten von Niedersachsen nach Nahost und Nordafrika mindestens 470 Tiere die Zielorte nicht lebend erreicht haben."

Da ein darauf folgendes Gespräch mit seinem Staatssekretär Bartels und der für den Tierschutz zuständigen Referentin in Hannover wenig ergiebig war, sahen wir uns von Seiten der Tierärztlichen Initiative Tierschutz veranlasst, am 6.9.1995 in der Tierärztlichen Hochschule Hannover eine Pressekonferenz durchzuführen, bei der die Situation bei Internationalen Tiertransporten eingehend dargestellt und alle bis dahin vorhandenen Fakten auf den Tisch gelegt wurden.

Dass die o.a. Katastrophe keinesfalls ein Einzelfall war, wurde den versammelten Medienvertretern am Beispiel eines Rindertransportes auf der M/V „Britta K." vom niedersächsischen Hafen Leer nach Alexandria (Ägypten) vom April 1994 verdeutlicht, bei dem mindestens 120 Bullen verendeten (80 auf dem Schiff, 19 auf Reede und 21 bei der Entladung).

M/V " ███████ "
At Alexandria on 21.04.94
At Cattle's Quay No. 86.

Master Mortality Report at Sea

Re   : 1152 heads of live bulls that arrived on board M/V " ███████, "
        at Alex Port on 21.04.94 A/C General Services Organization.

---

1 head died near the dutch coasts on 05.04.94
3 heads died near the dutch coasts on 06.04.94
3 heads died near the dutch coasts on 07.04.94
6 heads died near French coasts on 08.04.94
4 heads died near French coasts on 09.04.94
5 heads died near French coasts on 10.04.94
4 heads died at Pascay Bay on 11.04.94
2 heads died at Pascay Bay on 12.04.94
4 heads died at Pascay Bay on 13.04.94
2 heads died at Pascay/Spanish Bay on 14.04.94
12 heads died at Gibraltar area on 15.04.94
6 heads died at Moroccian coasts on 16.04.94
7 heads died at Algerian coasts on 17.04.94
6 heads died at Maltian coasts on 18.04.94
5 heads died near Egyptian and Libyan coasts on 19.04.94
10 heads died near Libyan coasts on 20.04.94

<u>80</u> Total heads died during the sea voyage and thrown into the sea before vessel's
      arrival to Alexandria Port (port of discharge).

'Master M/V " ███████ "

Nachdem die Medien bundesweit über die von uns in Hannover vorgetragenen Fakten berichtet hatten – die Öffentlichkeit also informiert war -, trat nunmehr auch der Niedersächsische Landwirtschaftsminister auf den Plan. In der *Nordwest-Zeitung, Oldenburg* vom 9.9.1995 war zu lesen:

Tiertransporte: Funke bemüht Strafrecht

lai Cloppenburg/Hannover. Niedersachsens Landwirtschaftsminister Karl-Heinz Funke (SPD) hat eine strafrechtliche Prüfung der Mißstände bei Tiertransporten in Mittelmeerraum angekündigt, weil möglicherweise auch niedersächsische Transporteure beteiligt seien. Funke reagierte damit auf neue Verstöße, die vom Cloppenburger Amtstierarzt Hermann Focke aufgedeckt worden waren. Nach den Worten des Ministers werde Niedersachsen auf der nächste Agrarministerkonferenz „Druck auf Bonn und Brüssel" ausgeüben.

Das Angebot der Tierärztlichen Initiative Tierschutz an das niedersächsische Landwirtschaftsministerium, für die o.a. „strafrechtliche Prüfung" die vorliegenden Dokumente zur Verfügung zu stellen, wurde nicht angenommen. Mehrfache Anfragen an das niedersächsische Landwirtschaftsministerium (zuletzt am 17.11.1998), wie weit denn die Ermittlungen gediehen seien, wurden dahingehend beschieden, dass die Angelegenheit von der Staatsanwaltschaft Celle bearbeitet würde, man ansonsten über keinerlei Kenntnis zur Sache verfüge.

10.4 Weitere Aktivitäten

Ein weiteres Team, Frau Dr. Anna Schmiddunser, damalige Leiterin des Staatlichen Veterinäramtes Fürstenfeldbruck und ihr

Mann, die bereits im September 1994 (siehe oben) zwei Transporte mit Schlachtschafen von München nach Griechenland begleitet hatten, nahmen nach Gründung der TIT ihre Kontrollfahrten zu Versorgungsstellen und Verladehäfen im Ausland wieder auf.

Frau Dr. Schmiddunser hatte bereits im April 1995 die Versorgungsstation im Hafen Triest besichtigt, hatte jedoch mangels Information über aktuelle Transporte einen Zeitpunkt erwischt, an dem mehrere Tage keine Verladungen in Triest stattfanden. Beim Anblick der weitläufigen Stallanlagen hatte sie zum damaligen Zeitpunkt zunächst den Eindruck, dass hier ordnungsgemäße Versorgung und Verladungen durchgeführt werden könnten. Die Vorkommnisse im Zusammenhang mit der M / V „Tweit IV" sowie die Berichte verschiedener Fahrer weiterer Transporte, deren Tiere im Juli 1995 im Hafen Triest wegen mangelnder Koordinierung der Transporte – es lagen zeitweise bis zu fünf Transportschiffe gleichzeitig im Hafen bzw. auf Reede – bis zu 36 Stunden in Triest auf ihre Entladung warten mussten, machten jedoch deutlich, zu welchen falschen Schlüssen reine Gebäudebesichtigungen führen können. Nachdem Frau Dr. Schmiddunser von TIT-Mitgliedern genaue Daten über aus Norddeutschland abgehende Transporte erhalten hatte, suchte sie zusammen mit ihrem Mann am 23.9.1995 erneute den Hafen von Triest auf. Zu ihrem Erstaunen wurden von den im Hafen ankommenden LKW die Tiere direkt auf das in Frage kommende Schiff entladen. Auf die Frage, warum die Tiere nicht erst in den vorhandenen Ställen gefüttert und getränkt würden, erhielten sie die Antwort, dass die Tiere an Bord des Schiffes versorgt würden.

Von Seiten der im Hafen ansässigen Verladeagentur wurde außerdem das Argument gebracht, dass man den Tieren durch die direkte Verladung auf das Schiff eine zusätzliche mit Stress verbundene Verladung von den Ställen auf das Schiff ersparen würde. Bei der Besichtigung des Schiffes fiel Frau Dr. Schmiddunser auf, dass die Rinder sehr trockene Flotzmäuler und tiefliegende Augen hatten; außerdem waren die Wassertröge leer und hochgehängt. Entsprechende Nachfragen ergaben, dass die Tiere erst nach dem Auslaufen des Schiffes getränkt würden. Also hatten die Tiere, die am Donnerstagvormittag in Norddeutschland verladen worden waren und am Freitagnachmittag auf das Schiff verbracht wurden, somit bis Samstagmittag, d.h. für weit mehr als 50 Stunden, kein Wasser erhalten. Eine tierärztliche Kontrolle zur Überprüfung der Versorgungsintervalle und einer tierartgerechten Verladung, wie auch bei meinen früheren Aufenthalten in Triest, gab es nicht.

Bei einer Kontrollfahrt nach Sète fanden Frau Dr. Schmiddunser und ihr Mann die von mir bereits im Juli 1995 getroffene Feststellung bestätigt, dass nämlich auch hier die Tiere vom LKW direkt auf das Schiff verladen wurden. (siehe dazu auch Vortrag Dr. Schmiddunser) Die vorhandenen Pferche zur Unterbringung und Versorgung der Tiere wurden nicht benutzt; vielmehr waren in den Spalten zwischen den Betonbodenplatten der einzelnen Buchten bis zu 20 cm hohe Grasbüschel gewachsen.

Auffallend war außerdem, dass in einem Teil der Buchten keine Wassertröge, sondern nur an einer Längsseite zwei Selbsttränken installiert waren. Daher war zu befürchten, dass eine Wasserversorgung nicht gewährleistet sein würde. Dies bestätigte sich bei einem weiteren Besuch von Frau Dr. Schmiddunser im September 1995 in Sète. Während zahlreiche, mit Bullen beladene LKW im Hafen warteten – das avisierte Schiff hatte selbst am Abend des vorgesehen Verladetages immer noch nicht die Pier erreicht -, waren dieses Mal die Pferche besetzt. In den einzelnen Buchten spielten sich unbeschreibliche Szenen ab. Die Tiere versuchten, an die wenigen Selbsttränken heranzukommen, besprangen sich gegenseitig, versuchten einander gegenseitig zu verdrängen bzw. an den Tränken heruntertropfendes Wasser aufzulecken.

Schlachtbullen im Hafen von Sète (Fotos: A. Schmiddunser)

10.5 Die Tierärztliche Initiative Tierschutz bedurfte keinerlei staatlicher Mittel, die behördliche Unterstützung aber wird verweigert.

Bei Gründung der Tierärztlichen Initiative Tierschutz e.V. im Sommer 1995 hatten wir gemäß unserem Motto „Taten statt Warten" in Ermangelung wirksamer nationaler und internationaler Kontrollen ein Konzept zur Verbesserung des Tierschutzes bei internationalen Tiertransporten erstellt. Dieses Konzept basierte auf dem von mir bereits am 12.8.1992 im Bundeslandwirtschaftsministerium gemachten Vorschlag einer Kontrollinstanz. Das gleiche Konzept war 1994 auch Mitarbeitern der EU-Kommission von mir eingehend unterbreitet worden, jedoch weder in Bonn noch in Brüssel auf Gegenliebe gestoßen, geschweige denn in irgendeiner Form umgesetzt worden. Unsere Planungen liefen darauf hinaus, unter unseren aktiven Mitgliedern mehrere Teams von jeweils zwei bis drei Personen zu bilden, die im Wechsel – ausgestattet mit einem geeigneten Fahrzeug, einem Handy und einem Laptop – ohne vorherige Anmeldung die entsprechenden Ladestellen im Inland, die Versorgungsstellen (die tatsächlichen und die fiktiven) sowie die Verlade- und Zielhäfen auf die tierschutzgerechte Behandlung der transportierten Tiere hin überprüfen sollten. Die dabei gewonnenen Feststellungen sollten dokumentiert und den zuständigen staatlichen Stellen sowie der Öffentlichkeit zugänglich gemacht werden. Die Finanzierung für ein derartiges Unterfangen war gesichert; ein namhaftes Automobilwerk hatte bereits die Sponsorenschaft für ein entsprechendes Fahrzeug einschließlich der Wartungskosten für die ersten 24 Monate in Aussicht gestellt.

Es bedurfte also keinerlei staatlicher oder öffentlicher Mittel. Wie sich bei den bereits in der Vergangenheit durchgeführten Kontrollfahrten herausgestellt hatte, war für ein derartiges Vorhaben jedoch eine amtliche Legitimation von einer deutschen Behörde nicht nur hilfreich, sondern in vielen Fällen, besonders im Ausland, zwingend erforderlich, um z. B. bei Versorgungsstellen oder Verlade- und Zielhäfen ungehindert Zugang zu erhalten. So hatte man beispielsweise im Juli 1995 in Sète versucht, unter Androhung – und in meinem Falle unter Anwendung physischer Gewalt –, uns aus dem Hafen zu entfernen. Erst ein von mir veranlasstes Telefonat mit der für den entsprechenden Transport zuständigen deutschen Agentur beendete damals die prekäre Situation. In unserem Bemühen um ein entsprechendes Papier wandten wir uns zunächst an das niedersächsische Landwirtschaftsministerium. Unser zweiter Vorsitzender, Kollege Dr. Andres, und ich wurden am 15.8.1995 beim amtierenden Staatssekretär Bartels vorstellig. Die Gründung der TIT wurde von diesem ausdrücklich begrüßt und eine enge Zusammenarbeit mit seinem Ministerium als hilfreich und wünschenswert bezeichnet. Hinsichtlich eines von uns erbetenen amtlichen Dokuments wurden wir jedoch auf das Bundeslandwirtschaftsministerium verwiesen unter dem Hinweis, dass zwischenstaatliche Belange tangiert seien und daher Bonn zuständig sei; man wolle sich jedoch dort für unser Anliegen einsetzen.

Nach mehreren Anläufen und nachdem zwischenzeitlich drei Monate vergangen waren, wurden Frau Dr. Schmiddunser, Dr. Andres und ich vom dortigen Tierschutzreferenten Ministerialrat Dr. Baumgartner und seinem Stellvertreter Dr. Königs im Bundeslandwirtschaftsministerium empfangen. Auf unser Anliegen hin brachten die beiden Herren des Ministeriums eine Reihe von Bedenken vor und verwiesen schließlich darauf, dass auch strafrechtliche Verfolgungen an den Landesgrenzen enden würden. Letzterem widersprachen wir, da juristisch nicht zutreffend, und betonten, dass es uns nicht um die Verfolgung oder Ahndung von Ordnungswidrigkeiten oder Vergehenstatbeständen gehen würde, sondern um den auch im Ausland rechtlich verbürgten Schutz von Tieren, die mit öffentlichen Geldern subventioniert aus der Bundesrepublik exportiert und somit auch nach Verlassen unseres Landes unserer Verantwortung unterliegen würden. Wir haben den beiden Herren dann ausdrücklich erklärt, dass wir keinen Diplomatenpass benötigten, sondern lediglich ein kurzes Schreiben mit amtlichem Briefkopf und Stempel, in dem bescheinigt würde, dass die Tierärztliche Initiative Tierschutz dem Ministerium bekannt sei, und die entsprechenden im Ausland tätigen TIT-Mitglieder mit Tierschutzfragen vertraut seien.

Wir wurden mit der Zusicherung „einer wohlwollenden Prüfung der Angelegenheit" verabschiedet.

Anfang Dezember erreichte uns ein Schreiben, in dem es dann hieß: „Nach eingehender Prüfung muss ich Ihnen mitteilen, dass ich Ihrem Anliegen nicht entsprechen kann. Sowohl die Durchführung tierschutzrechtlicher Kontrollen als auch die in diesem Zusammenhang erforderlichen Tatsachenerhebungen vor Ort sind hoheitliche Maßnahmen, deren Durchführung in die jeweilige Zuständigkeit des betroffenen Staates fallen."

10.6 Am 1. 1. 1995 wurde Österreich Mitglied der EU

Mit Datum 1.1.1995 wurde Österreich Vollmitglied der Europäischen Union. Vor dem Beitritt Österreichs zur EU war Tiertransporten im Transitverkehr aus „tierseuchenrechtlichen Gründen" die Fahrt durch unser Nachbarland mit Zucht- und Nutztieren nicht gestattet. Aus diesem Grunde mussten bei Transporten zu den östlichen Mittelmeerhäfen Triest, Koper und Rasa weite Umwege über Tschechien, die Slowakei und Ungarn in Kauf genommen werden. Mit dem 1.1.1995 entfiel dieses Transitverbot Österreichs und die Fahrtrouten von Norddeutschland zu den o.a. Verladehäfen verkürzten sich um ca. 1000 km. Triest erreichte man jetzt über die Tauernautobahn und Rasa sowie Koper durch den Karawankentunnel.

Nun hatte die Republik Österreich seit 1993 ein sehr fortschrittliches Tiertransportgesetz, das für Schlachttiertransporte eine maximale Transportdauer von sechs Stunden vorschrieb. Dieses kollidierte natürlich mit der sehr viel laxeren EU-Richtlinie 91/ 628 EWG, die Transportzeiten bis zu 29 Stunden vorsah. Die österreichischen Behörden verlangten daher beim Grenzübertritt z. B. am Kontrollpunkt Salzburg-Walserberg von den Transporten einen Nachweis über die Versorgung der transportierten Tiere, die nicht länger als 1–2 Stunden zurückliegen durfte. Nun gab es aber im gesamten süddeutschen Raum keine geeigneten Versorgungsstationen. Auf Grund der fehlenden Versorgung kam es besonders im Frühjahr und Sommer an den österreichischen Grenzübergängen zu erheblichen Auseinandersetzungen; z. T. wurden die Transporte zurückgewiesen, es gab erhebliche Stopps und Wartezeiten .

Doch Exporteure und Spediteure wussten die österreichische 6-Stunden-Regelung sehr schnell zu unterlaufen. Man fertigte sogenannte Versorgungsbescheinigungen an, die man dann an den Autobahntankstellen zwischen Pfaffenhofen und Bad Reichenhall sich vom Tankwart unterschreiben und abstempeln ließ. Diese fiktiven Bescheinigungen legte man dann beim Grenzübergang nach Österreich vor und hatte nun freie Fahrt. Mitglieder unserer Initiative und der Gewerkschaft für Tiere e.V. haben bei mehreren Vorortkontrollen diese Praktiken nachgewiesen und dokumentiert. Von zwei Tiertransportfahrern wurden uns außerdem eine Anzahl von bereits unterzeichneten und abgestempelten Pauschalattesten übergeben, in die dann jeweils nur noch Kfz-Nummer, Datum und benötigte Uhrzeit eingetragen werden mussten. Wir haben unsere Berichte und Dokumente den zuständigen Behörden übergeben und auch der Öffentlichkeit zugänglich gemacht. Das Bayerische Fernsehen und andere Sendeanstalten sowie die Printmedien brachten darüber ausführliche Berichte.

Ende 1995 wurden Frau Dr. Schmiddunser und ich von mehreren österreichischen Amtsveterinären zu einem gegenseitigen Gedanken- und Erfahrungsaustausch gebeten.

Aus diesem Grund weilten wir in der Folgezeit mehrfach in Salzburg. Für uns bemerkenswert war, dass die österreichischen Kolleginnen und Kollegen, im Gegensatz zu vielem bisher Erlebtem im eigenen Lande, sehr engagiert und merklich bemüht waren, zu wirklichen Verbesserungen der beklagenswerten Situation beizutragen. Sie wurden dabei tatkräftig unterstützt von Landesrat Dr. Thaller, dem zuständigen Ressortchef des Bundeslandes Salzburg. Im Frühjahr 1995 setzte Dr. Thaller auf politischem Wege zwei pragmatische Fixpunkte, die sich, was den praktischen Tierschutz angeht, äußerst positiv abhoben von dem bisherigen „Laisser faire" der EU-Kommission; ja den EU-Regularien teilweise sogar zuwiderliefen. Vom Land Salzburg wurde ein erfahrener praktizierender Tierarzt, Dr. von Gimborn, eingesetzt, der am Grenzübergang Walserberg die dort ankommenden Transporte tierschutzrechtlich eingehend überprüfte. Nach den EU-Regularien durften aus Gründen der „Wettbewerbsgleichheit" derartige Kontrollen nicht permanent sondern nur stichprobenweise durchgeführt werden. Dr. von Gimborn und seine Vorgesetzten kannten sich jedoch aus in ihrem Geschäft und wussten, wann Stichproben angezeigt waren; dabei spielten die üblichen Bürozeiten keine Rolle.

Als weitere Innovation wurde in Salzburg-Bergheim am dortigen Schlachthof eine Versorgungsstation eingerichtet; hier beziehungsreich Tier-Labestation genannt. Auf dieser Station können die Tiere mit Heu und Wasser versorgt werden, verletzte Tiere entladen und, falls erforderlich, an Ort und Stelle notgeschlachtet werden. Wenn Dr. von Gimborn bei seinen Grenzkontrollen Zweifel hatte an der artgerechten Verladung und Versorgung der Tiere, dann wurde dieser Transport mit Polizeieskorte nach Bergheim geleitet, und dort wurden dann die notwendigen Maßnahmen getroffen.

Die Statistik der im Land Salzburg durchgeführten Kontrollen wiesen aus, dass jeder 4. Tiertransport tierschutzrechtlich zu beanstanden war.

Dass die Schlachtrinderexporte in sogenannte Drittländer eng verknüpft waren mit der Höhe der hierfür aus der EU-Kasse gezahlten Subventionen, wurde bereits mehrfach betont; dieses wurde uns mit Beginn des Jahres 1995 erneut besonders deutlich vor Augen geführt. Die Höhe der Subventionen wurde von verschiedenen Kriterien abhängig gemacht und war in drei Kategorien gestaffelt. In Stufe drei wurden die Länder genannt, für die es die höchsten Subventionen gab. Für Exporte in Länder der Stufe 1 waren die Subventionen am niedrigsten. Ab 1.1.1995 kam für Exporte von Deutschland in die Türkei, anstatt wie bisher Stufe 2, Stufe 3 zur Anwendung; d. h. die Subventionen für Rinder in die Türkei wurden kräftig erhöht. Dieses machte sich schon gleich nach Jahresbeginn bemerkbar; die monatlichen Exportraten in die Türkei stiegen um ein Vielfaches an und überschritten im Sommer 1995 zeitweise sogar die Exportzahlen für den Libanon. Die kombinierten Land-See-Transporte wurden vorwiegend über Triest abgewickelt. Ein nicht unerheblicher Teil der Tiere wurde per LKW auf dem Landwege bis nach Ankara geschafft und zwar über Tschechien, die Slowakei, Ungarn, Bulgarien und über den Bosporus. Sowohl bei den Verladungen in Triest wie auch bei den Überlandtransporten, insbesondere an der türkischen Grenzstation Kapikule, kam es immer wieder zu Staus und unverhältnismäßig langen Wartezeiten, bei denen die transportierten Rinder bei hohen Außentemperaturen auf den LKW verbleiben mussten.

Wir haben per Fax vom 13.9.1995 und in der Folge wiederholt dem niedersächsischen Landwirtschaftsminister über zahlreiche extrem tierschutzwidrige Transporte berichtet, von denen hier nur zwei Beispiele kurz skizziert werden sollen:

1. Hafen Triest 29.8.-1.9.1995: wegen mangelnder Koordination der Schiffsverladungen erhebliche Staus und Wartezeiten; da die Ställe im Hafen vollständig belegt waren, mussten zeitweise bis zu 40 LKW auf ihre Entladung warten, was dazu führte, dass die Tiere nach ihrer Ankunft in Triest bis zu 36 Stunden auf den Fahrzeugen verbleiben mussten.

2. Am frühen Vormittag des 1.9.1995 wurde in der BRD ein LKW mit 32 tragenden Rindern amtstierärztlich und zollrechtlich abgefertigt; Ankunft in Kapikule am 3.9.22.00 Uhr; dortige Zollabfertigung am 4.9.9.00 Uhr abgeschlossen; die Rinder wurden jedoch erst am Mittag des 6.9.1995 in türkische Eisenbahnwaggons zum Weitertransport umgeladen. Eine Zwischenentladung bzw. Unterbringung und Versorgung in entsprechenden Ställen erfolgte nicht, sondern die Tiere mussten in Kapikule mehr als 60 Stunden auf dem Fahrzeug ausharren.

Mitte Oktober 1995 wurden mehrere Rindertransporte zur Abfertigung in die Türkei über die Balkanroute beantragt. Die Abfertigung, da in meinem Landkreis vorgesehen, habe ich abgelehnt mit der Begründung, dass auf dem Weg in die Türkei – wie von Frau Dr. Schmiddunser und mir bei Vorort-Recherchen festgestellt – nur die an der österreichisch-ungarischen Grenze gelegene Versorgungsstation Hegyeshalom existieren würde und bis nach Kapikule keine weitere offizielle Versorgungsstation existent sei; außerdem wurde auf die oben genannten und weitere Vorkommnisse in Kapikule und Ankara hingewiesen.

Ergebnis: Den Antrag auf amtstierärztliche Abfertigung der Transporte habe ich auf Grund der bestehenden rechtlichen Bestimmungen zurückgewiesen.

Folge: In der darauffolgenden Woche wurden diese Transporte im benachbarten Landkreis mit einer Ausnahmegenehmigung des niedersächsischen Landwirtschaftsministeriums amtstierärztlich abgefertigt und auf die fast 3000 km lange Balkanroute geschickt.

Im o.a. Fax vom 13.9.1995 an den Niedersächsischen Minister für Ernährung, Landwirtschaft und Forsten, Karl-Heinz Funke, haben wir diesem anschließend folgendes vorgetragen: „Wir vertreten die Meinung, dass die Ihrem Hause durch die TIT mitgeteilten Defizite keine Einzelfälle sind sondern generelle Verstöße gegen das Europäische Übereinkommen und das Deutsche Tierschutzgesetz darstellen und daher auch kein genereller Rechtsanspruch durch die Exporteure hergeleitet werden kann. Darüber hinaus stellt sich für die amtlichen Tierärzte unter den Mitgliedern der TIT erneut die Frage, ob durch die Abfertigung von grenzüberschreitenden Tiertransporten sie sich der Gefahr einer Beihilfe zu tierschutzwidrigen Tatbeständen aussetzen und sich zumindest moralisch und berufsethisch schuldig machen."

Einige Wochen später teilten uns bei einer Besprechung im Landwirtschaftsministerium in Hannover die Hausjuristen die offizielle Rechtsauffassung des Ministeriums mit. Demnach könne nicht davon ausgegangen werden, dass den Tieren bei Langzeittransporten generell erhebliche Schmerzen, Leiden oder Schäden zugefügt würden. Außerdem könne nicht unterstellt werden, dass bei jedem Transport Verstöße gegen tierschutzrechtliche Bestimmungen zu erwarten seien. Nur wenn einem Spediteur oder Fahrer wiederholt und beweiskräftig tierschutzwidrige Verstöße nachgewiesen worden seien, dann könne – und auch nur im Einzelfall – ein Antrag auf amtstierärztliche Abfertigung eines Transportes abgelehnt werden. Exporteure und Spediteure hätten einen grundsätzlichen Rechtsanspruch, der nur versagt werden könne, wenn davon ausgegangen werden müsse, dass bei dem in Aussicht stehenden Transport den Tieren vorsätzlich Schmerzen, Leiden oder Schäden zugefügt werden würden. Also im Klartext, dass die Amtstierärzte schon vor Beginn eines Transportes beweisen müssten, dass es während des Transportes zu tierquälerischen Handlungen kommen würde. Nicht ohne Häme wurde am Ende der Besprechung von einem Abteilungsleiter des Ministeriums noch bemerkt: „Und ich mache

Sie darauf aufmerksam, dass bei der Ablehnung von Transporten ihr Landkreis (Anmerkung: und damit unter Umständen auch der verantwortliche Tierarzt) mit erheblichen Regressansprüchen zu rechnen hat."

10.7 Es gab in der veterinärmedizinischen Literatur keine ausreichende Angaben über Untersuchungen von Tieren nach Langzeittransporten

Nach diesem Gespräch im niedersächsischen Landwirtschafts-ministerium keimte in mir ein Plan, den ich dann mit einer Reihe von TIT-Mitgliedern eingehend diskutiert habe. Tatsache war, dass es in der gesamten veterinärmedizinischen Literatur keine Angaben über ausreichend repräsentative Untersuchungen von Tieren nach Langzeittransporten gab; und das wussten die Herren aus dem Ministerium offensichtlich ebenfalls. Mein Gedanke war folgender:

Man müsste bei einem bestimmten Prozentsatz der in den Zielhäfen ankommenden Rindern Blut- und Harnproben ent-nehmen. Anhand bestimmter Parameter dieser Proben könnte man, vereinfacht gesagt, den Gesundheitszustand der Tiere verifizieren; d.h. man könnte mit wissenschaftlichen Methoden feststellen, ob das einzelne Tier oder auch die ganze Gruppe am Ende des Transportes sich noch im physiologischen Bereich befänden bzw. reversibel oder sogar irreversibel geschädigt seien. Wir konnten für diesen Plan als wissenschaftliche Kapazität den Leiter des Instituts für Tier- und Umwelthygiene der Freien Universität Berlin, Professor Dr. W. Müller, gewinnen. Er bot uns spontan seine Hilfe an und ließ durch seinen Mitarbeiter Dr. G. Schlenker auch ein entsprechendes wissenschaftliches Konzept ausarbeiten. Die Auswertung der entsprechenden Probenergeb-nisse sollten ihren Niederschlag in ein oder zwei von Professor Müller betreuten Doktorarbeiten finden. Auch die finanzielle Seite des Projektes konnte schon nach relativ kurzer Zeit auf Grund der Zusage mehrerer Sponsoren gelöst werden. Jetzt mussten nur noch die geeigneten Untersuchungsplätze gefunden und die Akzeptanz der Behörden der entsprechenden Importländer erreicht werden.

10.8 Kooperationsbereitschaft in der Türkei und im Libanon, jedoch Verweigerung der deutschen Behörden

Über zwei türkische Kollegen war es mir Anfang 1996 gelungen, Kontakt mit dem türkischen Landwirtschaftsministerium aufzunehmen. Mit einem ausgearbeiteten Konzept und zusätzlichen Unterlagen bin ich dann vom 20.–22. 3.1996 nach Ankara geflogen, wo ich mehrere Gespräche mit hohen Regierungsvertretern und dem Leiter des „General Directorate of Protection and Control" des türkischen Landwirtschaftsministeriums Dr. Mehmet Alkan führen konnte. Zu Beginn unserer Gespräche wurde von türkischer Seite die oft schlechte Verfassung („bad condition of the animals") insbesondere der aus Deutschland angelieferten Schlachtrinder beklagt. Unsere Vorschläge zur Untersuchung und Verifizierung des Gesundheitszustandes der importierten Rinder wurde daher mit Interesse und wachsender Bereitschaft zur Unterstützung unseres Vorhabens aufgenommen. Man schlug mir vor, als Untersuchungsorte die Häfen Istanbul und Izmir sowie die bereits genannte Grenzstation Kapikule zu wählen. Am Ende unserer Gespräche wurde mir von türkischer Seite versichert, dass uns vor Ort jede erdenkliche Unterstützung gewährt würde. Da die TIT eine private Organisation und keine staatliche Institution sei, benötige man aus Gründen internationaler Gepflogenheiten ein kurzes förmliches Schreiben einer deutschen staatlichen Behörde.

Während eines kurz darauf erfolgten Aufenthaltes im Hafen von Beirut vom 9.–12.4.1996 sagte mir der Sprecher des dortigen Landwirtschaftsministeriums, dass man auch von libanesischer Seite an unserem Projekt interessiert sei, und erklärte am 11.4. 1996 in einem zweiten, sehr ausführlichem Gespräch, dass man in seinem Ministerium bereits „grünes Licht" signalisiert habe.

Wir setzten uns dann unverzüglich mit den Landwirtschaftsministerien in Hannover und Bonn in Verbindung, um das von Ankara und Beirut erbetene Papier zu erhalten. Um es kurz zu machen; wir haben dieses Papier nie bekommen. Von den in diesem Zusammenhang durchgeführten Gesprächen mit verschiedenen Ministerialbeamten ist mir bis heute eines besonders im Gedächtnis haften geblieben. Nach freundlicher Begrüßung und gegenseitigem Austausch einiger Artigkeiten kam ich zum eigentlichen Anliegen meines Besuches und erzählte, dass ich vor einigen Tagen aus Beirut zurückgekehrt und Ende März auch in Ankara gewesen sei. Mein Gesprächspartner mit freundlich lächelndem Gesicht zeigte sich überrascht, obwohl man im Ministerium von meinen Besuchen in die Türkei und den Libanon bereits Kenntnis hatte. Dann trug ich das von der TIT und Professor Dr. Müller erarbeitete Konzept vor und berichtete über die von türkischer wie von libanesischer Seite erklärte Bereitschaft, unser Projekt zu unterstützen. Mit fortschreitender Gesprächsdauer wurde mein Gegenüber immer einsilbiger. Nach Beendigung meines Vortrags wurde ich dann in kurzen knappen Sätzen darüber belehrt, was wir ja schon aus dem o.a. Schreiben des Bundeslandwirtschaftsministeriums vom Dezember 1995 kannten: dass nämlich Tierschutzkontrollen und damit zusammenhängende Tatsachenerhebungen vor Ort hoheitliche Maßnahmen seien, deren Durchführung in die jeweilige Zuständigkeit des betreffenden Staates fielen. Daraufhin habe ich erklärt, dass wir keine hoheitlichen Maßnahmen vollziehen, sondern zusammen mit dem Institut von Professor Müller und mit ausdrücklicher Zustimmung und der Unterstützung beider Länder wissenschaftliche Untersuchungen durchführen wollten mit dem Ziel einer merklichen Verbesserung der von vielen beklagten Tierschutzsituation bei Langzeittransporten. Letzteres, sei doch auch das regelmäßig in der Öffentlichkeit erklärte Ziel seines Ministers. Abschließend machte ich noch deutlich, dass für unser Vorhaben lediglich ein offizielles Schreiben benötigt würde, in dem die Existenz und Kompetenz der beiden Projektpartner (TIT und Institut für Tier- und Umwelthygiene) bestätigt würde. Bei der gegenseitigen Verabschiedung wurde mir dann erklärt: „Wir werden die Angelegenheit prüfen."

Wie lange oder ob überhaupt geprüft worden ist, entzog sich unserer Kenntnis. Zumindest haben wir nie eine Bestätigung aus Hannover oder Bonn bekommen, und wieder einmal war eine private Initiative mündiger Bürger von der Ministerialbürokratie ausgebremst worden.

Verständlicherweise waren wir ziemlich am Boden zerstört, enttäuscht, wütend und entmutigt; ich persönlich fühlte mich erinnert an die Person des Dr. Rieux aus Albert Camus „La Peste". Aber eingedenk eines Satzes von Martin Luther: „Und wenn ich wüsste, dass morgen die Welt unterginge, dann würde ich heute noch ein Apfelbäumchen pflanzen," machten wir dann doch weiter.

10.9 Die grundgesetzlich verbriefte Gewerbefreiheit durch den Tierschutz einschränken?

Rückblickend muss ich mir vielleicht selbst den Vorwurf machen, dass bei realistischer Analyse und den bis dahin gemachten Erfahrungen mit Wirtschaftskreisen, Politikern und der Ministerialbürokratie das Scheitern unseres Vorhabens hätte vorausgesehen werden können bzw. werden müssen. Obwohl von vielen Politikern bis hin zu den Bundespräsidenten von Weizsäcker, Herzog und Köhler immer wieder – besonders bei Festtagsreden – die persönliche Initiative mündiger Bürger angemahnt wird, ist derartiges Engagement der Ministerialbürokratie nicht selten suspekt. Denn was wäre bei Realisierung unseres Projektes geschehen? Es wären nicht nur womöglich, sondern m.E. hoch wahrscheinlich, mit wissenschaftlichen Methoden Ergebnisse erarbeitet worden, die belegt hätten, dass ein nicht unerheblicher Teil der untersuchten Tiere nach Langzeittransporten reversible und irreversible Schäden davongetragen hätten. Somit wären durch die Schaffung von objektiven Kriterien und wissenschaftlich erstellten Dokumenten die grenzüberschreitenden Schlachttiertransporte in der wissenschaftlichen wie in der öffentlichen Diskussion als derart schädigend und belastend zu beurteilen gewesen, dass die bisherige Transport-Praxis ins Wanken geraten wäre, was man aber nicht wollte.

Es durfte nicht geschehen, dass die grundgesetzlich verbriefte Gewerbefreiheit durch den Tierschutz womöglich eingeschränkt werden könnte. Auf eindeutige wissenschaftlich gewonnene Daten hätte man reagieren müssen. Ergo verhinderte man, dass diese überhaupt zustande kamen und konnte sich des Dankes der florierenden Exportwirtschaft gewiss sein.

10.10   BSE kam ins Spiel

Zwischenzeitlich hatte sich in Bezug auf die EU-Drittländer-Rindertransporte eine neue Situation ergeben. Ab dem 20.3.1996 wurde in den Medien über die Verlautbarungen mehrerer englischer Wissenschaftler berichtet, die auf Zusammenhänge zwischen der in Großbritannien grassierende BSE der Rinder und dem auch bei Menschen tödlich verlaufender Creutzfeld-Jacob-Syndrom hinwiesen. Die Arabische Liga verhängte daraufhin ab dem 27.3.1996 ein generelles Importverbot für Rinder und Rindfleischprodukte aus ganz Europa, das einige Zeit später auf Importe aus England, Irland und die Schweiz eingeschränkt wurde. In der Karwoche (1.–6.4.1996) wurde ich mehrfach kontaktiert vom Bundesverband der Tierversuchsgegner – Menschen für Tierrechte – e.V. und mir wurde mitgeteilt, dass seit Ende März vor Nordafrikanischen und Nahost-Mittelmeerhäfen mehrere Schiffe mit Schlachtrindern lägen, die wegen der o.a. BSE-Sperre der Arabischen Liga nicht entladen würden. Die daraufhin eingeleiteten Recherchen ergaben, dass ein Frachtschiff mit 1 600 Rindern aus Irland im Hafen von Kairo und vier weitere Schiffe mit 6.776 Tieren vor Alexandria auf Reede lagen, ohne entladen zu werden. Weitere Recherchen ergaben, dass zwischenzeitlich eine Delegation des irischen Landwirtschaftsministeriums in Ägypten eingetroffen war, um über die Freigabe der Tiere mit den dortigen Behörden zu verhandeln. 1130 Rinder eines weiteren Schiffes, das Ende März acht Tage vor Tripolis gelegen hatte, wurde schließlich zum 350 km entfernten Hafen Derma umgeleitet und dort zum Schlachten entladen. Diese Tiere waren insgesamt mehr als 20 Tage an Bord, davon die letzten vier Tage ohne Futterversorgung. Seit Anfang April lag im Hafen von Beirut die MS „Siba Geru" mit 950 Schlachtbullen fest, die am 23.3.1996 den Hafen Triest verlassen hatten. Da sich zunächst Hinweise ergaben, dass es sich bei den am 23.3. in Triest geladenen Tieren um Schlachtrinder aus Deutschland handeln könnte, telefonierte ich umgehend mit den Amtskollegen der wichtigsten Verladestationen in Niedersachsen und Schleswig-Holstein, die mir jedoch versicherten, dass nach dem 20.3.1996 keine Schlachttiere über den Hafen Triest mit Zielort Beirut abgefertigt worden seien. Ein Telefonat mit dem

Bundeslandwirtschaftsministerium in Bonn betreffend eventueller Verladungen in den übrigen Bundesländern offenbarte erneut die dortige Ahnungslosigkeit. Man verfügte über keinerlei entsprechende Erkenntnisse.

Am späten Nachmittag des 8.4.1996 (Ostermontag) erreichte mich ein Anruf aus Wien, am Telefon Frau Dr. Ozimic von „animals media international", die mir von der Situation auf der o.a. „Siba Geru" im Hafen von Beirut sowie einem weiteren dort liegendem Schiff, der „Chamseddin 3" mit 4300 türkischen Schafen an Bord berichtete. Sie berichtete im weiteren, dass beide Schiffe nach wie vor nicht entladen worden seien, die Verhandlungen zwischen den verschiedenen Beteiligten und Behörden sich äußerst schwierig gestalteten und der Zustand der an Bord befindlichen Tiere sich zunehmend verschlechtern würde. Weiter erklärte sie mir, dass seitens des libanesischen Landwirtschaftsministeriums und des türkischen General Direktorate of Protection and Control signalisiert worden sei, dass es hilfreich sein würde, wenn ich mich unverzüglich vor Ort nach Beirut begeben und mich einerseits gutachtlich und andererseits vermittelnd einschalten könnte. Die deutsche Botschaft in Beirut hätte sich schon bereit erklärt, kurzfristig für ein Sondervisum und Unterkunft zu sorgen. Noch am gleichen Tage habe ich für mehrere Tage Urlaub eingeholt, bin am frühen Morgen des 9.4. nach Frankfurt gefahren und mit der nächsten Maschine am Nachmittag in Beirut gelandet, wo ich bereits am Flughafen vom Botschaftssekretär in Empfang genommen wurde. Noch am Abend des gleichen Tages habe ich die ersten Gespräche geführt. Die beiden Schiffe „Siba Geru" und „Chamseddin 3" lagen nach wie vor im Hafen Beirut. Zu Ehren der dortigen Behörden muss angemerkt werden, dass man sich vor Ort nach Kräften bemüht hatte, die Schlachtbullen wie auch die Schafe mit Futter und Wasser zu versorgen.

Die Schafe aus der Türkei waren für Saudi-Arabien bestimmt gewesen, waren dort aus zunächst nicht näher bezeichneten Gründen von der Einfuhr zurückgewiesen worden, um anschließend zum Import in den Libanon (Beirut) angelandet zu werden. Bei der serologischen Untersuchung durch die dortigen Veterinärbehörden wurde festgestellt, dass die Tiere an der hochansteckenden Schafbrucellose erkrankt waren. Aus diesem Grunde wurde ein Importverbot ausgesprochen und die Tiere beschlagnahmt. Nach langen Verhandlungen erklärte sich die türkische Delegation zu einem Reimport in die Türkei bereit. Die „Chamseddin 3" konnte daraufhin am frühen Abend des 10.4. Beirut verlassen und erreichte gegen Mittag des 11.4, den nächstgelegenen türkischen Hafen Mensin, wo die Schafe unverzüglich entladen, versorgt und in eine 30 km entfernte Quarantänestation verbracht wurden.

Die „Siba Geru" hatte, wie bereits erwähnt, am 23.3.1993 mit 950 Schlachtbullen Triest verlassen. Zielhafen war aber nicht Beirut sondern Tripolis. Nachdem auch nach viertägiger Wartezeit auf Reede die libyschen Behörden einer Entladung der Tiere nicht zugestimmt hatten, wurde das Schiff nach Beirut umgeleitet. Da die dortigen Behörden den Verdacht hegten, dass es sich bei den Tieren an Bord um englische Rinder handelte, verweigerte man ebenfalls die Entladung der Schlachtbullen. Erst nach mehrtägigen Verhandlungen waren die libanesischen Behörden bereit, das Schiff für einen Reimport wieder frei zu geben. Die italienische Exportfirma erklärte vor Auslaufen des Schiffes den zahlreich vertretenen internationalen Medienvertretern, dass die „Siba Geru" auf direktem Wege Zypern anlaufen würde, wo nach deren Einlaufen am 12.4.1996 eine Internationale Pressekonferenz

stattfinden würde und man sich über den Gesundheitszustand der Tiere wie auch von den korrekten Herkunftspapieren der Rinder überzeugen könne. Die „Siba Geru" ist mit den Schlachtbullen jedoch nie in Zypern eingetroffen. Von „animal media international" war in der Folge zu hören, die Rinder seien – der EU-Subventionen wegen – nach Bulgarien verbracht worden. Ein deutscher Exporteur mit internen Kenntnissen der Szene erklärte mir jedoch im Mai 1996, dass die Tiere nach Brindisi (Italien) verbracht und dort auch geschlachtet worden seien. Ob für diese Rinder nach dreiwöchiger Irrfahrt durch das Mittelmeer Drittlandsubventionen der Europäischen Gemeinschaft beantragt und auch gezahlt worden sind, entzieht sich meiner Kenntnis.

10.11 Macht sich ein Amtstierarzt unter Kenntnis der tatsächlichen Abläufe bei internationalen Schlachttiertransporten der Beihilfe zur Tierquälerei schuldig?

Bereits nach meinen ersten Kontrollfahrten zu den östlichen Mittelmeerhäfen und dem rumänischen Schwarzmeerhafen Mangalia im Jahre 1992 hatte ich im Kollegenkreise, auf Fachtagungen und auch vor Vertretern der Landwirtschaftsministerien in Bonn und Hannover wiederholt die Frage gestellt, ob ein Amtstierarzt unter Kenntnis der tatsächlichen Umstände und Abläufe bei internationalen Schlachtrindertransporten sich der Beihilfe zur Tierquälerei schuldig mache, da er mit seiner Unterschrift bei der Verladung der Tiere derartige Transporte erst ermögliche. Von Seiten der Ministerien wurde ein derartiger Tatbestand stets verneint. Um diese Frage grundsätzlich zu klären, wurde unter finanzieller Beteiligung der Tierärztlichen Initiative Tierschutz e.V. im August 1995 bei der Universität Berlin ein Rechtsgutachten in Auftrag gegeben, das im März 1996 endgültig vorlag.

In dieser gutachtlichen Stellungnahme „zur Abfertigung von Tiertransporten vor dem Hintergrund der verfassungsrechtlich garantierten Gewissensfreiheit und des Dienstrechts in der deutschen Verwaltung" kommt der Jurist und wissenschaftliche Mitarbeiter der Universität Berlin, Christian Otto, zu folgendem Ergebnis: (zitiert wird die Zusammenfassung des 24-seitigen Gutachtens):

„Die grundsätzlich bestehende Folgepflicht des Beamten ist begrenzt von der Strafbarkeit des angeordneten Verhaltens und der von dem Verhalten ausgehenden Verletzung der Würde des Menschen. Der Beamte ist nicht mehr verpflichtet, die Anordnungen auszuführen, bei deren Befolgung er sich strafbar macht oder die zu einer Verletzung seiner Menschenwürde führen.

Der Amtstierarzt begeht regelmäßig eine nach §§ 17 Nr. 2 TierSchG, 27 StGB strafbare Beihilfe zur Tierquälerei, wenn er durch die Ausstellung einer Transportbescheinigung die Durchführung solcher Tiertransporte ermöglicht oder fördert, von denen er weiß oder annehmen muss, dass auf dem Transport die Tiere in strafbarer Weise gequält werden. Sofern der Amtstierarzt sich bei der Ausstellung der Transportbescheinigung der Beihilfe zur Tierquälerei strafbar macht, ist er nicht mehr verpflichtet, den Anordnungen der Vorgesetzten zu folgen, die Transportbescheinigung auszustellen.

Lässt sich für den einzelnen Amtstierarzt feststellen, dass die Verhinderung der Misshandlung von Tieren Teil seiner moralischen Selbstbestimmung ist und einen Bestandteil seiner Persönlichkeit ausmacht, so ist er in seiner Menschenwürde verletzt, wenn er zu einem gerade seinem Berufsbild widersprechenden Verhalten, nämlich der Ermöglichung, Förderung und Unterstützung der Tierquälerei, gezwungen wird. Er ist daher in diesen Fällen nicht verpflichtet, die Anordnungen des Vorgesetzten zu befolgen, die Transportbescheinigung auszustellen."

Das o.a. Gutachten habe ich den Landwirtschaftsministerien in Land und Bund zugestellt. Während vom Bundeslandwirtschafts-ministerium keinerlei Reaktion erfolgte, erging vom nieder-sächsischen Ministerium für Ernährung, Landwirtschaft und Forsten mit Datum vom 19.9.1996 an alle niedersächsischen Veterinärämter ein Erlass, in dem mitgeteilt wurde, dass man die o. a. Rechtsauffassung nicht teile, vielmehr – wie in früheren Erlassen bereits mehrfach kundgetan – Exporteure und Spedi-teure einen Rechtsanspruch auf die Abfertigung internationaler Schlachttiertransporte hätten. Darüber hinaus wurden die amtlichen Tierärzte von den Verwaltungsjuristen darauf hinge-wiesen, dass man bei Nichtabfertigung von internationalen Schlachttiertransporten nicht nur mit hohen Regressansprüchen, sondern auch mit beamtenrechtlichen Konsequenzen zu rechnen habe.

10.12 Das Fernsehmagazin Frontal über Tiertransporte und die nachfolgende öffentliche Diskussion

Ein Ereignis Ende 1996 führte zumindest zeitweilig zu starken Irritationen weiter Teile der Bevölkerung. In einer Sondersendung des Fernsehmagazins Frontal (ZDF) am 22.10.1996 zeigte der bereits mehrfach erwähnte Journalist Manfred Karremann unter dem Titel „Lizenz zum Quälen" entlarvende Aufnahmen aus den Häfen Triest und Beirut von einer derartigen Eindringlichkeit, dass in den folgenden Wochen das Thema Schlachttiertransporte vordringlich in den Medien behandelt wurde. Karremann konnte in seinem Beitrag mit Filmdokumenten beweisen, dass im Hafen Triest nach wie vor schwer verletzte Rinder, die nicht mehr auf eigenen Beinen auf die Schiffe getrieben werden konnten, an einzelnen Gliedmaßen fixiert per Kran auf die Transportschiffe gehievt wurden. Die gleiche Tortur wurde bei der Entladung dieser Tiere im Hafen von Beirut praktiziert. Die Veterinäramtsleiterin und zweite Vorsitzende der Tierärztlichen Initiative für Tierschutz Frau Dr. Schmiddunser, brachte in dem o. a. Karremann-Bericht unmissverständlich zum Ausdruck: „dass Langzeittransporte überhaupt nicht tierverträglich durchgeführt werden können" und daher: „die einzige Konsequenz nur sein kann, dass Schlacht- tiertransporte über lange Strecken verboten werden und stattdessen Fleisch transportiert wird." Selbst der Bundes- marktverband für Vieh und Fleisch räumte drei Tage nach der Fernsehsendung in einer öffentlichen Presseerklärung vom 25.10.1996 ein:

> *„Die Verbände der Vieh- und Fleischwirtschaft bedauern außerordentlich, dass es bis heute offensichtlich nicht gelungen ist, Rinder, die zum Schlachten in Länder außerhalb der Europäischen Union bestimmt sind, dorthin tier- und artgerecht zu transportieren. Die Verbände sind daher entschlossen, diese Langzeittransporte von Schlachttieren kurzfristig so weit wie möglich zu unterbinden und streben an, langfristig nur noch Fleisch aus der Europäischen Union zu exportieren."*

Aufgrund des außerordentlich starken Echos auf den Karremann-Bericht in breiten Schichten der Bevölkerung und in den Medien konnten sich auch die zuständigen Politiker nicht weiter der öffentlichen Diskussion entziehen. In zwei Fernsehsendungen am 26.10.1996 (3sat) und am 7.11.1996 (N3) hatte ich Gelegenheit, mit dem damaligen Bundeslandwirtschaftsminister Borchert, seinem Tierschutzreferenten Dr. Baumgartner und dem damaligen niedersächsischen und späteren Bundeslandwirtschaftsminister Funke vor laufenden Kameras das Thema Schlachttiertransporte kontrovers zu diskutieren. Die Einlassungen der beiden Politiker sowie des Ministerialbeamten waren beschämend. Die von den beiden Moderatorinnen Nina Ruge und Friederike Krumme vorgetragenen bisherigen Versäumnisse wurden – wie gehabt – weitgehend in Abrede gestellt und umgemünzt in Schuldzuweisungen an die nächsthöhere Institution.

Minister Funke gab mit markigen Worten populistische Erklärungen ab und diente der Bundesregierung und der EU-Kommission Patentrezepte an, wie „in kürzester Zeit" die Misere bei internationalen Tiertransporten beendet werden könnte. Minister Borchert und sein Tierschutzreferent erklärten die Skandale der Vergangenheit mit mangelnder Bereitschaft anderer EU-Mitgliedsländer sowie mit hinhaltendem und zögerlichem Verhalten der EU-Kommission. Ergo: wie gehabt; Schuld haben immer die anderen.

Während der o.a. Sendung am 26.10.1996 stellte Minister Borchert für Ende des Jahres eine neue Tierschutztransportverordnung in Aussicht, wodurch die bisherigen Vorkommnisse und Defizite „der Vergangenheit angehören" würden:

Am Rande der o.a. N3-Fernsehdiskussion am 7.11.1996 in Hannover erklärten Minister Funke und sein Pressesprecher Rosinke, dass auf Initiative Niedersachsens unverzüglich ein deutscher Tierarzt nach Triest in Gang gesetzt würde, der für einen längeren Zeitraum die tierschutzgerechte Behandlung und Verladung der dort angelieferten deutschen Schlachtrinder kontrollieren und sicherstellen würde. Bis zum Beginn dieser Kontrolltätigkeit vergingen jedoch noch einmal mehr als zwei Monate und der Aufenthalt des Kollegen in Triest betrug lediglich knappe zwei Wochen (vom 18.1. bis 1.2.1997). In diesen zwei Wochen musste der besagte Kollege aus Süddeutschland bei vielen Transporten aus der Bundesrepublik zahlreiche Gesundheitsschäden bei den im Hafen ankommenden Tieren wie auch wiederholte Mängel und Defizite an den mitgeführten Transportpapieren feststellen. Bezeichnend für die ganze Aktion war vor allem, dass der deutsche Amtstierarzt von den in den zwei Wochen beladenen sechs Transportschiffen lediglich zwei

Schiffe betreten durfte. Die Kontrolle der übrigen vier Schiffe und der Unterbringung der Tiere auf denselben wurde ihm verwehrt. In späteren Verlautbarungen aus Hannover und Bonn hieß es dann, der Erfahrungsaustausch zwischen den italienischen und deutschen Experten sowie die bilateralen Gespräche hätten zu „zufriedenstellenden Ergebnissen" geführt.

Am Tage nach der o.a. Karremann-Sendung habe ich am 23.10.1996 im niedersächsischen Landwirtschaftsministerium angerufen und der zuständigen Tierschutzreferentin erklärt, dass durch die Filmdokumente von Manfred Karremann nun ja wohl endgültig bewiesen sei, was bereits seit 1992 in Hannover und Bonn bekannt war, dass nämlich im Hafen von Triest selbst schwerverletzte Tiere in extrem tierquälerischer Weise auf die Schiffe verladen würden. Aus diesem Grunde würden ab sofort von meinem Veterinäramt keine Transporte mehr abgefertigt, die über den Hafen Triest gehen würden. Ich fügte weiterhin hinzu, dass ich bei evtl. Medienanfragen betr. der Verweigerungsgründe auf den Karremann-Film und auf die Ergebnisse eigener Recherchen verweisen würde. Am Ende der darauffolgenden Woche erging aus dem niedersächsischen Landwirtschaftsministerium ein Erlass – datiert vom 23.10.1996, in dem die Veterinärämter des Landes Niedersachsens angewiesen wurden, bis auf weiteres keine Transporte über den Hafen Triest abzufertigen. Diesem Boykott Niedersachsens schloss sich einige Tage später auch das Bundesland Sachsen-Anhalt an. In den nächsten Wochen wurden dann die Schlachtrindertransporte aus Niedersachsen und Sachsen-Anhalt über die Häfen Rasa (Kroatien) und Koper (Slowenien) abgewickelt. Nachdem sich in den Medien die Wogen ein wenig geglättet hatten, wurde ab Mitte Januar 1997 auch aus Niedersachsen wieder über Triest verladen.

10.13   Die Verordnung zum Schutz von Tieren beim Transport vom 25.2.1997

Mit erheblichem Zeitverzug wurde am 25.2.1997 die Verordnung zum Schutz von Tieren beim Transport (Tierschutztransport-Verordnung) erlassen, die Landwirtschaftsminister Borchert (siehe oben) als die große Wende angekündigt hatte. Bereits im Vorfeld war in mehreren geschickt aufgesetzten Presseerklärungen des Bundeslandwirtschaftsministeriums die neue Verordnung als der große Durchbruch hochgejubelt worden. In zahlreichen Presseartikeln lautete dann auch die Überschrift: „Schlacht- tiertransporte auf acht Stunden begrenzt." Diese Bestimmung galt entsprechend § 24 Abs. 1 jedoch nur für Schlachttiertransporte im Inland. Bei grenzüberschreitenden Transporten, z. B. Schlachtrindertransporten, durfte die Frist von acht Stunden entsprechend § 24 Abs.3 unter bestimmten Auflagen auf 29 Stunden verlängert werden, wobei nach 14 Stunden eine einstündige Versorgungspause einzulegen war. Nach dieser 29 Stundenfrist mussten gemäß Anlage 2 der Tierschutztrans- portverordnung „die Tiere im Rahmen einer Ruhepause von 24 Stunden entladen, gefüttert und getränkt werden." Wie sich in der Vergangenheit bereits gezeigt hatte und dem Bundesland- wirtschaftsministerium durchaus bekannt, war die Entladepflicht mit 24-stündiger Ruhe- und Versorgungspause in vielen Fällen überhaupt nicht umzusetzen, da eine Reihe von Verladehäfen über keine (Port la Nouvelle) oder nur begrenzte und völlig unzureichende Stallkapazitäten (Sète) verfügten oder bei starkem Transportaufkommen (siehe Triest) wegen Überfüllung der Ställe die Schlachttiere nach Ankunft im Hafen bis zu 24 Stunden weiterhin auf den Transportern verbleiben mussten, um an- schließend ohne 24-stündige Ruhe- und Versorgungspause direkt auf die Schiffe verladen zu werden.

10.14 Walserberg und Zinnwald Ausfuhruntersuchung nach § 35

Um die Effizienz und die Umsetzung der neuen Tierschutz- transportverordnung zu überprüfen, haben nach Inkrafttreten der Verordnung am 1.3.1997 sowohl Frau Dr. Schmiddunser als auch ich mit verschieden Mitgliedern der Tierärztlichen Initiative Tierschutz und z. T. mit Unterstützung des Einsatzleiters der Gewerkschaft für Tiere e.V. Herbert Wittmann eine Reihe von Kontrollfahrten nach Holland, Belgien, Zinnwald (deutsch- tschechische Grenze), Walserberg bei Salzburg (deutsch- österreichische Grenze), Villach (österreichisch-slowenische

Grenze) sowie zu den Mittelmeerhäfen Sète, Port la Nouvelle und Beirut durchgeführt und zwar mit folgenden Ergebnissen:

- Walserberg (18.-19.7.1997): Zahlreiche LKW auf dem Weg zu den östlichen Mittelmeerhäfen Triest, Koper und Rasa hatten die vorgeschriebene Versorgungspause nach 14-stündiger Fahrt nicht eingehalten und wurden von dem österreichischen Kollegen Dr. von Gimborn und der Gendarmerie zur dortigen Versorgungsstation zwangsvorgeführt. Außerdem wurde wie bereits in den Vorjahren jeder vierte Tiertransport tierschutzrechtlich beanstandet.

- Zinnwald (10.-12.9.1997): Völlig die Sprache verschlug es Herbert Wittmann und mir am deutsch-tschechischen Grenzübergang (damals EU-Außengrenze), als wir erleben mussten, dass zwar alle Tiertransporte bei der **Ein**fuhr tierärztlich kontrolliert wurden, die Transporter aus der Bundesrepublik und der EU bei der **Aus**fuhr ohne jegliche tierschutzrechtliche Kontrolle durch die deutschen Grenztierärzte die EU-Außengrenze passierten. Die darauf angesprochenen Veterinäre bestätigten uns dann auch, dass Tiertransporte zwar bei der Einfuhr, nicht jedoch beim Verlassen der Bundesrepublik Deutschland kontrolliert würden. Da von Seiten des Bundeslandwirtschaftsministeriums wiederholt darauf hingewiesen worden war, dass auf Grund der neuen Tierschutztransportverordnung neben der bereits seit Jahrzehnten obligatorischen amtstierärztlichen Kontrolle vor Beginn eines grenzüberschreitenden Tiertransportes nun auch eine weitere tierschutzrelevante tierärztliche Überprüfung an den EU-Außengrenzen durchgeführt werden müsse, konfrontierten wir die Kollegen in Zinnwald und einige Tage später auch die Kollegen an den EU-Außengrenzstationen in Furth im Walde und Waidhaus mit dem §35 der neuen Tierschutztransportverordnung. Er lautet:

Bei der Ausfuhr unterliegen Nutztiertransporte, die bis zum Erreichen der Europäischen Gemeinschaft länger als acht Stunden befördert wurden, einer Ausfuhruntersuchung. Die Ausfuhr ist nur zulässig, wenn die zuständige Behörde der Grenzkon-

trollstelle oder die zuständige Veterinärbehörde des Ausgangsortes in einer Untersuchung festgestellt hat, dass die Bestimmungen dieser Verordnung eingehalten und die Tiere transportfähig sind.

Daraufhin erhielten wir die überraschende Auskunft, der zweite
Satz des § 35 beinhalte, dass entweder die zuständige Behörde
der Grenzkontrollstelle oder die zuständige Veterinärbehörde des
Ausgangsortes des Transportes festzustellen hat, ob die Bestimmungen eingehalten und ob die Tiere transportfähig seien. Da
eine tierschutzrechtliche Kontrolle der Tiere und der Fahrzeuge
vor der Beladung am Herkunftsort seit vielen Jahren ja bereits
obligatorisch sei, entfiele daher eine tierärztliche Untersuchungs-
pflicht an den EU-Außengrenzen. Im übrigen erklärten uns die
o.a. Veterinäre, dass ihre Grenzdienststellen ja auch gar nicht
rund um die Uhr besetzt seien.

10.15   Villach und die Mittelmeerhäfen Sète und Port la
Nouvelle.

Wenige Wochen nach unserem Zinnwald-Aufenthalt erlebten Herbert Wittmann und ich an der österreichisch-slowenischen Grenze
am Karawankentunnel bei Villach das gleiche Bild. Tiertransporte
wurden nur gelegentlich und nicht durchgängig tierschutzrechtlich
überprüft.

Unmittelbar nach unserer Rückkehr von Zinnwald habe ich sowohl
dem niedersächsischen wie auch dem Bundes-Landwirtschafts-
ministerium über unsere Feststellungen an den deutschen EU-
Außengrenzen berichtet. Außerdem haben Herbert Wittmann und
ich auf der Tierschutztagung der Deutschen Veterinärmedizinischen Gesellschaft (DVG) am 9.10.1997 den Tierschutzreferenten des Bundeslandwirtschaftsministeriums Dr. Baumgartner in Gegenwart des gesamten Auditoriums (ca. 300 Teilnehmer) mit der aktuellen Kontrollpraxis konfrontiert.

Obwohl von uns also definitiv nachgewiesen worden war, dass an
den deutschen EU-Außengrenzen Exportkontrollen überhaupt
nicht oder höchstenfalls sporadisch stattfinden, schrieb der Mitarbeiter und Stellvertreter von Dr. Baumgartner, Dr. Königs, in

einer offiziellen Verlautbarung des Bundeslandwirtschafts-
ministeriums im November 1997 im Deutschen Tierärzteblatt:
„Nutztiertransporte, die bis zum Erreichen der Außengrenze der
Europäischen Gemeinschaft bereits länger als acht Stunden
gedauert haben, unterliegen dort einer Ausfuhrkontrolle. Ein
Weitertransport der Tiere ist nur zulässig, wenn alle Tiere auch in
Hinblick auf die beabsichtigte Transportdauer und unter
Berücksichtigung der zu erwartenden Witterungsverhältnisse für
tauglich befunden werden."

In Zinnwald wie auch in Villach brachten wir in Erfahrung, dass
auch nach Inkrafttreten der neuen Tierschutztransportverordnung
weiterhin Transporte auf dem Landwege über die o. a. 29-
Stundenfrist hinaus – z. B. in die Türkei – durchgeführt wurden,
obwohl aufgrund der zahlreichen Vor-Ort-Recherchen von Frau
Dr. Schmiddunser und mir erwiesen war, dass in den entsprechenden Transitländern keine entsprechenden Kapazitäten
für die vorgeschriebene 24-stündige Unterbringung und
Versorgung der transportierten Tiere vorhanden waren.

Von Ende April bis Ende September haben Frau Dr. Schmid-
dunser und ihr Mann insgesamt drei Mal die französischen
Mittelmeerhäfen Sète und Port la Nouvelle aufgesucht.
Gegenüber früheren Besuchen hatte sich überhaupt nichts
geändert. Port la Nouvelle verfügte nach wie vor über keinerlei
Stallanlagen zur Unterbringung der angelieferten Tiere. Im Hafen
Sète wurde bei allen drei Besuchen festgestellt, dass die
Schlachtbullen ohne die vorgeschriebene 24-stündige Erholungs-
und Versorgungspause direkt vom Lkw auf die Schiffe verladen
wurden. In den wenigen, z.T. nicht einmal überdachten Pferchen
wuchs wie bei früheren Kontrollen das Gras, was anzeigte, dass
diese längere Zeit nicht benutzt worden waren. Die Ausstattung
der einzelnen Abteilungen war wie ehedem für Fütterung und
Tränkung der Tiere völlig unzureichend. Obwohl in den Dokumenten der Europäischen Kommission der Hafen Sète als
offizielle Versorgungsstation geführt wurde, konnten in den
Pferchen maximal 300 Rinder untergebracht werden, was kaum
der Hälfte der kleineren und nicht einmal einem Drittel der
Ladekapazität der mittleren Frachtschiffe entsprach.

Diese Fakten waren den deutschen Behörden durch uns seit Jahren bekannt. Dennoch wurde Sète nach wie vor auch in den offiziellen bundesrepublikanischen Unterlagen als offizielle Versorgungsstelle und Verladehafen geführt.

10.16 Beirut

Beirut (16.–22.1.1998): Nachdem ich mich bereits im April 1996 unter sehr schwierigen Bedingungen im Hafen von Beirut (siehe oben) aufgehalten hatte, war der erneute Aufenthalt im Januar 1998 von langer Hand geplant und vorbereitet worden. Dabei wurde ich sehr eingehend unterstützt von einer gebürtigen Österreicherin, Tierarzttochter aus dem Burgenland und Architektin von Beruf, die mit ihrer Familie schon seit vielen Jahren im Libanon lebt. Sehr hilfreich dabei, dass sie außerdem mit dem libanesischen Landwirtschaftsminister persönlich bekannt ist. Durch ihre Intervention konnte sie erreichen, dass ich dieses Mal mit schriftlicher Erlaubnis des Ministers sowohl die Hafenanlagen und ankommenden Schiffe betreten konnte als auch Gelegenheit hatte, mit sehr kompetenten Beamten seines Ministeriums sowie mit mehreren libanesischen Importeuren die Problematik von Schlachttiertransporten zu diskutieren. Die Schlachttierimporte in den Libanon hatten seit 1990 von Jahr zu Jahr deutlich zugenommen. Im Jahre 1996 wurden insgesamt über den Hafen Beirut 202.073 Schlachtbullen und 342.012 Schafe importiert. Während die Schlachtrinder ausschließlich aus der Europäischen Union stammten (87.724 aus der Bundesrepublik Deutschland, 52.258 aus Großbritannien und Irland, 49.460 aus Frankreich, 6.752 aus Italien, 2.260 aus Österreich und 1.740 aus Spanien) wurden die Schafe vorwiegend aus der Türkei (167.765) und aus Australien (141.363) eingeführt. 1997 stieg die Anzahl der importierten Schlachtbullen (207.549) weiter an, wogegen die Rindfleischimporte (113.380 to) merklich zurückgegangen waren. Während meines Aufenthaltes in Beirut wurden insgesamt fünf Schiffe mit Schlachtrindern aus der Europäischen Union entladen. Grundsätzlich konnte festgestellt werden, dass sich hinsichtlich der Entladepraxis manches gegenüber der Vergangenheit (siehe hier Filmdokumente von Manfred Karremann) gebessert hatte. Die Entladerampen waren inzwischen so eingerichtet, dass sie mit den Transport-LKW bündig abschlossen. Die Böden der LKW waren im Gegensatz zu früheren Feststellungen mit ausreichender Menge an Sand bestreut, was das früher so häufig beobachtete Ausgleiten der Tiere weitgehend verhinderte.

Auffallend war, dass sich die aus der Bundesrepublik Deutschland angelandeten Bullen (über die Häfen Triest und Rasa) in wesentlich schlechterer Kondition und Konstitution befanden als ein Transport irischer Rinder, obwohl letztere 10 Tage länger auf dem Transport gewesen waren als die aus Deutschland kommenden Tiere. Dieser Umstand wurde mit mehreren Importeuren und dem Hafentierarzt eingehend diskutiert. Folgende Gründe dürften ausschlaggebend sein:

1. In Irland entfallen die lang andauernden, zum großen Teil sehr strapaziösen LKW-Transporte zu den Verladehäfen .

2. Vor der Beladung erfolgen in Irland strenge tierärztliche Kontrollen auf Transporttauglichkeit nach den so- genannten „Irish Regulations „. Danach dürfen z.B. auch nur hornlose Schlachtrinder verladen werden.

3. Ein Transport von Irland aus darf nur mit Schiffen erfolgen, die entsprechend überprüft und nach den o.a. Richtlinien zugelassen sind.

4. Bei den irischen Schlachtrindern handelt es sich vor- wiegend um Mastrassen, die fast ganzjährige Weide- haltung erhalten und nicht, wie in der Regel in Deutsch- land, in engen Ställen mit Spaltenböden herangemästet werden.

5. Die Schiffe aus Irland sind größer, hochseetauglich sowie bezüglich Belüftung und technisch den „Irish Regulations" entsprechend ausgerüstet. Dahingegen handelt es sich bei den zum größten Teil wesentlich kleineren Mittelmeer- schiffen nachgewiesenermaßen oft um primitive und häufig völlig unzureichend umgerüstete „Seelenverkäufer." Von den Importeuren wurde immer wieder betont, dass die deutschen Rinder per LKW häufig bereits stark erschöpft

in den Ladehäfen Triest und Rasa ankämen und sich dort nicht ausreichend erholen könnten.

Bei einem mehrstündigen Gespräch im libanesischen Landwirtschaftsministerium mit dem Ressortleiter für In- und Exportangelegenheiten sowie dem „Chief of Animal Production" wurden weitere Defizite der Exportländer sowie der Europäischen Kommission offenbar. Von einer durch EU-Kommissar Fischler in den Medien häufig zugesagten Hilfe zur Verbesserung der Infrastruktur in den Importländern z. B. für den Bau von Kühlhäusern zur Steigerung von Fleischimporten anstelle der Lebendtier-Einfuhren kann, wie man mir im Ministerium versicherte, überhaupt keine Rede sein. Auf meine Frage nach entsprechenden Kontakten zur EU-Kommission erhielt ich die lapidare Antwort: „There are no contacts". Auf meine Frage nach Gesundheitskontrollen der in den Zielhäfen eintreffenden EU-subventionierten Schlachttiere durch Bedienstete der Europäischen Kommission kam lediglich die Antwort: „We have never seen them". Ein weiterer Ministerialbeamter ergänzte: „Wir sind hier der Schuttabladeplatz der Europäischen Gemeinschaft". Diese meine Feststellungen habe ich nach meiner Rückkehr dem Bundeslandwirtschaftsministerium und der deutschen Tierärzteschaft vorgetragen. Reaktion: Nur Schulterzucken, Konsequenzen waren nicht erkennbar.

Schiffsentladung in Beirut (Foto: H. Focke)

10.17   Offener Brief an den Bundeslandwirtschaftsminister

Wie unsere zahlreichen Vor-Ort-Recherchen seit April 1997 gezeigt hatten, war auch durch die neue Tierschutztransportverordnung vom 25.2.1997 offensichtlich keine Verbesserung der Tiertransportsituation eingetreten. Unsere entsprechenden Erfahrungsberichte schienen in den Ministerien zu versanden. Aus diesem Grund haben wir im Dezember 1997 über die Medien einen offen Brief an Bundeslandwirtschaftsminister Borchert gesandt folgenden Inhalts:

Tierärztliche Initiative Tierschutz e.V.

Norder Str. 29
26847 Detern

Telefon und Fax:
(04957) 99 01 44

„Unrecht muß sichtbar gemacht werden."

Mahadma Gandhi

Immer wieder neue Skandale bei internationalen Schlachttiertransporten

Entgegen <u>wiederholten</u> Verlautbarungen aus dem Bundeslandwirtschaftsministerium finden auch nach dem Inkrafttreten der bundesdeutschen Tiertransportverordnung (01.03.1997) weiterhin keine wirksamen Tierschutzkontrollen an den EU-Außengrenzen statt.

Offener Brief an den Bundesminister für Ernährung, Landwirtschaft und Forsten

Sehr geehrter Herr Minister Borchert!

Seit Bestehen der Menschheit wurden zu keiner Zeit dem Mitgeschöpf Tier an Intensität und Quantität derartige Qualen und Leiden zugefügt wie in diesem Jahrzehnt. Und diese inhumane Verhaltensweise des Menschen, die nur noch als Barbarei zu bezeichnen ist, nimmt von Tag zu Tag zu.

An erster Stelle sind hier zu nennen die agrarindustrielle Massentierhaltung und die EU-subventionierten tierquälerischen Schlachttiertransporte.

Im Herbst 1991 und Februar 1992 zeigte der Journalist Manfred Karremann erste Filmdokumente von tierquälerischen Transporten. Der Unterzeichner hat 1992 bei mehreren intensiven Vorortrecherchen auf den Transportrouten und in den Verladehäfen im Mittelmeerraum und am Schwarzen Meer die Berichte von Karremann nicht nur bestätigt, sondern hat darüber hinaus weitere Fakten an tierquälerischen Machenschaften und Subentionsbetrügereien aufgedeckt und dokumentiert.

Mit diesen Dokumenten konfrontiert, haben Sie Herr Minister im Mai 1993 vor laufender Fernsehkamera von kriminellen Handlungen gesprochen und eine bis zum Juli 1993 eindeutige Entscheidung von seiten der EU gefordert und anderenfalls einen nationalen Alleingang in Aussicht gestellt. Doch was ist aus Ihren damaligen Worten und Zusicherungen geworden?

Eine schwammige EU-Richtlinie 95/29/EG, vom 29. Juni 1995, die also mehr als 2 Jahre auf sich warten ließ und die nationale Umsetzung dieser Richtlinie in Form der Tierschutztransportverordnung vom 25. Februar 1997, die von vielen Experten und auch von uns als der „große Bluff" bezeichnet wird.

Ihren starken Worten von Mai 1993 seien nur beispielhaft folgende Fakten gegenübergestellt.

1. Seit 1990 wurden aus der Bundesrepublik mehr als 1 Million Schlachtrinder nach Nordafrika sowie den Nahen und Mittleren Osten deportiert.

2. Am 25. Mai 1992 zählte der Unterzeichner im kroatischen Hafen Rasa noch vor Beladung auf ein Schiff nach Alexandria allein an einem einzigen Vormittag 15 verendete und sterbende Rinder.

3. Im Mai 1993 wurden im Hafen Alexandria allein von zwei Schiffen mehr als 100 tote Schlachtrinder entladen.

4. Im April 1994 verendeten bei einem Transport mit der MS Britta vom ostfriesischen Leer nach Alexandria nachweislich mehr als 120 Rinder.

5. Im Juli 1995 erreichten von 717 geladenen Schlachtbullen auf ihrem Transport von Norddeutschland über den Hafen Triest lediglich 390 Tiere lebend den Zielhafen Istanbul.

6. Nach jüngsten Verlautbarungen aus Ankara und Beirut hat sich auch nach Inkrafttreten der neuen Tierschutztransportverordnung der Zustand der in den Zielhäfen angelandeten Schlachtrinder in keinster Weise gebessert.

7. Von 1990 - 1995 wurden - die Bundesrepublik Deutschland betreffend - für Lebendtiertransporte 79 Millionen DM ungerechtfertigte EU-Subventionen ausgezahlt (für verendete oder schwerverletzte Tiere, auf Grund von Gewichtsmanipulationen u. a.). Nach unserer Kenntnis ist von den zu Unrecht Begünstigten bis heute keine müde Mark in die EU-Kasse zurückgeflossen.

8. Zahlreiche Strafanzeigen wegen Tierquälerei und Subventionsbetrug sind bis heute durch die Strafvollzugsbehörden nicht zur Anklage vor deutschen Gerichten gelangt.

9. Bereits im Jahre 1992 hat der Unterzeichner in Ihrem Ministerium den Vorschlag gemacht, zwei oder drei Überwachungsteams mit jeweils zwei kompetenten und mit entsprechenden Befugnissen ausgestatteten Personen zu installieren, die zu jeder Zeit unangemeldet Ladeplätze, Versorgungstellen sowie Lade- und Zielhäfen kontrollieren. Entsprechende Kontrollinstanzen gibt es bis heute nicht, so daß die o. g. Mißstände sich ständig wiederholen.

10. Am 13. November 1995 haben Mitglieder der Tierärztlichen Initiative Tierschutz in Ihrem Ministerium um immaterielle Unterstützung eines Projektes zur Überprüfung des Gesundheitszustandes der aus Deutschland in der Türkei und in den Libanon angelandeten Schlachttiere gebeten. Obwohl von seiten der Landwirtschaftsministerien in Ankara und Beirut bei Vorortgesprächen in beiden Ländern dem Vorsitzenden der TIT gegenüber für ein derartiges Projekt „Grünes Licht" signalisiert wurde, sah sich Ihr Ministerium „aus grundsätzlichen Überlegungen" nicht in der Lage, das Projekt politisch zu unterstützen. Bis heute liegen bedauerlicherweise keine wissenschaftlichen Daten über gesundheitliche Schäden bei Tieren nach Langzeittransporten vor und offensichtlich sind Sie, Ihr Ministerium, Teile der Exportlobby u. a. nicht Willens, den Realitäten und somit der Wahrheit ins Auge zu sehen.

11. Bei einer Fernsehdiskussion nach dem Frontal-Bericht vom 22. Oktober 1996, als weite Teile der Bevölkerung aufgeschreckt und mit Empörung reagiert haben, forderten Sie am 27.10.96 zu Recht strengere Kontrollen auf allen Ebenen bis hin zu den Empfängerländern. Auf diese Ihre Forderungen folgten jedoch keine Taten. Vielmehr wurde die bundesrepublikanische Tierschutztransportverordnung vom 25.02.97 von Ihnen und Ihrem Ministerium als der große Durchbruch in der Öffentlichkeit verkauft. Bei Kritik an dieser Verordnung verkünden Sie und Ihr Tierschutzreferent, mehr sei bei den Verhandlungen in Brüssel nicht erreichbar gewesen. Dem sind jedoch Statements des EU-Kommissars Fischler entgegenzuhalten, wie z. B. in einem Interview vom 18. Februar diesen Jahres in der Süddeutschen Zeitung auf die SZ-Frage: „Wer verhindert denn strengere Gesetze?" Fischler: „Die Mitgliedsstaaten selber, auch Deutschland. Die Vorschläge, die die Kommission gemacht hat, sind über das, was jetzt Gesetz geworden ist, ja weit hinausgegangen."

Was stimmt denn nun Herr Minister?

12. Eine weitere Diskrepanz zwischen öffentlichen Erklärungen von Ihnen sowie Ihrem Ministerium und der Wirklichkeit konnte in den letzten Wochen und Monaten durch Mitglieder der Tierärztlichen Initiative Tierschutz e. V. und der Gewerkschaft für Tiere e. V. bei Vorortrecherchen entlarvt werden.

Sogar noch nachdem durch uns definitiv nachgewiesen und auch Ihr Ministerium davon in Kenntnis gesetzt worden ist, daß an den deutschen EU-Außengrenzen Exportkontrollen überhaupt nicht oder nur sporadisch stattfinden, heißt es in einer Verlautbarung Ihres Hauses im Deutschen Tierärzteblatt von November 1997: „Nutztiertransporte, die bis zum Erreichen der Außengrenze der Europäischen Gemeinschaft bereits länger als acht Stunden gedauert haben, unterliegen dort einer Ausfuhruntersuchung."

Tatsache ist, daß bei Vorortrecherchen an deutschen und österreichischen EU-Außengrenzen mehrere Grenzveterinäre erklärten, daß nur die Importe nicht jedoch die Lebendtierexporte kontrolliert werden.

Die Veterinäre können sich dabei berufen auf den § 35 Ihrer angeblich so fortschrittlichen Tierschutztransportverordnung, der da lautet:
„Bei der Ausfuhr unterliegen Nutztiertransporte, die bis zum Erreichen der Außengrenze der Europäischen Gemeinschaft länger als acht Stunden befördert wurden, einer Ausfuhruntersuchung. Die Ausfuhr ist nur zulässig, wenn die zuständige Behörde der Grenzkontrollstelle oder die zuständige Veterinärbehörde des Ausgangsortes in einer Untersuchung festgestellt hat, daß die Bestimmungen dieser Verordnung eingehalten und die Tiere transportfähig sind."

Mit einem einzigen Wort - oder anstatt und - erreicht es der Verordnungsgeber, daß EU-Außenkontrollen unterbunden werden, denn vor der Beladung von Langzeittransporten ist die Transportfähigkeit der Tiere bindend vorgeschrieben und durch das oder im Satz 2 des § 35 kann somit die Kontrolle an den EU-Außengrenzen - entfallen und entfällt auch in der Regel. Fazit: Für die transportierten Tiere hat sich in all den Jahren praktisch nichts geändert!

Herr Minister, warum versucht man einerseits die im Detail oft häufig unzureichend informierte Öffentlichkeit durch falsche Erklärungen oder Halbwahrheiten zu beruhigen und eröffnet gleichzeitig entsprechenden Wirtschaftskreisen Lücken zur Durchsetzung rein wirtschaftlicher Interessen, bei denen dann öffentliche Interessen wie der Tierschutz auf der Strecke bleiben?

Professor Teutsch, der Nestor der deutschen Tierschutzethik hat dieses bereits in einem Statement aus dem Jahre 1988 beklagt:
„Wie kein anderes Gesetz ist das Tierschutzgesetz ethisch begründet und erhebt mit der in der novellierten Fassung noch besonders verstärkten Forderung des § 1 einen hohen moralischen Anspruch: Dem Tier wird ein eigenes Lebensrecht eingeräumt, sein Leben und Wohlbefinden unter den Schutz des Gesetzes gestellt. Aber wenn man Satz 2 liest: „Niemand darf dem Tier ohne vernünftigen Grund Schmerzen, Leiden oder Schäden zufügen" und sich vor Augen hält, welches Ausmaß an Tierquälerei im weiteren Gesetzestext ausdrücklich erlaubt, geduldet oder als bloße Ordnungswidrigkeit verharmlost wird, dann wirkt das Gesetz im Ganzen wie moralische Hochstapelei. Es wird viel verbaler Aufwand getrieben, um einerseits die in Tierschutzfragen erheblich empfindlicher gewordene Öffentlichkeit zu beruhigen und andererseits die traditionelle Ausbeutungspraxis nicht ernsthaft zu beschneiden."

Man kann dieses auch folgendermaßen formulieren:
Die Wirtschaft macht die Politik, die Politiker machen die Rhetorik und den Beamten aus der Ministerialbürokratie und kommunaler Verwaltung kommt die Rolle von Erfüllungsgehilfen zu.

Herr Minister Borchert!

Das Deutsche Tierschutzgesetz vom 17.2.1993 trägt Ihre Unterschrift.

Im § 1 dieses Gesetzes heißt es: „Zweck dieses Gesetzes ist es, aus der Verantwortung des Menschen für das Tier als Mitgeschöpf, dessen Leben und Wohlbefinden zu schützen."

Wir fragen Sie: Was ist Ihre Unterschrift noch wert?

Der Physiker und Philosoph Carl-Friedrich von Weizäcker schreibt in seinem Werk „Die Zeit drängt":

„Kein Frieden unter den Menschen ohne Frieden mit der Natur.
Kein Frieden mit der Natur ohne Frieden unter den Menschen."

Schaffen Sie, Herr Minister, Frieden.
Stoppen Sie endlich die unsäglich tierquälerischen Ferntransporte.

Detern, im Dezember 1997

Dr. Hermann Focke
- Fachtierarzt für öffentliches Veterinärwesen
- Fachtierarzt für Tierschutzwesen

Entgegen bisherigen Gepflogenheiten (bevorstehende Bundestagswahlen?) erreichte uns bereits drei Tage nach Veröffentlichung unseres Briefes ein Telefax und mit Datum vom 15.12.1997 ein gleichlautendes Schreiben aus dem Bundeslandwirtschaftsministerium folgenden Inhalts:

> *„Ich verstehe, dass Sie die Rechtssetzungsvorhaben des Bundesministeriums für Ernährung, Landwirtschaft und Forsten kritisch begleiten, muss aber leider feststellen, dass zahlreiche Missverständnisse und Fehlinterpretationen vorliegen. Meines Erachtens wäre es im Interesse eines wirkungsvollen Tierschutzes wenig hilfreich, die einzelnen Missverständnisse schriftlich darzulegen. Vielmehr hielte ich es für dringend notwendig, die gegensätzlichen Auffassungen in einem ausführlichen Gespräch zu erörtern. Grundsätzlich sollte ein solches Gespräch so schnell wie möglich angesetzt werden.“*

Wegen mehrerer Terminverschiebungen des Ministers sowie meines Beirutaufenthaltes fand das avisierte Gespräch mit dem Tierschutzreferenten und seinem Stellvertreter erst am 12.2.1998 in Bonn statt. In ruhiger und sachlicher Atmosphäre wurden in einem mehr als dreistündigem Gespräch Fakten und Argumente ausgetauscht, ohne dass dieses jedoch zu einer wesentlichen Annäherung der Auffassungen und Standpunkte führte.

Für mich persönlich hatte ich bereits im November 1996 aus dem bisher Erlebtem entsprechende Konsequenzen gezogen. Ab dem 28.11.1996 habe ich als Tierarzt und Veterinäramtsleiter es abgelehnt, weiterhin grenzüberschreitende Schlachttiertransporte abzufertigen. Am 2.12.1996 wurde daraufhin gegen mich ein weiteres Disziplinarverfahren eingeleitet.

10.18 Bringt die deutsche Tierschutztransportverordnung von 1997 die von Bundeslandwirtschaftsminister Borchert versprochene „große Wende"?

Beispiele aus der täglichen Praxis

Nachdem ich Ende 1997 aus dem amtstierärztlichen Dienst ausgeschieden bin, konnte ich ab 1998 in Sachen Tierschutz ohne behördliche Zwänge mich wieder frei bewegen.

Als gewisser Nachteil erwies sich in der Folge jedoch, dass ich nach dem Ausscheiden aus dem öffentlichen Dienst immer mehr von gehabten Informationssträngen abgeschnitten war. Bis 1998 kannte ich fast alle bedeutenden Verladeplätze in Deutschland und erhielt von zahlreichen Amtskollegen Auskunft über geplante und gehabte Drittlandtransporte einschließlich der Verlade – und Zielhäfen. Diese Auskunftsbereitschaft vieler Kollegen nahm in den nun folgenden Monaten und Jahren jedoch kontinuierlich ab. Die Gründe hierfür waren und sind vielschichtig und werden aus den Entwicklungen und Ereignissen der folgenden Jahre auch dem weniger informierten Leser – wie ich meine – deutlich werden. Meinen Mitstreiterinnen und Mitstreitern von der Tierärztlichen Initiative Tierschutz wie auch mir blieb also auf Dauer nichts anderes übrig, als uns bei den verschiedenen Verladestationen auf die Lauer zu legen, um festzustellen, wann und wie viele Doppelstocktransporter beladen wurden, um dann diesen per PKW zu folgen, denn wir wussten oft nicht, welche Verladehäfen angefahren wurden. Auch in den Häfen wurde selbst mir, der ich dort bekannt war wie ein „bunter Hund", der Aufenthalt zunehmend erschwert.

Dieses Manko wurde aber weitgehend kompensiert durch die Tatsache, dass ab Ende der neunziger Jahre mehrere Tierschutzorganisationen sich des Problems Schlachttiertransporte angenommen haben. Hier sind vor allem zu nennen die „Gewerkschaft für Tiere", mit deren Einsatzleiter Herbert Wittmann ich bereits während meiner Amtszeit eng zusammengearbeitet hatte. Ganz besonders hervorzuheben ist das Engagement der Tiertransport – Teams (TTT) der Tierschutzorganisation „Animals' Angels".

Animals' Angels wurde im März 1998 von Frau Christa Blanke gegründet; Sitz der internatonal operierenden Organisation ist Freiburg i. Br. und sie unterhält inzwischen nach Angaben von Iris Baumgärtner (2006) feste Teams in Deutschland, Frankreich, Italien, Griechenland, Polen, Slowenien, Serbien, Rumänien, Ungarn, Kanada, USA und Australien.
Haupttätigkeitsfelder der Animals' Angels sind:

-   Überwachung und Kontrollen von Tiertransporten (Europa, Australien, Kanada, USA)

-   Recherchen in Schlachthöfen

-   Recherchen in Häfen

-   Polizeihandbuch/ – Schulungen in Frankreich, Portugal, Italien, Deutschland, Australien"

„Das langfristige Ziel von Animals' Angels ist die Abschaffung der Langstreckentransporte von sogenannten „Nutz- und Schlacht-tieren".

Über gehabte und aktuelle Aktivitäten der Animals' Angels gibt deren Website www.animals-angels. de umfassende Auskunft.

Nach Angaben von I. Baumgärtner (2006, 2007) werden regel-mäßig folgende Beanstandungen festgestellt:

-   „Beladung: zu viele Tiere, keine Gruppenabtrennung, zu niedrige Deckenhöhe, ungenügende Einstreu

-   Verwendung von Fahrzeugen, die nicht den An-forderungen an Spezialfahrzeuge entsprechen

-   Verladung und Transport nicht transportfähiger Tiere

-   Nichteinhaltung von Fütterungs- und Tränkeintervallen

-   Überschreitung der Höchsttransportdauer

-   unsachgemäßer, brutaler Umgang mit den Tieren

-   unvollständige oder gefälschte Transportbegleitpapiere

-   Tränkesysteme nicht für die Tierart / Alter der Tiere passend, zu wenig Tränkemöglichkeiten."

Im Frühjahr 2003 habe ich durch die Animals' Angels von einer Angelegenheit erfahren, die ich, der schon vieles in Sachen Tierquälerei miterleben musste, bis dahin nicht für möglich gehalten hätte. Der Gedanke daran bringt mich noch heute jedes Mal in unbändige Wut und zieht mir den Magen zusammen. Was war geschehen?

Es ist eine Tatsache, und das war mir auch schon damals bekannt, dass in verschiedenen Mittelmeerländern und hier vornehmlich in Spanien und Süditalien sogenannte Milchferkel als Delikatesse gelten; das heißt, dass Ferkel unmittelbar nach dem Absetzen von der Mutter, bevor sie im Alter von vier bis sechs Wochen feste Nahrung aufnehmen, getötet und für sogenannte Gourmets als Gaumenkitzel zubereitet zu werden. Diese kleinen Kerlchen mit einem Gewicht von 8 bis 12 kg – Spanferkel in Deutschland wiegen zwischen 25 und 45 kg – werden auf vierstöckigen LKW von Norddeutschland über Entfernungen von mehr als 2000 km ans Mittelmeer gekarrt. Eine notwendige Nahrungsversorgung der Tiere ist nicht gegeben, da die frisch abgesetzten Ferkel einerseits nicht in der Lage sind, das Tränkesystem der Transportfahrzeuge ausreichend zu nützen und andererseits noch nicht an die Aufnahme fester Nahrung gewöhnt sind.

Transportzeiten von 40 bis 50 Stunden, oft ohne die in der Transportverordnung für Ferkel nach 18 Stunden vorgeschriebene Transportunterbrechung, sind leider bis heute bittere Realität. Einige Stunden nach der Ankunft endet das kurze Leben dieser Mitgeschöpfe, um einige Tage später gesalzen und gewürzt in den Fleischtresen von Supermärkten und Fleischerfachgeschäften den Konsumenten angeboten zu werden.

Zu dem gerade Geschilderten nun einige Beispiele mit Daten und Fakten, die von den Animals' Angels 2003 bei Vorortkontrollen festgestellt worden sind:

02.04.2003:

Transport von 2120 Ferkeln im Alter von 4–6 Wochen von W. (Nordrhein-Westfalen) zur Schlachtung nach Cagliari (Südspitze von Sardinien). Versand der Tiere war am 02.04.03 um 17:00 Uhr, Ankunft am Bestimmungsort in Cagliari am 04.04.03 um 9:30 Uhr, nach insgesamt 40 ½ Stunden. 9 Tiere waren tot bei der Ankunft im Schlachthof.

09.04.2003:

Transport von 2250 Ferkeln im Alter von 4 – 6 Wochen von W. zur Schlachtung nach Cagliari. Versand der Tiere war am 09.04.03, um 17:00 Uhr, Ankunft am Bestimmungsort in Cagliari am 11.04.03 um 10:00 Uhr, nach 41 Stunden. 6 Tiere waren tot bei Ankunft am Schlachthof.

23.04.2003:

Transport von Ferkeln im Alter von 4–6 und 10–12 Wochen von W. zur Schlachtung nach Cagliari. Versand der Tiere war am 23.04.03 um 18:30 Uhr, Ankunft am Bestimmungsort in Cagliari am 25.04.03 um 21:15 Uhr, nach insgesamt 50 Stunden und 45 Minuten. 14 Tiere waren tot bei der Ankunft am Schlachthof, 3 weitere sind in der folgenden Nacht gestorben und 25 % hatten Lungenentzündung."

Eine 24stündige Unterbrechung des Transports nach spätestens 18 Stunden, wie in der Tierschutztransportverordnung zum Ausruhen und zur Versorgung der Tiere festgeschrieben, fand bei keinem der o.a. Transporte statt. Außerdem kam noch erschwerend hinzu, dass 4–6 Wochen alte Ferkel mit den Tränkesystemen der LKW noch nicht ausreichend vertraut sind und somit nur unzureichend deren Flüssigkeitsbedarf entsprochen wird.

In den vom Exporteur dem abzufertigendem Veterinäramt vorzulegendem Transportplan war in den oben geschilderten Fällen eine Transportzeit von 24 Stunden angegeben worden. Dass dieses bei einer Distanz von mehr als 2600 km nicht zu bewältigen war belegt, dass die von dem abfertigendem Veterinäramt durchzuführende „Plausabilitätsprüfung" in vielen Fällen zur Farce degeneriert wird.

Letzteres stand häufig im Zusammenhang mit Weisungen der obersten Landesbehörde an die für die Abfertigung von Langzeittransporten zuständigen Veterinärämter und zwar hinsichtlich der vorgeschriebenen „Ruhezeiten" (Richtlinie 91/6287/EWG) bzw. „Aufenthaltsorte" (bundesdeutsche Tierschutztransportverordnung). Diese Weisungen standen im krassen Widerspruch zur deutschen Tierschutztransportverordnung von 1997, die auf der Transportrichtlinie 91/ 628 der europäischen Gemeinschaft gründete. Aus diesem Grunde bestand meines Erachtens hier die Notwendigkeit der Prüfung von Tatbestandsmerkmalen der Rechtsbeugung, worauf im weiteren noch näher eingegangen werden muss.

Zunächst jedoch noch einige weitere Beispiele von faktischen Abläufen bei Langzeittransporten der letzten Jahre. Neben den Aktivitäten der Animals' Angels und der Tierärztlichen Initiative Tierschutz war und ist besonders die Tätigkeit des Einsatzleiters der „Gewerkschaft für Tiere" Herbert Wittmann besonders hilfreich und effektiv. Mit ihm habe ich, wie bereits mehrfach erwähnt, schon seit 1996 eng zusammen gearbeitet.

Neben zahlreichen Transportkontrollen und deren gerichtsverwertbarer Aufarbeitung kümmert H. Wittmann als ehemaliger Polizeibeamter sich intensiv um die tierschutzrechtliche Weiterbildung von Zollbeamten und Autobahnpolizei in Deutschland, Österreich und Italien (Policia di Financa). Aus verschiedenen kontrolltechnischen Gründen sowie auf Grund der zwischenzeitlich sich ergebenden guten Zusammenarbeit mit dem österreichischen Zoll hatte H. Wittmann ab Ende 1999 seine Überwachungstätigkeit nach Kärnten, Grenzübergang Arnoldstein, ausgeweitet.

Als Beispiel sei die Statistik von Schwerpunktkontrollen eines einzigen Tages an dem o.a. Grenzübergang wiedergegeben. Bei den 14 Langzeittransporten handelte es sich um zwei Schaf- und 12 subventionierte Rindertransporte.

Tabelle

vorläufige Auswertung

Fall-Nr.	Anzahl Transpfhr.	Anzahl Delikte	beteiligte Spediteure	Anzahl Delikte	Absender Exporteure	Anzahl Delikte
1	1	5	1	5	1	3
2	2	8	1	8	1	1
3	1	5	1	5	1	4
4	2	4	1	4	1	3
5	2	4	1	4	1	4
6	1	3	1	3	1	2
7	3	3	1	3	1	2
8	1	2	1	2	1	2
9	2	3	1	3	1	3
10	1	3	1	3	1	3
11	1	3	1	3	1	3
12	1	5	1	5	1	3
13	1	5	1	5	1	3
14	2	2	1	2	1	2

Zusammenfassung: An 14 Einzelfällen waren beteiligt:

21 Fahrer und Transportführer
14 Speditions-LKW (z.T. mehrmals betroffene Firmen / Beförderer)
14 Exporteure / Absender (z.T. mehrmals Gleichnamige)
148 Delikten

Insgesamt: 49 Personen und Firmen mit:
Nicht berücksichtigt sind: a) Mögliche hinzukommende Delikte des „versuchten Subventionsbetruges" in TM bzw. TE.
Nicht berücksichtigt sind: b) Verd. d. Beteiligungsformen wie Beihilfe durch Unterlassung, Begünstigung von seiten Verladetierärzten.
Den 12 betroffenen Lebendtierexporten stehen: ca. **136.311,00 €** öffentliche Subventionsgelder gegenüber.

Die Beteiligungen der Speditionen und Exporteure ergeben sich sowohl aus Gründen eigenständiger Delikte als auch wg. der Verantwortung und Mitverpflichtung gem. TierSchTrV.

Anmerkung: Alle 14 Transporte waren in Deutschland abgefertigt worden.

Nach Angaben von H. Wittmann (2007) gliedern sich die in der Tabelle aufgeführten Delikte wie folgt auf:

„1. Auflagenverstöße in Serie nach der TierSchTrV

2. Verd. d. Verg. der Urkundendelikte (Fälschungen / Missbräuche / Unterdrückungen)

3. Verd. d. Verg. der Tierschutzdelikte (durch Missachtung der Transportauflagen)

4. Verstöße nach den Sozialvorschriften (Lenk- u. Ruhezeit VO)

5. Verd. d. Verg. der Begünstigungen u. Unterlassungen

6. Verstöße und Urkundendelikte nach der Viehverkehrs VO (Desinfektionsaufzeichnungen)

7. Amtsdelikte (Begünstigungen und Beihilfe zu Transportauflagenverstößen)

8. weitere Täuschungshandlungen zum Zwecke der Umgehung von Rechtsnormen zum vermutl. unberechtigten Subventionsbegehren."

Die Ergebnisse der o.a. und vieler weiterer Überprüfungen wurden von H. Wittmann mit kriminalistischer Akribie aufgearbeitet und an die entsprechenden Behörden und Staatsanwaltschaften weitergeleitet. Da er die entsprechenden Vorgänge in enger Zusammenarbeit auch dem in Deutschland für die Subventionszahlungen zuständigen Hauptzollamt Hamburg – Jonas zukommen ließ, bedeutete dieses für manchen Exporteur hinsichtlich der Subventionen zunehmend finanzielle Einbußen und zwar auf Grund der folgenden Ausführungsbestimmung eines EU – Ministerialbeschlusses:

Mit Verordnung (EG) Nr. 615/98des Rates vom 18. März 1998 mit Durchführungsbestimmungen zur Ausfuhrerstattungsregelung in bezug auf den Schutz lebender Rinder beim Transport (ABl. EG Nr. L 82 S. 19), die seit 1. September1998 anzuwenden ist, wird die Auszahlung der Expoterstattungen von der Einhaltung tierschutzrechtlicher bis zur Abfertigung der Tiere zum freien Verkehr im Empfängerdrittland abhängig gemacht.

10.19 Die Tierschutztransportverordnung und deren Umsetzung durch die Exekutive

Seit dem Inkrafttreten der Tierschutztransportverordnung im Februar 1997 durften Rinder nicht länger als 29 Stunden auf einem LKW verbleiben. § 24 Abs. 3 schrieb vor, dass die Tiere nach zwei Transportphasen von jeweils maximal 14 Stunden, die durch eine Versorgungspause von mindestens 1 Stunde unterbrochen werden musste, zu entladen und für mindestens 24 Stunden in einer dafür zugelassenen Versorgungsstation – in der Verordnung „Aufenthaltsort" genannt – untergebracht werden mussten. Von dieser Bestimmung gab es keine Ausnahmemöglichkeit; konnte es auch gar nicht geben, denn oberstes Ziel beim Erlass der Verordnung – so die amtliche Begründung – war eine Begrenzung der Transporte und nicht, wie Fikuart (2001) betont, eine Legalisierung oder gar Förderung von Langzeittransporten.

Nun hatten die Animals' Angels, H. Wittmann von der Gewerkschaft der Tiere und auch wir von der Tierärztlichen Initiative für Tierschutz in der Folge bei Überprüfungen und Kontrollen immer wieder Verstöße gegen die Transportzeitregelungen festgestellt. Hierzu einige entsprechende Beispiele:

1. Nichteinhaltung der Versorgungsintervalle,

2. Fehlendes bzw. mangelndes Auffüllen der Wassertanks,

3. Transportzeitüberschreitungen insbesondere bei Überlandtransporten nach Russland und in die Türkei, bei denen die in den vorgelegten Transportplänen genannten Versorgungsstellen häufig nicht existierten oder falls existent nicht angefahren wurden.

4. Nichtentladen der Tiere nach 29-stündiger Transportzeit, wenn in den Häfen keine Ställe existierten oder falls vorhanden diese belegt waren oder der Exporteur die Kosten

für die Unterbringung und Versorgung der Tiere nicht übernehmen wollte.

5. Entladen nach Ankunft im Hafen direkt auf das Schiff unter Umgehung der 24-stündigen Ruhezeit.

6. Verstöße bei sogenannten roll on/roll off-Transporten.

Anmerkung: roll on/roll off bedeutet, dass die zu den Häfen transportierten Tiere nach der vorgeschriebenen 24-stündigen Transportunterbrechung auf dem gleichen LKW die Fahrt auf einer Fähre fortsetzen. Derartige kombinierte Transporte werden beispielsweise häufig zwischen Sète oder Marsaille nach Marokko sowie Algier durchgeführt. Das gleiche gilt für Livorno nach Sardinien und für Bari und Brindisi nach Griechenland. Bei entsprechenden Recherchen wurde immer wieder festgestellt, dass eine Transportzeitunterbrechung zur Rekonvaleszens der Tiere fast immer unterblieb.

Die unter 1.–6. genannten Verstöße wurden jeweils umgehend den zuständigen Behörden gemeldet. Auch die Öffentlichkeit wurde über Medienberichte, Vorträge, Informationsveranstaltungen und Internet umfassend informiert.

Dies führte dazu, dass die Exportwirtschaft zunehmend in Erklärungsnot geriet. Man wurde daraufhin unverzüglich tätig. Die Arbeitsgemeinschaft deutscher Rinderzüchter (ADR) gab ein Gutachten in Auftrag, das unter dem Titel „Untersuchungen zum tierschutzgerechten LKW-Transport von Rindern auf Langstrecken" im Jahr 2000 auf dem Tisch lag. Als Autoren dieses Berichtes zeichneten Dr. M. Marahrens, Prof. Dr. J. Hartung und Prof. Dr. Dr. N. Parvizi. Zu diesem Auftragsgutachten muss m.E. folgendes angemerkt werden:

Versuchsanordnung:

Für die Untersuchungen wurden 95 tragende Zuchtfärsen in einem Sammel- und Exportstall in Schleswig-Holstein innerhalb von 3 Tagen in Anbindehaltung aufgestallt. Es erfolgte in dieser Zeit eine Futterumstellung für den Transport; gutes Wiesenheu, Wasser ad. libitum und ca. 1 kg Kraftfutter. Nach dieser dreitägigen Vorbereitungszeit wurden die Zuchtrinder auf drei identische Doppelstocktransporter verladen nach folgender Versuchsanordnung:

LKW 1: 33 Tiere (Durchschnittsgewicht ca. 500 kg) im Fahrzeug, nach 2 mal 14 h Transport plus 1 h Pause kein Abladen für die 24-stündige Ruhepause, danach Weitertransport über 2 mal 14 h plus 1 h Versorgungspause (Variante 1).

LKW 2: 33 Tiere (Durchschnittsgewicht ca. 500 kg) im Fahrzeug, 2 mal 14 h Transport plus 1 h Pause, danach Abladen für die 24-stündige Ruhepause in einem Versorgungsstall, Weitertransport über 2 mal 14 h plus 1 h Versorgungspause (Variante 2).

LKW 3: 29 Tiere (Durchschnittsgewicht ca. 500 kg) im Fahrzeug, 2 mal 14 h Transport plus 1 h Pause, kein Abladen für die 24-stündige Ruhepause, Weitertransport über 2 mal 14 h plus 1 h Versorgungspause (Variante 3).

Die zwei Mal 33 und 25 Zuchtrinder traten nach ihrer Verladung eine knapp 3 1/2tägige Rundreise durch Norddeutschland an – bei gemäßigten mitteleuropäischen Klimaten – wobei man (Tier) nach 82 Sunden wieder am Ausgangsort angekommen war.

Wie aus der o.a. Versuchsanordnung hervorgeht, wurden die Tiere des LKW 2 nach dem ersten Transportabschnitt – nach 29 Stunden – entladen und in einem Stall versorgt (Variante 2). Die Rinder der beiden anderen Transportfahrzeuge verblieben während dieser Zeit auf den LKW (Varianten 1 und 3). Bei Variante 3 wird in dem Gutachten betont: „zu der 24-stündigen Ruhepause wurde auf LKW 3 den Tieren durch Wegnahme von Absperrgittern der gesamte Platz zur Verfügung gestellt," ein Umstand, auf den im Weiteren noch näher einzugehen ist.

Vor, während und nach Ende der Transporte wurden folgende Befunderhebungen durchgeführt: Gewichtsverluste, Klimatische Bedingungen während Transport und Ruhepause, Herzfrequenz, Körpertemperatur und an biochemischen Untersuchungen Cortisol, Thyroxin, Trijodthyronin, Creatinkinase, freie Fettsäuren, 3-Hydroxibutyrat, Glucose, Gesamteiweiß, Natrium, Kalium und Magnesium.

Während die Untersuchungsergebnisse auf die o. a. bluttragenden Belastungsindikatoren sich uneinheitlich erwiesen, stiegen die Körpertemperaturen der Rinder, die während der 24-stündigen Ruhepause in den Stall verbracht wurden (Variante 2) gegenüber den auf den LKW verbliebenen Tiere im Mittel um 0,3 °C an und blieben auch während des zweiten Transportabschnitts auf einem erhöhten Level. Die mittlere Herzfrequenz der Rinder der Variante 2 stieg zwar bei der Entladung zur 24 h Stallruhe und der anschließenden erneuten Verladung verständlicher Weise deutlich an. Während der Ruhepause lag der Wert jedoch deutlich unter dem der auf dem LKW 1 verbliebenen Tiere.

Die Autoren kommen abschließend u.a. zu folgenden Schlussfolgerungen:

> *„6. Durch das Abladen zur 24-stündigen Ruhepause wird die physiologische Belastungsreaktion der Rinder (Herzfrequenz und Körpertemperatur) auch in den nachfolgenden Transportabschnitten erhöht. Unter Beachtung des Raumbedarfs und der thermischen Ansprüche der Rinder ist unter physiologischen Gesichtspunkten ein Ausruhen im Fahrzeug dem Abladen vorzuziehen."*

Anmerkung zur Herzfrequenz: siehe einige Zeilen höher Variante 2

> *„7. Das Abladen der Tiere und ihre Versorgung in einem Ruhestall stellt gegenüber dem Ausruhen im Fahrzeug unter dem Gesichtspunkt der Vermeidung einer defizitären Stoffwechsellage keinen Vorteil dar, wenn Ladedichte und Futterversorgung im Fahrzeug eine ausreichende Futter – und Wasseraufnahme durch die Tiere gewährleisten."*

Einschränkend räumen die Autoren aber ein:

> *„8. Die hier vorgestellten Untersuchungen erfolgten unter optimalen, logistischen, technischen und klimatischen Bedingungen, die Anforderungen an die physiologische Adaptationsleistung der Tiere während des Ferntransports gering hielten. Künftige Untersuchungen zur Abladeregelung sollten auch ungünstigere klimatische Bedingungen wie z.B. den Transport in mediterrane Länder*

oder Situationen mit längeren Standzeiten des Fahrzeuges (
z.B. Zollabfertigung, veterinäramtliche Kontrollen,
Autobahnstaus, Wartezeiten auf Schiffspassagen)
einschließen."

Als ich das o.a. Gutachten das erste Mal gelesen habe, kam es mir vor, als säße ich im falschen Film. Bei aller Anerkennung der Erhebung zahlreicher Blutparameter, lag die gesamte Versuchsanordnung meiner Meinung nach ziemlich außerhalb der seit Jahren bekannten Transportpraxis. Eine 82-Stunden Tour von Neumünster nach Neumünster entsprach wohl kaum dem, was ich bisher von den tatsächlichen Abläufen von Langzeittransporten geschildert habe. Natürlich bedeuten Be- und Entladungen für die Tiere eine nicht unerhebliche Belastung. Dieses sind aber nicht die einzigen Stressoren. Ein ganz entscheidender Belastungsfaktor für die Tiere ist der Umstand, dass diese bei Langzeittransporten beispielsweise von Norddeutschland zu den Mittelmeerhäfen und weiter nach Nordafrika und den Nahen Osten verschiedenen Klimazonen ausgesetzt sind. Dies wurde von den Autoren zwar eingeräumt, bei ihren Befunderhebungen und deren Interpretationen aber nicht berücksichtigt. Es ist ein Unterschied ob ein LKW mit 33 Rindern für 24 Stunden im gemäßigten Klima Schleswig-Holsteins geparkt wird oder im April bis Oktober ungeschützt in der brütenden Hitze von Sète, Rasa oder Brindisi steht.

Was das Beladen und besonders das Entladen der Tiere angeht, ist besonders die Verladetechnik von entscheidender Bedeutung. Wenn in den Häfen und den Versorgungsstationen – wie häufig erlebt – keine geeigneten Laderampen vorhanden sind, und die Tiere nicht ebenerdig sondern über die viel zu steilen Ladeklappen verbracht werden, dann ist dieses vor allem ein technisches Problem, auf das ich seit 1992 sowohl vor Ort als auch bei den Ministerien immer wieder hingewiesen habe.

Viele der Tiere, die in den Häfen für 24 Stunden und mehr auf den LKW „ausruhen" müssen wünschten sich nach Schleswig-Holstein zurück. In Sète, Rasa und anderen Häfen habe ich auf den Transportern in der Mittagshitze Temperaturen bis zu 50 °C gemessen; in der „Hitze der Nacht" nicht selten immer noch mehr als 30° C. Weiterhin habe ich erlebt, dass die Wassertanks nicht wieder aufgefüllt wurden oder auch nicht aufgefüllt werden konnten, weil die Wasserversorgung zusammengebrochen war oder die Hafenverwaltung zeitweise kein Wasser zur Verfügung stellte. Mangelnde oder fehlende Versorgung an Tränkewasser ist auch nicht selten in den Wintermonaten insbesondere bei den zunehmenden Russlandtransporten ein Problem, weil nicht selten die Tränkesysteme einfrieren (Baumgärtner 2007).

In dem o. a. Gutachten erwähnt Prof. Hartung, dass man bei der Variante 3 vor der 24-stündigen Ruhepause die Trenngitter entfernt hätte, um den auf dem LKW verbleibenden Rindern größere Liegeflächen zu ermöglichen. Dieses ist einerseits sicher gut gemeint, andererseits jedoch – gelinde gesagt – ein Beleg für eine nicht unerhebliche Praxisferne. Mehrere Fahrer und zwei Spediteure, denen ich dieses erzählte, haben sich dabei wesentlich deutlicher und drastischer ausgedrückt. Denn derartige Aktivitäten bei 30 – 32 Bullen oder Ochsen an Bord dienen vielmehr der Lebensverkürzung von Fahrern und Hilfspersonal. In einer von Prof. Hartung betreuten Dissertation (von Richthofen 2005) ist zu lesen, dass in den Ställen des Hafen Rasa die dort eingestallten Schlachtbullen durch gegenseitiges Aufspringen nicht zur Ruhe gekommen seien und auch daher die Tiere bevorzugt auf den Transportern verbleiben sollten. Auch dieses Argument greift nicht. Denn das gegenseitige Bespringen der Bullen ist ganz einfach abzustellen, indem man über den Tieren in einer Höhe von 1,60 bis 1,80 m Metallgitter aufhängt, wie sie beispielweise im Betonbau verwendet werden. Ich habe dieses wiederholt in Triest und Rasa angemahnt und auch in meinen Berichten und bei Vorträgen in den Ministerien darüber Klage geführt.

Dass die Rinder durch das Ent- und Beladen für die zwischenzeitliche Unterbringung im Stall größeren Belastungen ausgesetzt waren als ihre Artgenossen auf dem ruhenden LKW konnte ich bei meinen zahlreichen Vorort-Recherchen nie bestätigt finden, wenn auch ohne Temperaturkontrolle der einzelnen Tiere. In der Regel lagen die am Vortage eingetroffenen Rinder am nächsten Morgen zumeist im Stroh bei lebhafter Widerkautätigkeit, was bei ihren Artgenossen, die viele Stunden auf den Fahrzeugen verbringen mussten, nicht in gleicher Weise

gegeben war. Dieses wurde mir auch wiederholt durch I. Baumgärtner von den Animals' Angels bestätigt.

Anzeichen einer Dehydrierung (Austrocknung), die ganz einfach
durch Hautfaltenbildung und deren Rückbildung am Hals der Tiere
zu überprüfen ist, verliefen bei meinen Kontrollen vor Ort stets zu
Ungunsten der auf den Transportern verbliebenen Rinder.

Aber: Die daran interessierten Wirtschaftskreise hatten jedoch
nun ein Papier, mit dem sie bei Politikern und in den Ministerien
des Bundes und der Länder antichambrieren konnten. Und ihre
Lobbytätigkeit zeigte Wirkung:

Im Protokoll der Tierschutzreferentensitzung vom 25./26.10.2000
heißt es dann:

> *„Nach eingehender Diskussion sprechen sich die*
> *Tierschutzreferenten unter Hinweis auf die neuen*
> *Erkenntnisse (Anmerkung: siehe oben) dafür aus, künftig*
> *beim kombinierten roll on/roll off – Transport auf ein Abladen*
> *der Rinder im Hafen zu verzichten, sofern*
>
> - *der Hafen innerhalb einer Transportzeit von 29 Stunden*
>   *erreicht wird,*
>
> - *die Tiere vor der Schiffsverladung auf dem LKW*
>   *gefüttert und getränkt werden und*
>
> - *die Ladedichte allen Tieren ein gleichzeitiges Liegen*
>   *erlaubt."*

Die für den Tierschutz zuständigen obersten Landesbehörden
haben dann die für die Abfertigung von Tiertransporten
zuständigen Veterinärämter angewiesen, unter den genannten
Bedingungen auf den Vollzug des § 24 Abs. 3 der Tierschutztransportverordnung (24-stündige Stallruhe) zu verzichten, was
nicht nur meiner Meinung nach als Rechtsbeugung anzusehen ist.

Da die Exekutive nun schon die in der EU-Transportrichtlinie und
der auf dieser basierenden deutschen Tierschutztransportverordnung bindend vorgeschriebene Transportzeitunterbrechung
ignoriert hatte, musste man sich Gedanken machen, wie man
nach 29-stündiger Transportzeit mit der sich anschließenden 24-
stündigen „Ruhezeit" umzugehen hatte. „Ruhezeit" entsprechend

dem o.a. Gutachten von Marahrens, Hartung und Parvizi beinhaltete ein Verbleiben des beladenen Fahrzeugs an einem festgelegten Standort. Auf der Fähre jedoch wurden Transportfahrzeug und die darin untergebrachten Rinder vom Hafen A. zum Hafen B. transportiert. Da Transportzeit und Transportzeitunterbrechung nicht zur gleichen Zeit statt haben können, definierte man den Aufenthalt auf der Fähre als „Neutralzeit". Und diese Neutralzeit wurde nicht auf die Transportzeit angerechnet egal ob die Schiffspassage vier Stunden oder vier Tage dauern sollte. Und die Veterinärämter wurden angewiesen, im Rahmen der vor jedem Transport vorzunehmenden Plausibilitätsprüfung des Transportplans den Zeitraum, in dem sich die Tiere (gleichzeitig) sowohl auf dem LKW als auch der Fähre verbrachten, als „Neutralzeit" bei der Berechnung der insgesamt zulässigen Transportdauer nicht zu berücksichtigen. In diesem Zusammenhang betont Fikuart (2001):

> *„Nunmehr sollen die kontrollierenden Behörden Transporte unabhängig von der Dauer der Schiffsreise, „papiermäßig" als unterbrochen ansehen, was aus Sicht von Amtstierärzten eine Aufforderung zur Rechtsbeugung darstellt, da der Erlass weder mit dem Ziel noch mit dem Wortlaut der derzeit in Deutschland uneingeschränkt geltenden Tierschutztransportverordnung vereinbar ist.*

> *Nachdem bereits im November 2000 und Juli 2001 im Zusammenhang mit der Durchführung von Langzeit – Tiertransporten ähnliche durch die TierSchTrV nicht abgedeckte Weisungen mit dem Ziel einer Lockerung („Aufweichung") der dort festgeschriebenen Transportzeit – Regelungen ergangen sind, drängt sich der Verdacht auf, dass die obersten deutschen Veterinärbehörden gelegentlich eher die Interessen der Exporteure und Spediteure als die der Tiere vertreten."*

Anmerkung: zum letzten Satz des Kollegen Fikuart siehe auch unter **5.5**

Der Jurist Dr. Leondarakis kam 2005 in seinem Rechtsgutachten

> *„Die Bewertung der Zeit eines Tiertransportes auf RO-RO-Schiffen" zu folgendem Fazit:*

Die Normierung des Begriffes „Neutralzeit" durch das Handbuch Tiertransporte ist rechtswidrig.

Die Zeit eines Tiertransportes auf einem RO-RO-Schiff ist als Transportzeit zu bewerten.

Eine gegenteilige Praxis ist mit den gesetzlichen Grundlagen nicht vereinbar und rechtswidrig.

Als Rechtsfolge sind Transporte, in deren Transportplänen die Zeit eines Tiertransports auf einem RO-RO-Schiff nicht als Transportzeit bewertet ist, zu untersagen.

Auf Grund der geschilderten Aufweichung der Tierschutztransportverordnung durch die für den Tierschutz zuständigen obersten Landesbehörden und die daraus resultierende Anwendungspraxis durch die Veterinärämter hätte es m.E. einer Prüfung des Verdachtes von Tatbestandsmerkmalen der Rechtsbeugung bedurft. Eine entsprechende Klage ist aber bisher in Deutschland nicht zulässig, da eine sogenannte Verbandsklage in Sachen Tierschutz im Gegensatz zum Umweltschutz bis heute durch die Legislative verhindert wurde; und dieses, obwohl im Jahr 2002 der Tierschutz als Staatsziel in das Grundgesetz aufgenommen worden ist.

Wenn schon die Staatsorgane, wie im Falle der kombinierten RO-RO-Transporte die bestehende Rechtssetzung aushebeln, was darf man dann von der Transportpraxis erwarten? Schon vor 2000 Jahren hat es geheißen: „Wenn das am grünen Holze geschieht, was ist dann erst mit dem dürren." Nachzulesen bei Lukas 23 Vers 31.

Dazu nur zwei Beispiele:

1. Schon vor 2001 habe ich, wie auch andere, des öfteren vor Ort feststellen müssen, dass von Transportern, die nach 24 – 30 Stunden und auch später die Verladehäfen erreichten, die Rinder nicht zur 24-stündigen Ruhepause in die Ställe verbracht wurden, sondern diese (siehe Sète) direkt auf die Schiffe verladen wurden. Ab 2001 kam dann von Exporteuren und Spediteuren häufig die Ausrede: „Wenn die Rinder schon auf der Fähre im LKW sich erholen können, warum dann nicht in den viel größeren

Buchten des Transportschiffes?" Was vor 2001 des öfteren geschah wurde nun immer öfter praktiziert. Im Sommer 2002 wurden auch diese Verstöße gegen die Tierschutztransportverordnung „sanktioniert", denn im „Handbuch Tiertransporte Stand: Juli 2002" steht geschrieben: „Bei Rindertransporten ist sowohl bei Roll-On-Roll-Off Transporten als auch bei zwischengeschalteten Schiffstransporten eine 24-stündige Ruhepause nur dann erforderlich, wenn der Verladehafen nicht innerhalb der zweiten Transportphase erreicht wird." Das heißt auf deutsch: Wenn die Transporter innerhalb von 29 Stunden den Verladehafen erreichten, dann darf auf die 24-stündige Unterbringung und Versorgung der Tiere im Stall verzichtet werden, unabhängig davon, wie viele Stunden (z.B. sechs, zwölf oder mehr Stunden) die Rinder auf die Umverladung auf das Schiff bzw. die weitere Beförderung auf der Fähre ausharren mussten. Und somit sind die von den für den Tierschutz zuständigen Ministerien von Bund und Ländern bei Inkrafttreten der Tierschutztransportverordnung vielfach hochgejubelten Ruhezeitregelungen in der Transportpraxis weitgehend passé.

2. Bei Langzeittransporten war bekanntlich ein zweiter Fahrer vorgeschrieben, um unter Beachtung der Lenkzeitregelung einen zügigen Transport sicherzustellen. Wenn ich bei Kontrollen in den Mittelmeerhäfen den gleichen Fahrer wie bei der Verladung 30 Stunden zuvor am Herkunftsort antraf und diesen nach dem zweiten Fahrer fragte, bekam ich fast stereotyp die Antwort: „Herr Doktor, ich weiß nicht was Sie wollen. Ich habe in X. (Nürnberg-Langwasser, Pfaffenhofen, Bernau), die Orte sind austauschbar, angehalten, habe Wasser nachgefüllt und den Bullen Heu gegeben. Am Irschenberg habe ich dann mehrere Stunden geschlafen. Sehen Sie, hier ist meine Tachoscheibe. Die Professoren in Hannover haben doch gesagt, dass die Rinder sich bei Standzeiten besser erholen als in den Ställen im Hafen. Der Chef hat gesagt, ich soll deshalb auch gleich auf´s Schiff verladen. Hauptsache

sei, sagt mein Chef, dass ich nach 31 Stunden im Hafen bin."

Nach 31 Stunden? Ja, denn im o. a. Handbuch Tiertransporte von 2002 des Bundes und der Länder steht:, dass Transportzeitüberschreitungen bis zu 2 Stunden infolge unvorhergesehener Ereignisse (z.B. Pannen, Staus, Streiks u.a.m.) „im begründeten Einzelfall" zu tolerieren sind.

Dass schlechte Sitten bei Langzeit-Rindertransporten sich auch auf die Transporte anderer Tierarten ausweiten wird belegt durch Feststellungen von den Animals' Angels (Frau Christine Hafner und Frau Kerstin Jostock) bei einem weiteren Ferkeltransport von Nordrhein Westfalen zu einem Schlachthof auf Sardinien (gleicher Exporteur, gleiches Veterinäramt).

Zunächst einmal schließt schon der §1 des Tierschutzgesetzes einen derartigen Transport aus. Denn es gibt keinen „vernünftigen Grund", Ferkel über eine Distanz von mehr als 2000 km zum Schlachten zu transportieren. Trotzdem wurde am 16. Juli 2003 erneut ein Transporter mit ca. 2000 Ferkeln nach Sardinien in Gang gesetzt. Im Gegensatz zu den drei Transporten von April 2003 war im Transportplan eine Entladung und Unterbringung der Ferkel für 24 Stunden in einer Versorgungsstation in der Nähe von Perugia festgeschrieben worden. Da Animals' Angels von diesem Transport Kenntnis erhalten hatten, folgten Frau Hafner und Frau Jostock dem LKW von Verona bis zur Fähre nach Piombino. Um es kurz machen, die im Transportplan angegebene Versorgungsstation wurde nicht angefahren, die vorgeschriebene 24-stündige Ruhezeit nicht eingehalten, sondern der Transporter fuhr direkt auf die Fähre in Piombino, wo am 17.7. um 19 Uhr noch eine Temperatur von 34 °C herrschte. Die Ferkel erreichten am nächsten Vormittag um 9 Uhr den Schlachthof in Selargius d.h. „nach einem 39-stündigen Verbleib auf dem Transportfahrzeug."

Im Juni 2005 war Manfred Karremann zum wiederholten Mal im Hafen von Beirut und hatte dort verdeckte Aufnahmen bei Entladungen von Schlachtrindern gemacht. Seine Filmaufnahmen belegten, dass nach wie vor verletzte Tiere per Seilwinde vom Schiff auf die bereitstehenden LKW verbracht wurden. Derartige

232

„Kranverladungen" hatte M. Karremann bereits 1996 aufgenommen und der Öffentlichkeit („Lizenz zum Quälen" ZDF 1996) dokumentiert. In einem persönlich geführten Telefonat erklärte mir M. Karremann dazu: „Es hat sich gar nichts geändert."

Zum Ende des Jahres 2005 schien sich jedoch ein gewisser Wandel abzuzeichnen. Hintergrund waren Verhandlungen der Welthandelsorganisation WTO 2005 in Honkong. Hier wurde vereinbart, dass die Industrienationen bis 2013 sämtliche Agrarsubventionen abbauen. Als erster Schritt hierzu wurde am 23.12.2005 von der EU die Streichung der Drittlandsubventionierung von Schlachtrindern verfügt. Zur Begründung führte die EU-Kommissarin für die Generaldirektion Landwirtschaft Mariann Fischer-Boel u.a. an, dass nicht gewährleistet werden könne, dass die Vorschriften zum Schutze der Tiere eingehalten werden. Es waren aber keinesfalls nur Tierschutzgründe, die zu diesem Schritt geführt haben, denn weiter erklärte die EU-Kommissarin, die Situation auf dem Rindfleischmarkt habe sich erheblich verbessert, Rindfleisch werde zunehmend knapp.

Nach dem Wegfall der Drittlandsubventionen gingen die entsprechenden Exportzahlen in Deutschland deutlich zurück. Sind es 2002 noch 105.372 Schlachtrinder gewesen, so waren es 2006 2.246 und die Zahlen im ersten Quartal 2007 gingen gegen Null. Demgegenüber sind die Drittlandexporte für Zuchtrinder, die weiterhin subventioniert werden, von 25.466 im Jahr 2005 auf 40.430 Tiere in 2006 angewachsen.

Nachdem der Film „Endstation Beirut – Tiertransporte, eine Bilanz" Ende 2005 vom ZDF in verschiedenen Sendungen in voller Länge und in Auszügen (37 Grad, Heute, Heute Journal, Phoenix) gezeigt worden war, habe ich mit verschiedenen Behördenvertretern gesprochen; außer einem gelegentlichen Schulterzucken habe ich selten eine amtliche oder persönliche Reaktion oder Stellungnahme zu der beklagenswerten Transportpraxis erfahren. Stattdessen bekam ich des öfteren die Antwort:: „Was wollen Sie denn, wir haben doch inzwischen die neue EU-Transportverordnung vom Dezember 2004, die am 1.1.2007 in Kraft tritt."

Letzteres stimmte. Es handelt sich um die Verordnung (EG) Nr. 1/2005 des Rates vom 22.Dezember 2004, die seit dem 1.1.2007 in Kraft und für alle Mitgliedsländer der EU verbindlich ist.

Welche Konsequenzen sich aus der genannten Verordnung für die aktuelle und zukünftige Tiertransportpraxis ergeben, wird noch im abschließenden Kapitel 17 – Ausblicke – zu behandeln sein.

11 Vom Elend der Nutztiere

11.1 Gewinnmaximierung auf Kosten der Tiere?

Von Seiten der Agrarindustrie, der Ernährungswirtschaft wie auch von zahlreichen Politikern wird uns nach wie vor mit großem Werbeaufwand unter dem CMA-Motto (Centrale-Marketing-Agentur): „Aus deutschen Landen frisch auf den Tisch" suggeriert, landwirtschaftliche Produkte wie Milch, Eier und Fleisch zu kaufen, die von Tieren stammen, die sich auf romantischen Bauernhöfen und grünen Wiesen glücklich in der Sonne tummeln.

In Wirklichkeit sieht das Leben der heutigen Nutztiere – sofern man überhaupt von Leben sprechen kann – wesentlich anders aus. Besonders nach dem Zweiten Weltkrieg hat sich die Landwirtschaft grundlegend geändert. Seit Mitte der fünfziger Jahre heißt die Devise: „Wachsen oder Weichen"; d.h. Gewinnmaximierung um jeden Preis und führt seitdem zwangsläufig zu immer größeren Betrieben, die mit höchster Intensität wirtschaften. Die kleineren und mittleren Betriebe blieben dabei häufig auf der Strecke. Im letzten Drittel des vergangenen Jahrhunderts wurde in der Landwirtschaft immer stärker mechanisiert, rationalisiert und intensiviert bis hin zur agrarischen Industrialisierung.

Für die Nutztierhaltung heißt das: möglichst hohe Tierzahlen pro Stallfläche verbunden mit hohen Leistungen (Eier, Milch, Fleisch u. a.) pro Tier unter möglichst geringem Einsatz an Personal. Anders ausgedrückt: je geringer der dem einzelnen Tier zur Verfügung gestellte Platz, je höher die ihm abverlangte Leistung und je geringer der Personalaufwand für die Betreuung, um so intensiver sind Ressourcenausnutzung und um so gewinnträchtiger die Ergebnisse „tierischer Produktion".

Mastputen (Foto: E. Wendt)

Masthühner (Foto: E. Eckof)

Schweine auf Betonspaltenboden (Foto: E. Wendt)

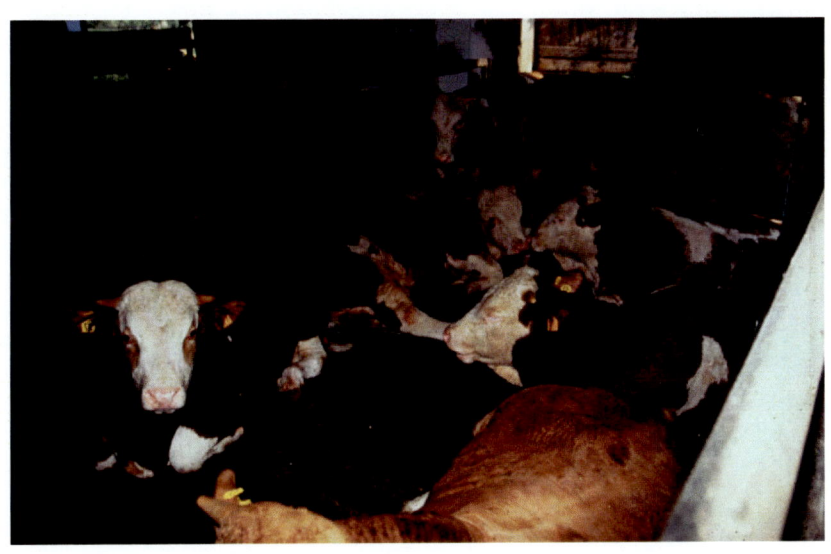

Mastbullen auf Beton (Foto: E. Wendt)

11.2   Der Konzentrationsprozess in der Nutztierhaltung

Dieser Konzentrationsprozess in der Nutztierhaltung soll anhand einiger Beispiele aus dem allgemeinen Wissen sowie aus meiner eigenen Erfahrung verdeutlicht werden.

Von 1960 bis 2003 stieg die Anzahl an Schweinen in der Bundesrepublik Deutschland von 15.735.000 auf 26.609.000. Das bedeutet eine Zunahme von 69%. In der gleichen Zeit ging die Zahl der schweinehaltenden Betriebe von 1.741.000 auf 102.000 zurück, was eine Abnahme von 94 % ausmachte. Zusammengenommen heißt das: Allein in diesem Zeitraum war ein Anwachsen der Betriebsgrößen (Anzahl der Schweine pro Betrieb) um 2.889 % zu verzeichnen, das heißt, um mehr als das 28-fache.

Die Entwicklung der Schweinebestände in Deutschland zwischen 1950 und 2003

(Quelle: Agrimente, verschiedene Jahrgänge; ZMP-Bilanz: Vieh und Fleisch, verschiedene Jahrgänge; Landwirtschaftszählung 1999; Viehzählung 2001)

Jahr	Halter (1.000)	Bestände (1.000)	Durchschnittliche Bestandsgröße
1950	2.394,0	11.855	5,0
1960	1.741,0	15.735	9,0
1970	1.028,5	20.901	20,3
1980	511,2	22.444	43,9
1985	419,6	24.168	57,6
1990	287,9	22.035	76,5
*1994	239,5	24.698	103,1
*1997	192,2	24.795	129,0
*1999	141,4	26.101	184,5
*2001	115,5	25.784	223,2
*2003	102,2	26.609	260,0

* ab 1994 einschließlich der Neuen Bundesländer

Noch weitaus gravierender ist der Konzentrationsprozess bei der Legehennenhaltung wie die folgende Statistik sowie die erläuternden Daten und Zahlenangaben deutlich machen. Diese stammen, wie auch die vorhergehende Tabelle aus zwei Veröffentlichungen von Professor Dr. H.-W. Windhorst, Leiter des

Instituts für Strukturforschung und Planung in agrarischen Intensivgebieten (ISPA) der Hochschule Vechta.

Entwicklung der Zahl der Legehennenhalter und der Legehennenbestände in den alten Bundesländern zwischen 1986 und 1996, getrennt nach Bestandsgrößenklassen

(Quelle: ZMP Bilanz '98: Eier und Geflügel)

	Halter		
Größenklasse	**1986**	**1996**	**Veränderung in %**
1 – 999	299.513	171.008	– 42,9
1.000 – 9.999	3.082	2.062	– 33,1
10.000 – 49.999	494	364	– 26,3
50.000 – 99.999	65	59	– 9,2
100.000 – 199.999	49	41	– 16,3
200.000 und mehr	11	13	+ 18,2
Gesamt	**303.214**	**173.547**	**– 42,8**

- 1994 gab es in der Bundesrepublik Deutschland (alte und neue Bundesländer) insgesamt 43.714.000 Legehennen, die in zwölf Monaten insgesamt 11.864.000.000 Eier (in Worten: elf Milliarden achthundertvierundsechzig Millionen Eier) gelegt haben. 33 Millionen Hennen = 76,3 % standen in Betrieben mit mehr als 3.000 Stallplätzen. In den neuen Bundesländern lag dieser Anteil sogar bei 83,8 %.

- 40 % der deutschen Eier-"Produktion" werden von gerade mal 70 Betrieben mit jeweils über 100.000 Legehennenplätzen bestritten.

- Die Unternehmensgruppen Deutsche Frühstücksei GmbH, Eifrisch-Vermarktung GmbH & Co. KG und Logo-Markenei Service GmbH verfügen (nach Windhorst 1996) über insgesamt 8.082.000 Legehennen in 47 Farmen, was einer Jahresproduktion von 2,295 Milliarden Eiern entspricht. Der Anteil dieser drei Unternehmensgruppen an der Konsumeiproduktion beträgt allein 17,1 %.

Die Größenstruktur der Legehennenhaltung in Deutschland ist besonders ersichtlich aus folgender Tabelle und Graphik (Jakobs und Windhorst 2003).

Basisdaten zur Legehennenhaltung und Eierproduktion sowie zum Handel mit Eiern und Eiprodukten in Deutschland in den Jahren 1995 und 2001

	1995	2001	Veränderung (%)
Legehennen (Mio.)	50,7	49,9	- 1,6
Legehennenplätze (Mio.) in Beständen ab 3.000 Hennen	40,9	41,2	+ 0,7
Legehennen (Mio.) in Beständen ab 3.000 Hennen	33,0	35,1	+ 6,4
Hennenhalter	*248.892	97.165	- 61,0
Hennenhalter (ab 3.000 Hennen)	*1.475	1.325	- 10,2
Legeleistung (Eier/Henne)	264	275	+ 4,2
Verwendbare Konsumeier (Mio.)	13.243	13.555	+ 2,4
Eierverbrauch (Mio.)	18.284	18.247	- 0,2

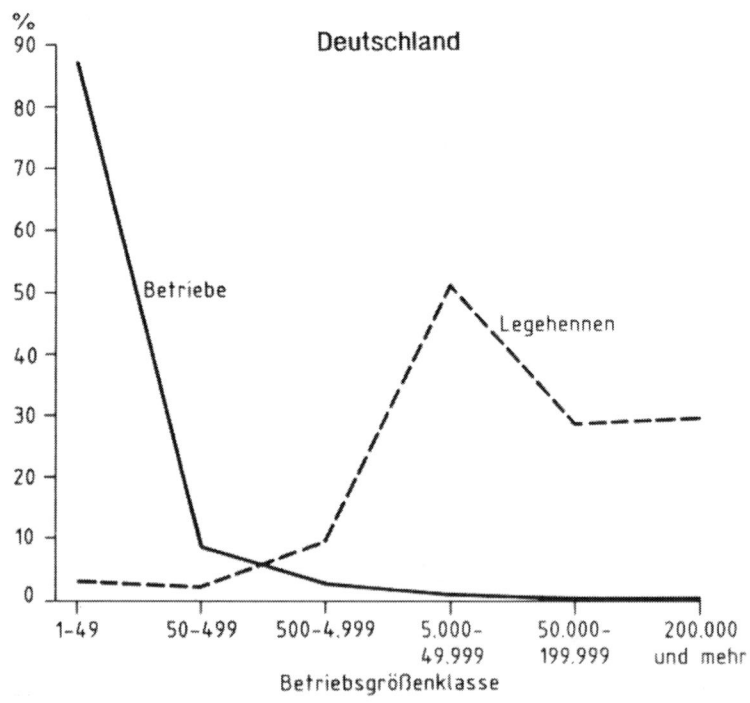

Wie sich aus den genannten Zahlen ergibt, wird die Legehennenhaltung schon seit vielen Jahren von einigen wenigen
agrarindustriellen Unternehmen beherrscht und ist der
herkömmlichen bäuerlichen Landwirtschaft weitgehend verloren-
gegangen. Aber nicht nur in der Legehennenhaltung sondern
insbesondere auf den Gebieten der Schweine-, Kälber- und
Geflügelmast macht sich auch beim traditionell bäuerlichen
Familienbetrieb die wachsende Tendenz zu Konzentration und
intensiven Haltungsformen immer stärker bemerkbar. Dies ist
jedoch nur ein Teil der Wahrheit.

11.3   Knecht auf dem eigenen Hof

Was in den offiziellen landwirtschaftlichen Verbandsorganen nur
gelegentlich und wenn, dann auch nur sehr zurückhaltend, und in
der agrarwissenschaftlichen Literatur fast überhaupt nicht erwähnt
wird, ist die Tatsache, dass sich seit etwa 30 Jahren
landwirtschaftliche Familienbetriebe immer mehr gezwungen
sehen, sich als sogenannte Lohn- oder Vertragsmäster zu
verdingen. Lohnmast heißt im Klartext: Der Landwirt stellt seine
landwirtschaftlichen Gebäude, seine Äcker und Weiden zur
Ausbringung von Gülle (Flüssigmist) und seine eigene Arbeitskraft
einem anderen Unternehmen zur Verfügung. Eigentümer der von
ihm betreuten Tiere sind häufig agrarindustrielle Unternehmen wie
Mastgesellschaften, große Futtermittelfirmen, Schlachtunter-
nehmen und z. T. multinationale Vertriebs-Unternehmen. Diese
sorgen u. a. für das notwendige Futter und die gesundheitliche
Betreuung der Tiere, die in der Regel durch sogenannte
Vertragstierärzte sichergestellt wird. Der Vertragslandwirt wird am
Ende einer Mastperiode pro abgeliefertem Masttier bezahlt. Durch
derartige Vertragslandwirtschaft sind viele Landwirte heute
zumeist nur noch „Knecht auf dem eigenen Hof".

Bereits Anfang der achtziger Jahre wurde ich beruflich mit dieser
Form bäuerlicher Landwirtschaft konfrontiert. Nach Aufdeckung
eines der vielen damaligen Kälbermastskandale fragte ich einen
der Landwirte, von dem ich zunächst nicht wusste, dass er
„Lohnmäster" war: „Warum macht Ihr denn den ganzen Mist?"

Seine Antwort: „Doktor, ich mäste für die Firma A.. Wenn die Leute von A. mit ihren Medikamenten und Spritzen in meinen Stall kommen, dann sagen die mir: ‚geh 'mal eben kurz 'raus.' Vor längerer Zeit habe ich dem Geschäftsführer von Firma A. gesagt: ‚Ich will nicht, dass Ihr solche Sachen in meinem Stall macht.', und erhielt als Antwort: ‚Was willst Du? Die Tiere gehören uns. Das Futter gehört uns. Hast Du nicht letzten Monat Dein Geld gekriegt? Wenn Du nicht mehr willst, dann kriegst Du beim nächsten Mastdurchgang keine Kälber mehr.' Herr Doktor, was soll ich machen. Ich habe meinen ganzen Betrieb auf Kälbermast umgestellt. Ich habe durch den Umbau meiner Stallanlagen 400.000 DM Schulden bei der Bank. Wenn ich für den nächsten Mastdurchgang keine Kälber mehr kriege, dann kann ich stempeln gehen, dann bin ich pleite."

Experten geben an, dass in den norddeutschen Hochburgen der Kälbermast etwa jedes zweite Kalb aus einem Lohnmastbetrieb stammt.

Auch in der Geflügel- und Schweinemast ist die Lohn- bzw. Vertragsmast weit verbreitet. Oft weiß z.B. nicht einmal der nächste Nachbar, dass die von seinem Berufskollegen gemästeten Schweine nicht dessen Eigentum sind. Im Zusammenhang mit dem großen Schweinepestzug in den Jahren 1994 bis 1996 in Norddeutschland wurde im Rahmen von Entschädigungszahlungen durch die Tierseuchenkasse offenbar, dass zahlreiche landwirtschaftliche Familienbetriebe nicht Eigentümer der von ihnen gemästeten Schweine waren. Laut Einlassungen von Insidern verdingen sich in einigen Regionen agrarintensiver Tierhaltung heute bereits bis zu einem Drittel der schweinehaltenden landwirtschaftlichen Betriebe in der Lohnmast.

Nun wird von der Agrarlobby häufig argumentiert, intensive Nutztierhaltung sei notwendig, um die Ernährung der Bevölkerung zu sichern. Dieses Argument erscheint nicht sehr sinnig, weil nämlich genau das Gegenteil der Fall ist. Rinder, Schweine und das Hausgeflügel waren in den vergangenen Jahrhunderten Abfallverwerter bzw. sie ernährten sich von Pflanzen, die in der menschlichen Nahrungskette nicht verwendet wurden wie z.B. vom Gras auf den Weiden oder den Ernteresten auf den Feldern.

Weidehaltung für Schweine, Geflügel und Mastrinder sind weitgehend passé.

Heute sind landwirtschaftliche Nutztiere in hohem Maße unmittelbare Nahrungskonkurrenten des Menschen, denn sie werden vorwiegend mit den gleichen Nährstoffen gefüttert wie sie auch der Mensch benötigt z.B. Getreide, Ölfrüchte, Soja, Tapioca u.a..

Professor H. Sommer, ehem. Lehrstuhlinhaber am Institut für Anatomie, Physiologie und Hygiene der Haustiere der Universität Bonn, spricht in Bezug auf intensive Nutztierhaltung daher auch von einer „Nahrungsmittel-Vernichtungsmaschine". Dieses wird durch die folgende Grafiken deutlich belegt.

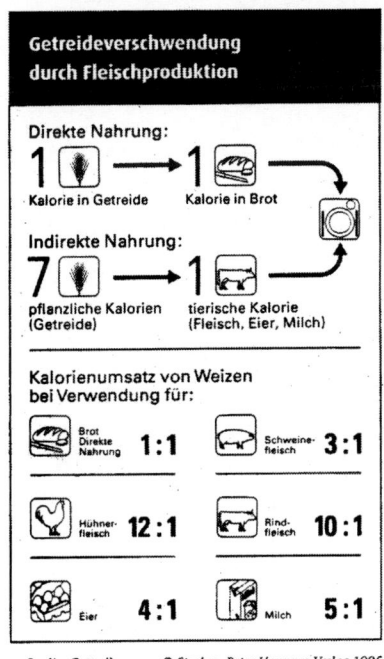

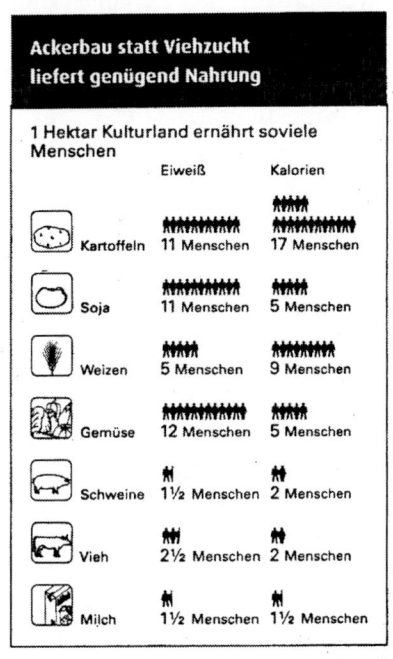

An dieser Stelle sei angemerkt, dass der größte Teil der landwirtschaftlichen Nutzfläche in der Bundesrepublik nicht für den Anbau von Nahrungsmitteln für die Bevölkerung direkt bestimmt ist, sondern zum Anbau von Nahrungsmitteln für unsere Nutztiere, was über den Umweg über den Tiermagen im Rahmen der sogenannten tierischen Veredlung uns Fleisch, Milch und Eier im Überfluss beschert. Mehr als 65 % des im Inland gewonnen Getreides (ca.20 Millionen Tonnen pro Jahr) gelangt in die Tröge unserer Nutztiere. Da diese Mengen aber immer noch nicht ausreichen, werden von den Ländern der Europäischen Union pro Jahr ca. 60 Millionen Tonnen pflanzlicher Nahrungsmittel als Tierfutter importiert. Mehr als 40 % davon stammen aus Ländern der dritten Welt, wo diese für die Ernährung der Bevölkerung zwar dringend benötigt werden, auf Grund von Devisenmangel in den Entwicklungsländern jedoch zu Dumpingpreisen (sprich: Weltmarktpreise) in die Nutztierställe der reichen Industrienationen wandern. Kurz gesagt: Die Nahrung der Armen dient der Völlerei und dem Gaumenkitzel der Reichen. Dies geht einher mit nicht artgerechten intensiven Haltungsformen für unsere Nutztiere, mit einer totalen Versklavung unserer Mitgeschöpfe und viel millionenfachem Tierleid und wird genannt „tierische Veredlung." .

In einem Vortag „Unser verheerender Umgang mit Nutztieren – Tierhaltung ohne Tierschutz?" im September 1995 führte Professor Dr. Sommer u. a. folgendes aus:

> *„Die Erzeugung von tierischem Eiweiß, bislang immer noch als „tierische Veredlung" bezeichnet, ist ein Luxus, den sich nur sehr reiche Gesellschaften leisten können, und der zu diesen Preisen nur mit hohen direkten oder versteckten Subventionen zu vermarkten ist. „Gerechte", kostendeckende Preise, das würde bedeuten, dass wir das drei- bis fünffache für Milch, Eier und Fleisch bezahlen müssten. Würde die Gesellschaft bzw. der Staat zu dieser eigentlich recht naheliegenden Maßnahme greifen, würde die Nachfrage nach den Produkten aus der Tierhaltung rapide fallen, allerdings ebenso das Einkommen der Bauern, die davon leben. Die derzeitige Art der Tierproduktion geht in weiten Teilen nicht nur zu Lasten des Steuerzahlers, sondern auch zu Lasten der Gesundheit unserer Nutztiere, zu Lasten unserer Umwelt und letztlich zu Lasten der Gesundheit des Menschen und seiner Zukunft."*

In den folgenden Kapiteln soll im Detail näher darauf eingegangen werden, wie sich „Tierische Veredlung" in den einzelnen Tier- und Nutzungsarten darstellt.

12 Schweinehaltung

12.1 Die natürlichen Verhaltensweisen der Schweine

Um die Haltungsformen der Tiere im Stall beurteilen zu können, muss man zunächst von deren natürlichen Verhaltensweisen und Bedürfnissen ausgehen.

Schweine leben in der Natur in kleinen Gruppen, in sogenannten Rotten, mit einer genau festgelegten Rangordnung. Sie sind aufmerksame und sehr intelligente Tiere mit ausgeprägtem Erkundungs- und Spielverhalten. Ihre Intelligenz scheint wesentlich höher als die von Pferden und Rindern zu sein und kommt dem des Hundes gleich. Schweine machen eine strikte Trennung zwischen Kot- und Liegeplatz. Sie schaffen sich im Freien aus trockenem Gras, aus Zweigen und Blättern einfache Schlafnester und die Sauen gebären ihre Ferkel in eigens hierfür von ihnen gebauten Ferkelnestern. Sie verwenden viel Zeit mit der Futtersuche und durchwühlen den Boden mit ihrer Rüsselscheibe. Sie verfügen über einen sehr sensiblen Geschmackssinn und haben ein breites Nahrungsspektrum. Schweine können wie der Hund nicht über die Haut schwitzen. Deshalb schaffen sie sich bei Hitze Abkühlung, indem sie sich in feuchtem Erdreich suhlen. Die eingetrockneten Krusten scheuern sie sich später an Bäumen und Pfählen ab, was wiederum der Hautpflege dient.

Verhaltensforscher haben herausgefunden, dass auch 7000–8000 Jahre nach der Domestizierung dem hochgezüchteten modernen Mastschwein unserer Zeit diese Eigenschaften und Bedürfnisse weitgehend erhalten geblieben sind.

Über Jahrtausende lebte der Mensch mit seinen Nutztieren in natürlicher Zweckgemeinschaft. Der Mensch gab dem Tier Schutz und Futter und bekam dafür Nahrung, Kleidung und Arbeitskraft.

Vor 300 Jahren brauchte ein frei herumlaufendes Schwein drei bis vier Jahre, ehe man es schlachten konnte. Dieses Fleisch schmeckte herzhaft und kräftig. Allerdings war es auch teuer. Wenn man nicht gerade zu den Reichen gehörte, gab es einen

Schweinebraten nur an hohen Fest- und Feiertagen. Vor 100 Jahren waren es nur noch 12 Monate, bis das Schwein schlachtreif war. Damals wollte man dicke Schweine mit viel Fett und dickem Speck. Auch zu dieser Zeit war Fleisch noch teuer und kam meistens nur Sonntags auf den Tisch. Und in der heutigen weitgehend profitorientierten Zeit? Glückliche Schweine sind selten geworden. Die Zeit, als Schweine auf Bauernhöfen frei herumlaufen konnten, sich im Dreck suhlen, in der Sonne rekeln und an Bäumen den Rücken scheuern durften, ist längst vorbei. Die Schlachtschweine werden höchstens ein halbes Jahr alt. Es gibt sehr viel Fleisch auf den Märkten der reichen Industrienationen. Die Preise sind niedrig. Das alles geht aber nur, weil die Schweine gegen ihre natürlichen Bedürfnisse gehalten, gezüchtet und gemästet werden. Oberstes Gebot: Profit.

12.2   Die Methoden der intensiven Schweinehaltung („Schweineproduktion")

In der intensiven Schweinehaltung – von der Branche selbst bezeichnenderweise als „Schweineproduktion" genannt – sind die Muttersauen die „ärmsten Schweine". Kurz vor Eintritt der Geschlechtsreife werden die bis dahin in Gruppen gehaltenen Jungsauen aus betriebstechnischen und ökonomischen Gründen in sogenannte Kastenstände verbracht. Hierbei handelt es sich um 180 mal 65 cm große Metallgitterpferche, die in langen Reihen nebeneinander angeordnet sind. In diesen Ständen sind die einzelnen Sauen monatelang eingesperrt. Sie können lediglich 1-2 Schritte vor oder rückwärts treten; sie können sich nicht einmal umdrehen. Das Sozialverhalten zwischen den Tieren ist wegen der Einkerkerung massiv unterbunden. Eine Einstreu mit Stroh ist in der Regel nicht gegeben, da die Tiere meistens auf Teil- bzw. Vollspaltenboden stehen. Zu Beginn ihres Aufenthaltes in den Kastenständen kann man immer wieder beobachten, dass die Tiere vehemente Ausbruchversuche machen, aber auf Grund der massiven Metallabsperrung keine Chance haben. Mit der Zeit bricht der Widerstand der Tiere zusammen und die Schweine zeigen dann stereotype Verhaltensstörungen wie „Stangenbeißen" und „Leerkauen". In den Kastenständen verbleiben die Sauen nach der künstlichen Besamung fast die gesamte

Tragezeit von knapp vier Monaten (drei Monate, drei Wochen und drei Tage) bis kurz vor dem Geburtstermin. Dann werden die Tiere in die Abferkelbuchten verbracht, wo die einzelnen Sauen wiederum eingekerkert sind und zwar in den sogenannten Abferkelkäfigen.

Tragende Sauen im Wartekäfig (Foto: E. Wendt)

Tragende Sau im Wartekäfig (Foto: E. Wendt)

Sauen in Käfigen (Foto: E. Wendt)

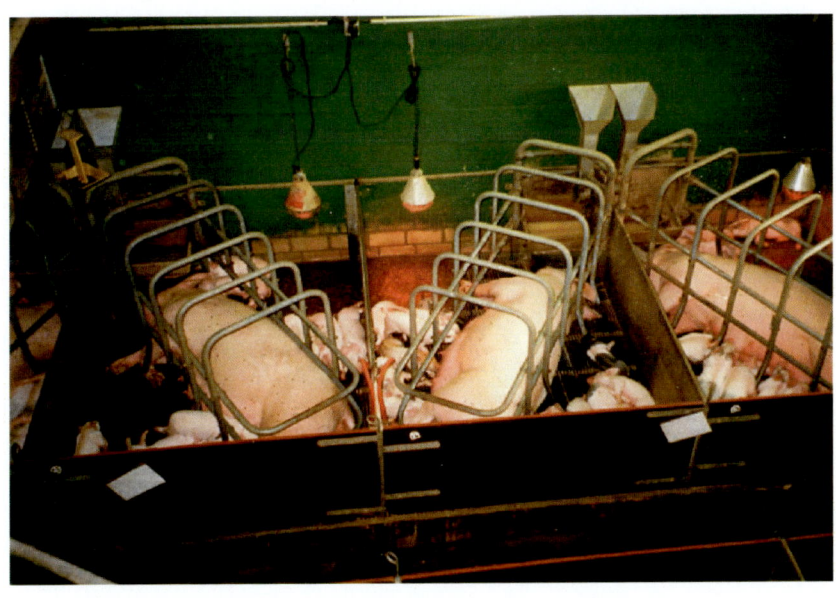

Sauen mit Ferkeln (Foto: E. Wendt)

In natürlicher Haltung werden die Ferkel bis zu drei Monate von der Muttersau gesäugt. In herkömmlicher bäuerlicher Haltung verbleiben die Ferkel ca. 6–8 Wochen bei der Mutter, bis sie ein Gewicht von etwa 20 kg erreicht haben. Seit einer Reihe von Jahren werden sie aber in der intensiven „Schweineproduktion" schon nach drei Wochen – am 21. Tag – als sogenannte „Systemferkel" den Müttern entzogen. Der Hauptgrund für das Absetzen dieser Babyferkel ist, die Muttersauen möglichst schnell wieder belegen (besamen oder decken lassen) zu können, um pro Jahr noch mehr Ferkel als bisher zu „produzieren". In der herkömmlichen Landwirtschaft erzielte man im Jahr zwei Würfe pro Sau mit jeweils 9-11 Ferkeln; d.h. durchschnittlich 18-22 Ferkel pro Jahr. Mit Systemferkeln kann man dieses Ergebnis um mehr als 20% steigern. Durch das Frühabsetzen der Ferkel kann man, wie gesagt, die Sauen wieder eher belegen und die „Reproduktionszeit" – die Zeit von einer bis zur nächsten Geburt – wird von bisher 180 Tagen auf 140-150 Tage verkürzt. Da man für die Mast möglichst große Zahlen gleichaltriger bzw. gleichgewichtiger Ferkel benötigt, wird eine möglichst große Zahl der in den Wartebuchten untergebrachten nicht tragenden Sauen per Hormonspritze zur Konzeptionsbereitschaft (beim Schwein Rausche genannt) induziert. Diese Manipulation wird als „Brunstsynchronisation" bezeichnet. Da man, wie oben bereits erwähnt, möglichst immer größere Gruppen gleichaltriger bzw. gleichgewichtiger Ferkel anstrebt, wird bei Verzögerung der Tragezeit nicht selten erneut zur Hormonspritze gegriffen und die Geburt künstlich eingeleitet. Nach dem Absetzen der Ferkel kommen die einzelnen Sauen wieder in die Kastenstände bis sie kurz vor der nächsten Geburt in den Abferkelkisten landen. Dieser Zyklus endet erst dann, wenn die Sauen ausgepowert, physisch und psychisch abgewrackt, ihren Weg zum Schlachthof antreten. Zuchtsauen sind in der modernen „Schweineproduktion" im wahrsten Sinne des Wortes zu „Gebärmaschinen" verkommen.

Schon vor oder nach dem Absetzen von der Mutter werden die männlichen Mastferkel kastriert, was das Tierschutzgesetz gemäß § 5 Abs. 3 bis zu einem Alter von acht Tagen ohne Betäubung ausdrücklich zulässt. Die abgesetzten Ferkel werden zum überwiegenden Teil in größeren Gruppen auf sogenannte „flat decks" verbracht. Dieses sind kahle, einstreulose Buchten mit perforierten Böden. Die Besatzdichte ist derart hoch, dass für das einzelne Tier nur wenig Platz vorhanden ist und der natürliche Spieltrieb und der Bewegungsdrang der Ferkel fast völlig eingeschränkt sind. Dieses führt dann auch häufig zu typischen Verhaltensstörungen, wie Ohr- und Schwanzbeißen. Die Tiere bringen sich dabei gegenseitig z. T. schwere Verletzungen bei. Man bezeichnet diese Verhaltensstörungen, die auch regelmäßig bei Käfighennen und Mastputen beobachtet werden, als „Kannibalismus".

Bei Erreichen eines Gewichtes von ca. 25 kg kommen die Ferkel in die eigentlichen Mastställe.

12.3   Wie sieht heute eine Intensivmast aus?

Die Mastschweine vegetieren in z. T. riesigen Hallen ohne Tageslicht, ohne Stroh. Die Hallen sind in kahle Betonbuchten unterteilt. Die Tiere stehen oder liegen in der Regel auf Betonspaltenböden und bekommen oft nur einmal am Tag ihr Futter. Aus arbeitswirtschaftlichen und arbeitstechnischen Gründen ist der nackte Spaltenboden, der auch in der Kälber- und Bullenmast vorwiegend Verwendung findet, äußerst praktisch. Er ist Teil der Kot- und Harnbeseitigung bei der sogenannten Flüssigmist- oder Gülleentsorgung. Die Betonbalken liegen unmittelbar über den Güllegruben. Zwischen einzelnen Balken sind jeweils Spalten von knapp zwei Zentimetern freigehalten. Der Urin fließt also direkt in die Güllegruben, und den Kot treten die Schweine mit ihren Klauen durch die Spalten, so dass in den Gruben ein Gemisch von Ham und Kot sich ansammelt, eben der o. a. Flüssigmist. Die Güllegruben werden von Zeit zu Zeit abgepumpt und der Inhalt mit großen Güllebehältern auf den Feldern versprüht. Da eine den Schweinen zuträgliche Einstreu das ganze System zum Erliegen bringen würde, müssen die Tiere auf dem blanken Beton liegen. Der Betrieb spart dadurch zwar Zeit und Arbeitskraft für ein Entmisten der Buchten, für die betroffenen Schweine, die früher auf weichem wärmendem Stroh liegen konnten, bedeutet diese Technik aus verschiedenen Gründen jedoch eine Qual. Denn die Gülle unter ihnen stinkt. In den Ställen ist es oft feucht. Ammoniak, CO_2 und andere Schadgase belasten die Stallluft. Viele Tiere leiden daher häufig unter Atemwegserkrankungen. An den Betonspalten verletzen sich die Tiere und tragen oft bleibende Schäden an den Gliedmaßen davon. Die einzelnen Buchten sind so eng gehalten, dass eine freie Bewegung der Tiere kaum noch gewährleistet wird. 6–8 Quadratmeter für acht bis 12 Mastschweine. Diese Drangsal ist bewusst hergestellt. Bei genügender Bewegung würden die Schweine ja nicht so schnell zunehmen. Darum auch kein Tageslicht. Sie haben in Dunkelheit und künstlichem Dämmerlicht nur eine einzige Aufgabe: fressen, saufen, zunehmen. Sie sollen eben möglichst schnell das Schlachtgewicht von 90–120 Kilogramm erreichen. Jeder Tag, der gespart wird, bringt bares Geld. 180 Tage werden im Durchschnitt diesem Schweineleben gegönnt. Weil die Bewegungsfreiheit in den engen Betonbuchten so brutal beschnitten wird, entwickeln sich die Organe auch nur unzureichend: Herz und Lunge werden wenig beansprucht, also nicht trainiert. So gehaltene Mastschweine leiden unter allgemeiner Kreislaufschwäche. Daher gehen auf dem Weg zum Schlachthof auch viele Schweine durch Transportstress und Überhitzung ein. Man bezeichnet dieses als „akuten Herztod". Allein in Deutschland bleiben Jahr für Jahr während des Transports zum Schlachthof mehr als 400.000 Schweine auf der Strecke.

Wo Tiere in derartiger Dichte und großer Zahl gehalten werden, besteht natürlich die Gefahr, dass Krankheiten sich rapide ausbreiten. Mit zunehmender Größe einer Population steigt das Krankheitsrisiko nicht nur linear an, sondern potenziert sich unter ungünstigen Bedingungen. Aus diesem Grund kommen zur Vorbeuge (Prophylaxe), Gesunderhaltung (Metaphylaxe) und zur gesundheitlichen Wiederherstellung (Therapie) enorme Mengen an Medikamenten als Prophylaktika, Metaphylaktika und Therapeutika zum Einsatz. Da es sich bei den meisten Erkrankungen um Infektionskrankheiten handelt, werden zum überwiegenden Teil Antibiotika und Sulfonamide eingesetzt. Dass diese Zusammenhänge nicht erst seit heute bekannt sind, belegen Untersuchungen von Niederstucke bereits aus dem Jahr 1982, was die folgende Tabelle recht anschaulich verdeutlicht.

Einfluß der Bestandsgröße auf das Auftreten von virusbedingten Durchfallerkrankungen und den Einsatz von Medizinalfutter in der Schweinemast (n. NIEDERSTUCKE, 1982)

Bestandsgröße (verkaufte Tiere pro Jahr)	untersuchte Betriebe(n)	Anzahl der Medizinal-futter	Betriebe mit ... (%)	
			EVD	TGE
bis 150	65	6	3	5
151 — 300	118	19	7	15
301 — 600	143	32	13	27
601 — 900	101	50	13	35
über 900	94	64	27	36

EVD = Epizootische Virusdiarrhoe; TGE = Transmissible Gastroenteritis

Ebenfalls nicht neu ist der Umstand, der in jüngster Zeit besonders von Humanmedizinern häufig diskutiert wird, dass nämlich ursprünglich sehr erfolgreich eingesetzte Medikamente deutlich an Wirksamkeit verlieren, weil viele Infektionserreger im Laufe der Zeit Resistenzen gegen diese Arzneimittel entwickelt haben. Professor Amtsberg von der Tierärztlichen Hochschule Hannover hat bereits Anfang der achtziger Jahre dieses für eine Reihe von Antibiotika nachgewiesen, wie die folgende Tabelle deutlich belegt.

Entwicklung des Resistenzverhaltens von Colistämmen
aus dem Genitaltrakt von Sauen in den Jahren von 1973 bis 1982
(n. AMTSBERG, 1984)

Chemotherapeutikum	% resistente Colistämme	
	1973 — 1977	1978 — 1982
Chloramphenicol	19,3	33,0
Chloretracyclin	57,8	53,8
Erythromycin	100,0	100,0
Penicillin G	100,0	100,0
Polymyxin B	0,0	3,3
Streptomycin	65,2	75,8
Gentamycin	0,0	0,0
Sulfonamid	81,5	93,4
Trimethoprim/Sulfonamid	13,3	23,1
Furazolidon	9,5	5,5
Nitrofurantoin	3,7	4,4
Neomycin	3,7	13,2
Kanamycin	5,2	15,4
Ampicillin	3,7	16,5

16.4 Die Schweinehaltungsverordnung legalisiert und zementiert den Status quo

Nun müsste man annehmen, dass die geschilderte nicht artgerechte Haltung von Schweinen durch den Gesetzgeber aus tierschützerischen Gründen unterbunden oder zumindest eingeschränkt würde. Aber genau das Gegenteil ist der Fall. Die Verordnung zum Schutz von Schweinen bei Stallhaltung (Schweinehaltungsverordnung) vom 18. Februar 1994 und die dazugehörige Änderungsverordnung vom 2. August 1995 haben die geschilderten Defizite keineswegs eingeschränkt, sondern vielmehr legalisiert und damit den Status quo praktisch zementiert.

Hierzu nur einige Beispiele:

1. In § 4 (Anforderungen für das Halten abgesetzter Ferkel in Gruppen.) Abs. 2 Nr.2 wird den einzelnen Ferkeln mit einem Durchschnittsgewicht von bis zu 20 kg ein Flächenbedarf von 0,20 m² eingeräumt; es ist also erlaubt, dass fünf Ferkel dieser Gewichtsklasse mit 1 m² Bodenfläche auskommen müssen.

2. Pro Mastschwein mit einem Gewicht von 90–110 kg räumt der Gesetzgeber in den oben genannten Gruppenbuchten eine Bodenfläche von 0,65 m² ein; dazu muss man wissen, dass ein hochgezüchtetes Mastschwein von 100 kg Lebendgewicht eine Körperlänge von mindesten 1,20 m hat.

3. Wie Hohn muss es einem vorkommen, wenn man den § 7 Abs.1 liest:
   „Schweine dürfen in Kastenständen nur gehalten werden, wenn die Kastenstände so beschaffen sind,

   - *dass die Schweine sich nicht verletzen können,*

   - *jedes Schwein ungehindert aufstehen, sich hinlegen und den Kopf und in Seitenlage die Gliedmaßen ausstrecken kann und*

   - *nicht offensichtlich erkennbar ist, dass diese Haltungsform zu nachhaltiger Erregung führt."*

   Das gleiche gilt für §10 Abs. 3: „Es muss sichergestellt sein, dass alle Schweine mit Futter und Wasser in ausreichender Menge und Qualität versorgt werden. Schweine müssen mindestens einmal am Tag gefüttert werden."

4. Einige Bestimmungen der Schweinehaltungsverordnung haben offensichtlich nur reine Alibifunktion, können systembedingt nur schwer oder überhaupt nicht umgesetzt werden und finden daher in praxi auch keine Anwendung. In den Paragraphen 2a und 3 heißt es: „In *einstreulosen Ställen muß sichergestellt sein, dass sich die Schweine*

mehr als eine Stunde mit Stroh, Rauhfutter oder mit anderen geeigneten Gegenständen beschäftigen können."

Tatsächlich jedoch gelangen bei einstreulosen Ställen durch das Verbringen von Stroh oder Rauhfutter auf Teil- oder Vollspaltenböden diese Materialien zumindest teilweise durch die Spalten in die Güllekanäle und bringen das ganze System der Gülletechnik zu Erliegen. Mit den „anderen geeigneten Gegenständen", mit denen die Schweine sich beschäftigen sollen, sind offensichtlich Artefakte gemeint, die man häufiger in Ferkelställen antrifft. Dieses sind in der Regel Eisenketten, die man über dem Rücken der Tiere aufhängt mit der Absicht, dass die Ferkel, ihrem Spieltrieb folgend, an den Enden dieser Metallketten herumknabbern und damit das gegenseitige Schwanz- und Ohrenbeißen (Kannibalismus) eingeschränkt wird. Professor Dr. Th. Richter spricht in diesem Zusammenhang 1997 auf einer Tierschutztagung in Bad Boll deshalb auch von der „obligatorischen Alibikette." Derartige vom Gesetzgeber verlangte „geeignete Gegenstände" habe ich zwar wiederholt in Ferkelbuchten gesehen, jedoch nur ganz selten in einstreulosen Mastställen.

5. §5 Abs.2: *„Bei Stalleinrichtungen, die nach dem 31. Dezember 1989 fertiggestellt worden sind, darf für Schweine, die zur Zucht verwendet werden, der Liegebereich nicht voll perforiert sein; bei Einzelhaltung darf der Boden nur so weit perforiert sein, dass Kot oder Harn durchgetreten werden oder abfließen kann."*

Das Ganze nennt man Teilspaltenböden. Die Sauen (siehe Kastenstände) stehen bzw. liegen mit dem Vorderteil auf dem blanken Boden, und mit dem hinteren Drittel auf Vollspaltenboden. Die Spalten dürfen bei über 125 kg schweren Sauen mit 2,2 cm auch breiter sein als bei Masttieren und sind häufig Anlass für Verletzungen an den Gliedmaßen.

6. Weitgehend nur reine Alibifunktion hat ebenfalls der § 7 Abs.2:
„Sauen dürfen nach dem Absetzen der Ferkel insgesamt vier Wochen lang in Kastenständen nur gehalten werden, wenn sie täglich freie Bewegung erhalten."

Das heißt im Klartext: Muttersauen sollen nach jeweils etwa fünf Monaten, in denen sie in Einzelhaltung ständig in einem Metall-verlies (ca. vier Monate im Kastenstand und 3–4 Wochen im Abferkelkäfig) eingesperrt waren, für vier Wochen Gelegenheit gegeben werden, einmal pro Tag den in der Regel 1,8 mal 0,65 m großen Kastenstand zu verlassen. Wie lange die Zeit bemessen sein muss, in der sie „freie Bewegung erhalten" sollen, ist in der Schweinehaltungsverordnung (bewusst?, aus Kalkül?) nicht festgelegt. Bedeutet dieses in der Praxis nun fünf Minuten oder fünf Stunden täglich freien Auslauf? Wie Dr. G. Paar vom Thüringer Ministerium für Soziales und Gesundheit auf einer Tierschutztagung der Deutschen Veterinärmedizinischen Gesell-schaft e.V (DVG) im März 1998 in Nürtingen berichtete, stellte sich bei einer landesweiten Überprüfung der Umsetzung der Schweinhaltungsverordnung heraus, dass die Nichteinhaltung des §7 Abs.2 mit weitem Abstand an der Spitze der Beanstandungen lag.

Dazu muss aus eigenem Erleben und aus den Erfahrungen vieler Kollegen ergänzend angemerkt werden, dass eine umfassende Kontrolle über die Einhaltung des §7 Abs.2 kaum möglich ist. Denn kommt der Amtstierarzt am späten Vormittag, dann bekommt er beispielsweise auf die entsprechende Frage die Antwort: „Herr Doktor, wir haben gerade, bevor Sie kamen, die Sauen wieder eingesperrt." Kommt der Kollege das nächste Mal deshalb schon am frühen Vormittag oder vielleicht sogar vor offiziellem Dienstbeginn dann heißt es z.B.: „Unser Opa ist gestern krank geworden und deshalb lassen wir die Sauen erst nachmittags heraus." Der Phantasie sind dabei keine Grenzen gesetzt.

Aus zahlreichen Bestimmungen der Schweinehaltungsverordnung spricht nicht nur die Ignoranz des Gesetzgebers, sondern für mich als Tierarzt in weiten Teilen auch der blanke Hohn oder gezielte Absicht.

Nun wird der eine oder andere sagen: „Das ist ja alles Schnee von gestern. Die Schweinehaltungsverordnung von 1994 und deren Änderungsverordnung von 1995 sind ja seit dem 22. August 2006 außer Kraft. Das stimmt. Seit dem 22. August 2006 gilt die Verordnung zum Schutz landwirtschaftlicher Nutztiere und anderer zur Erzeugung tierischer Produkte gehaltener Tiere bei ihrer Haltung (Tierschutz-Nutztierhaltungsverordnung – TierSchNutztV), die neben der Haltung von Legehennen und Kälbern auch die rechtlichen Vorgaben für die Schweine regelt.

Nun muss konstatiert werden, dass die neue Haltungsverordnung

    a) einige wenige echte und

    b) einige nur scheinbare Verbesserungen bringt.

Zu a): Entsprechend § 17 Abs. 4 *„müssen Ställe, die nach dem 4. August 2006 in Benutzung genommen werden, mit Flächen ausgestattet sein, durch die Tageslicht einfallen kann, die*

    1.   *in der Gesamtgröße mindestens 3 Prozent der Stallgrundfläche entsprechen und*

    2.   *so angeordnet sind, dass im Aufenthaltsbereich der Schweine eine möglichst gleichmäßige Verteilung des Lichts erreicht wird.*

In den nächsten Sätzen jedoch wird schon wieder zurückgerudert, denn es heißt dort:

> *„Abweichend von Satz 1 kann die Gesamtgröße der Fläche, durch die Tageslicht einfallen kann, auf bis zu 1,5 Prozent der Stallgrundfläche verkleinert werden, soweit die in Satz 1 vorgesehene Fläche aus Gründen der Bautechnik und der Bauart nicht erreicht werden kann. Satz 1, auch in Verbindung mit Satz 2, gilt nicht für Ställe, die in bestehenden Bauwerke eingerichtet werden sollen, soweit eine Ausleuchtung des Aufenthaltsbereiches der Schweine durch natürliches Licht aus Gründen der Bautechnik und der Bauart oder aus baurechtlichen Gründen nicht oder nur mit unverhältnismäßig hohem Aufwand erreicht werden kann und eine dem natürlichem Licht so weit wie möglich entsprechende künstliche Beleuchtung sicherstellt.“*

Nach § 25 Abs.2 *„sind Jungsauen und Sauen im Zeitraum von über vier Wochen nach dem Decken bis eine Woche vor dem voraussichtlichen Abferkeltermin in der Gruppe zu halten."*

Anmerkung: Sauen haben eine Tragezeit von 3 Monaten, 3 Wochen und 3 Tagen. Daraus ergibt sich, dass entsprechend §25 Abs.2 die Muttertiere jeweils 2 Monate, zwei Wochen und drei Tage aus den oben beschriebenen Kastenständen zu entfernen und in Gruppenbuchten „zur freien Bewegung" unterzubringen sind. In der alten Schweinehaltungsverordnung war den Sauen s.o. lediglich für vier Wochen einmal pro Tag ein kurzer Auslauf eingeräumt worden. Wer jetzt glaubt, dass den „armen Säuen" seit dem 22. August 2006 mehr Bewegungsfreiheit zugestanden wird, der sieht sich getäuscht. Denn im § 27 (Übergangsregeln) ist im Abs. 16 zu lesen:

> *„Abweichend von § 25 Abs.1 in Verbindung mit Abs.2 und 3 dürfen Jungsauen und Sauen in Haltungseinrichtungen, die vor dem 4. August 2006 bereits genehmigt oder in Benutzung genommen worden sind, noch bis zum 31. Dezember 2012 gehalten werden, wenn sie jeweils nach dem Absetzen der Ferkel insgesamt vier Wochen lang freie Bewegung erhalten."*

Das Ganze nennt sich dann Bestandschutz. Die Übergangszeit von mehr als sechs Jahren ist um so unverständlicher wenn man weiß und wie oben beschrieben, dass bereits nach der alten Schweinehaltungsverordnung die Betriebe Ausläufe für früh-tragende Sauen vorhalten mussten. Es kann doch wohl keine sechs Jahre dauern, um diese Auslaufflächen in Gruppenbuchten umzugestalten.

Mit dem Bestandschutz ist das so eine Sache. In einem ähnlichen Zusammenhang bringt M. Karremann in seinem Buch „Sie haben uns behandelt wie Tiere" m.E. einen passenden Vergleich:

> *„Sie rasen mit dem Auto durch die 30-Zone. Sie werden wohlverdient geblitzt. Können Sie sich vorstellen, dass der Polizist sagt: „Die nächsten fünf Jahren dürfen Sie noch durch die 30-Zone rasen, aber nach den fünf Jahren müssen Sie dann 30 fahren ..."? Sicher nicht."*

Anmerkung: Bei unseren Schweinen sind es sechs Jahre.

Zu b 1.) § 22 Abs. 1: *„Saugferkel dürfen erst im Alter von über vier Wochen abgesetzt werden. Abweichend von Satz 1 darf ein Saugferkel früher abgesetzt werden, wenn dies zum Schutz des Muttertieres oder des Saugferkels vor Schmerzen, Leiden oder Schäden erforderlich ist. Abweichend von Satz 1 darf ferner ein Saugferkel im Alter über drei Wochen abgesetzt werden, wenn sichergestellt ist, dass es unverzüglich in gereinigte und desinfizierte Ställe oder vollständig abgetrennte Stallabteile verbracht wird, in denen keine Sauen gehalten werden.“*

Gereinigte und desinfizierte Ställe sind ebenso wie vollständig abgetrennte Stallabteile Forderungen mit Selbstverständlichkeitscharakter.

Ergo: **Satz 3 hebt Satz 1 wieder auf.**

Zu b 2.) Ganz ähnlich verhält es sich bei § 25 Abs. 7: *„In der Woche vor dem voraussichtlichen Abferkeltermin muß jeder Jungsau oder Sau ausreichend Stroh oder anderes Material zur Befriedigung ihres Nestbauverhaltens zur Verfügung gestellt werden, soweit dies nach dem Stand der Technik mit der vorhandenen Anlage zur Kot- und Harnentsorgung vereinbar ist.“*

Ergo: **Der 2. Halbsatz (siehe Teilspaltenböden) hebt den 1. Halbsatz wieder auf.**

Was kann man da noch sagen?

„Arme Schweine“

13   Hühnermast

13.1   Quantitative Aspekte der Hühner-Mast in Deutschland

Die Hühnermast, meist jedoch Hähnchen- oder Broilermast genannt, hat in den letzten Jahren eine rasante Entwicklung erfahren. Nach Angaben von Professor Windhorst (2002) ist in der Bundesrepublik Deutschland allein in den Jahren 1996 bis 2002 ein Anwachsen der Masthähnchenplätze von 43,4 Millionen auf 51,4 Millionen zu verzeichnen; d.h. eine Zunahme von 18,4 %.

Aufschlussreich ist in diesem Zusammenhang der Anstieg des jährlichen Pro-Kopf-Verbrauchs an Geflügelfleisch in der Bundesrepublik seit 1952:

1952	1960	1985	1990	1996	2003
1,2 kg	4,5kg	9,7 kg	12,4 kg	14,1 kg	8,2 kg

Die Nachfrage stieg nicht zuletzt auch deshalb, weil aus agrar- und Verbraucher-politischen Gründen die Preise für Hähnchenfleisch künstlich niedrig gehalten wurden. Nach Angaben von Hörning (1993) kostete ein Brathähnchen 1950 das gleiche wie Anfang der neunziger Jahre; 1950 konnte ein Industriearbeiter für seinen Stundenlohn 200 Gramm Hähnchenfleisch kaufen; heute sind es fünf kg, was ein Plus von 2.500 % bedeutet.

Die niedrigen Erzeugerpreise sind auch der Hauptgrund für den starken Konzentrationsprozess in der Hähnchenmast, der durch folgende Statistik verdeutlicht wird.

Mat. 9-17:
Größenstruktur der deutschen Hühnermastbetriebe (2003)
(Quelle: von Bitter und Windhorst 2005, S. 28)

Größenklasse von ... bis ... Masthühner	Betriebe		Masthühner	
	Anzahl	Anteil (%)	Anzahl	Anteil (%)
bis 9.999	9.917	91,3	680.605	1,2
10.000-24.999	246	2,3	4.365.537	8,0
25.000-49.999	397	3,7	13.792.286	25,3
50.000-99.999	208	1,0	13.619.723	24,9
100.000-199.999	62	0,6	8.271.202	15,1
200-000 und mehr	27	0,2	13.882.121	25,4
Gesamt	**10.857**	**100,0**	**54.611.374**	**100,0**

Neben dem Umstand, dass in immer weniger Betrieben immer mehr Tiere gemästet werden – Bittermann und Plank (1990) sprechen daher von „Tierfabriken" – ist auch eine starke regionale Konzentration zu verzeichnen. 50,9 % aller Masthähnchen stammen aus Niedersachsen und davon mehr als die Hälfte allein aus fünf Landkreisen. Ein Hauptgrund dafür ist die Nähe zu den Nordseehäfen, über die der größte Teil der hauptsächlich aus Übersee stammenden Futtermittel importiert wird. Nach Hörning (1993) verfügen 70 % der Betriebe mit jeweils mehr als 50.000 Mastplätzen über keine eigenen landwirtschaftlichen Flächen. Bei den kleineren Betrieben ist die bereits erwähnte Lohn- oder Vertragsmast weit verbreitet; die Landwirte erhalten festgesetzte Preise pro abgeliefertem Masttier; Küken und Futter beziehen sie in der Regel von der Firma, an die sie dann die schlachtreifen Broiler liefern.

In Deutschland wird vorwiegend die sogenannte Kurzmast praktiziert, bei der hochgezüchtete Mastrassen (Hybriden) mit Hilfe hochenergetischen Futters innerhalb von 33 Tagen – so das Geflügeljahrbuch 2007 – auf ein Gewicht von ca. 1,5 kg getrieben werden.

Die Konzentration in der Geflügelmast hat fast zwangsläufig zu einer enormen Intensivierung der Haltungsbedingungen geführt.

Masthähnchen sind überwiegend in Gruppen von 10.000 -20.000 Tieren in zumeist fensterlosen Ställen mit künstlicher Beleuchtung und Belüftung untergebracht. Die Besatzdichte wird in kg Lebendgewicht pro m² Stallfläche angegeben. Am Ende der Kurzmast (Durchschnittsgewicht der Broiler =1,5 kg) bedeutet z.B. eine Besatzdichte von 30 kg, dass 20 Masthähnchen sich den Platz von einem Quadratmeter teilen müssen.

Da schnelles Fleischwachstum und hohe Eierleistung beim Geflügel sich gegenseitig negativ beeinflussen, werden seit Beginn der sechziger Jahre jeweils spezielle Zuchtprogramme für die jeweilige Nutzungsrichtung durchgeführt; zum einen sind es die sogenannten Legehybriden mit mehr als 300 Eiern pro Legeperiode und zum anderen die „modernen" Broiler, deren Fleischwüchsigkeit, tägliche Zunahmen und Futterverwertung ständig gesteigert worden sind, wie die folgende Tabelle – nach Hörning (1993) – verdeutlicht:

	Mastdauer [Wochen]	Endgewicht [g]	tgl. Zu-nahme [g]	Futter-verwertung
1945	10,0	1.200	17	1 : 3,0
1960	8,0	1.100	20	1 : 2,4
1970	7,5	1.600	30	1 : 2,1
1980	6,0	1.700	40	1 : 1,8
1990	5,0	1.600	46	1 : 1,6

Eine vom Bundeslandwirtschaftsministerium eingesetzte Sachverständigengruppe räumt in einer Stellungnahme von April 1993 ein:

„Probleme bei der praktischen Broilerzucht treten vor allem durch negative Korrelationen zwischen Merkmalen auf (Merkmalsantagonismus). Bekannt sind negative Korrela-tionen zwischen Mast- und Reproduktionsleistung. Vermutet werden negative Beziehungen zwischen Mastleistung und

*Konstitution bzw. Stressresistenz. Einige Formen von Bein-
und Kreislaufschwäche werden als Folge einer genetischen
Disposition angesehen."*

Masthähnchen machen heute eine extrem forcierte Entwicklung
vom Küken bis zum schlachtreifen Broiler durch. Um das von
Masthähnchen in 35 Tagen erzielte Gewicht von 1,5–1,6 kg zu
erreichen, benötigten Legehennen ca. 120 Tage. Den täglichen
Zunahmen von 46 Gramm bei Broilern stehen ca. 11 Gramm bei
Legehybriden gegenüber. Die züchterische Selektion auf hohe
Zunahmen, verbunden mit enormer Muskelfülle, blieb nicht ohne
pathophysiologische Auswirkungen. Während um 1950 der
Brustfleischanteil eines Huhnes je nach Rasse zwischen 17 bis
19 % des Körpergewichtes ausmachte, liegt er heute bei den
Masthähnchen bei 25 %. Mit der genetisch bedingten enormen
Zunahme und unphysiologischen Muskelausprägung, deren
Rahmen durch die hochenergetische Fütterung nahezu völlig
ausgereizt ist, kann das heranwachsende Skelett nicht mehr
mithalten. Die Folge davon sind Gliedmaßen- und Skelett-
schäden, wie z.B. das sogenannte Beinschwächesyndrom, das
mehr und mehr zu einem Problem der Geflügelmast wird. Die
Broiler leiden zunehmend unter Schmerzen und ihre durch hohe
Besatzdichte ohnehin eingeschränkte Fortbewegung wird weiter
reduziert. Ein Effekt der Skelettveränderungen ist, dass die Tiere
vermehrt hocken oder liegen, da sie sich schlecht auf den Beinen
halten können. Dadurch bekommt die Körperunterseite verstärkt
Kontakt mit dem vom Kot der Tiere aufgeweichten Boden, wobei
die bei intensiv gehaltenem Mastgeflügel stark verbreitete
Brustblasenerkrankung provoziert wird. Außerdem kommt es in
diesem Bereich verstärkt zu durch Ammoniak verursachte
Hautläsionen, die von den Geflügelhaltern als „Verbrennungen"
bezeichnet werden. Dass sich bei steigender Besatzdichte und
dem damit häufig verbundenen Verunreinigungsgrad der Einstreu
die Probleme oft potenzieren, belegen Untersuchungen von
Cravener und Mitarbeitern aus dem Jahre 1992.

In einem sehr umfangreichen Gutachten „Zur Problematik der
intensiven Hähnchenmast aus der Sicht des Tierschutzes" kommt
der Professor Hörning (1993) zu dem Ergebnis:

„Ganz abgesehen von den genannten Verhaltenseinbußen werden leistungsbedingte Gesundheitsstörungen wie Beinschäden oder Brustblasen in der heutigen Broilerproduktion bewusst in Kauf genommen (s. Proudfoot et all 979, Shanawany 1988, Cravener et al. 1992), da trotz gehäufter Störungen wie Brustblasen oder Beinschäden mehr Tiere je Grundfläche verkauft werden können. Die Rentabilität wird nicht per Tier, sondern per m² errechnet."

Als weitere spezifische leistungsbedingte Erkrankungen bei intensiver Broilermast sind der plötzliche Herztod, das Aszites-Syndrom (Leibeshöhlenwassersucht) und ein erhöhter Anteil an Fettleberdegenerationen zu nennen.

Bergmann und Mitarbeiter belegten 1992 Zusammenhänge zwischen Wachstumsraten und Herz-Kreislaufversagen:

Linie	tgl. Zunahmen	Herztod (in % der Gesamtverluste)
A1	27 g	4
B1	30 g	12
C1	36 g	22
D1	39 g	32
E1	43 g	ca. 30
F1	55 g	ca. 50

Nach Julian (1987) ging die Züchtung auf Wachstum und erhöhten Fleischansatz auch zu Lasten der Atmungskapazität, da die Lungen bei den heutigen Broilern langsamer wachsen als der Gesamtorganismus. Daraus entsteht besonders bei Stress-zuständen und schlechtem Stallklima in den Lungen der Tiere ein Überdruck (Lungenödem); auf Grund der Beeinträchtigung des gesamten Kreislaufsystems kommt es schließlich zum Eintritt von Flüssigkeit in die Bauchhöhle, was häufig jedoch erst nach der Schlachtung der Tiere erkannt wird.

Nach Siegmann (1993) nimmt das Aszites-Syndrom bei Broilern von Jahr zu Jahr zu. Scherer (1989) konnte signifikante Zusammenhänge zwischen täglichen Zunahmen und dem Auftreten von Fettlebern nachweisen. Nach Nitsan und anderen (1991) wachsen bei den hochgezüchteten Masthähnchen die Lebern langsamer als der Magen-Darmtrakt.

13.2 An einem heißen Wochenende starben in der Region Weser-Ems hunderttausende von Tieren

Dass sich die genannten leistungsbedingten Erkrankungen bei hoher betriebsspezifischer und regionaler Konzentration zu regelrechten Tierkatastrophen ausweiten können, wird durch Ereignisse belegt, die sich an einem Wochenende im August (8.8.–10.8.) 1992 in Niedersachsen ereignet haben. Wie bereits im Kapitel 3 kurz erwähnt, verendeten an diesem ungewöhnlich heißen Wochenende in den Geflügelställen der Region Weser-Ems hunderttausende von Tieren, insbesondere Masthähnchen. Die Reaktionen in den Medien und in der Bevölkerung waren ungewöhnlich heftig und dauerten längere Zeit an. Vom niedersächsischen Ministerium wurde eine Arbeitgruppe „Tierschutz in der Geflügelmast" beauftragt, die Problematik der Masthähnchenhaltung im Regierungsbezirk Weser-Ems zu überprüfen und Vorschläge zur Verbesserung der Situation zu erarbeiten. Folgende Ziele wurden formuliert:

1. Dokumentation des Ist-Zustandes der Hähnchenhaltung im Regierungsbezirk Weser-Ems,

2. Festlegung des Soll-Zustandes,

3. Erarbeitung von Empfehlungen zur Broilerhaltung, Erstellen eines Anforderungskatalogs,

4. Prüfung der rechtlichen Möglichkeiten zur Umsetzung des Anforderungskatalogs.

Die besagte Arbeitsgruppe, bestehend aus einer Juristin und einem Tierarzt der Bezirksregierung Weser-Ems, zwei Wissenschaftlern, mehreren beamteten Tierärzten der hauptsächlich betroffenen Landkreise sowie einer eigens hierfür abgestellten

266

amtlichen Tierärztin legte nach zahlreichen Vor-Ort-Recherchen und -Gesprächen, nach entsprechenden Labor-Untersuchungen, Erörterungen und lang andauernden Sitzungen am 31. Januar 1993 einen 96 Seiten umfassenden Bericht unter dem Titel „Untersuchungen zur Masthähnchenhaltung im Regierungsbezirk Weser-Ems, Teil I: Tierschutzrelevante Aspekte" vor.

13.3   Die Ergebnisse der Expertengruppe

Im Folgenden sollen die wesentlichen Feststellungen der Arbeitsgruppe sowie die sich daraus herzuleitenden Erfordernisse und Konsequenzen wiedergegeben werden:

1.   Untersuchungen zum Tag-Nacht-Rhythmus

Nach eigenen Untersuchungen der Arbeitsgruppe wurden die Broiler in 28 von 29 Ställen bei Dauerlicht gehalten. Nur in einem Stall wurde das Licht zwei mal pro Tag für jeweils drei Stunden abgeschaltet. Die Auswertung von entsprechenden Fragebögen an die Mastbetriebe ergab, dass in 222 (92,1 %) von 241 fensterlosen Ställen die Masthähnchen bei Dauerbeleuchtung gehalten wurden. Die Arbeitsgruppe kommt zu folgenden Feststellungen: *„Bei Dauerlicht haben die Tiere keine zusammenhängende Ruhephase, sie stehen unter Dauerstress"* und *„Hühner sind tagaktive Vögel; Hähnchenmast bei Dauerlicht ist nicht artgemäß"*.

2. Stallklima

Nach Feststellungen der Arbeitsgruppe sind in Niedersachsen rund 94 % der Broilerställe geschlossene fensterlose Bauten mit Zwangsentlüftung. Stichprobenhaft wurden in 18 fensterlosen und acht sogenannten Louisianaställen während der Endmast die Ammoniakgehalte gemessen.

Dazu eine Anmerkung: Seit Beginn der neunziger Jahre werden in der Bundesrepublik Deutschland für die Hähnchenmast u.a. auch Offenställe, sogenannte „Lousianaställe", verwendet mit Wind- bzw. Schwerkraftentlüftung und natürlichem Tageslicht.

Die o.a. Untersuchungsergebnisse weisen aus, dass in 15 von 18 konventionellen Ställen die Ammoniakgehalte über 20 ppm lagen; Höchstwert: 60 ppm NH3. Bei den Lousianaställen lagen fünf von acht über 20 ppm; Höchstwerte: 50 ppm.

Nach Siegmann (1993) werden toxische Konzentrationen bei Ammoniak ab 20 ppm erreicht. Die Arbeitsgruppe kommt dann auch in ihrem Bericht zu der Feststellung: *„Nach Literaturangaben kommt es ab einer Ammoniakkonzentration von 20 ppm zu Schädigungen und Erkrankungen von Masthähnchen"* und zu der Forderung: *„Der Ammoniakgehalt in Hähnchenställen darf im Tierbereich 20 ppm nicht überschreiten."*

3. Einstreu

Nach Feststellungen der Arbeitsgruppe wurde nur in einem von 29 überprüften Broilerställen die Einstreu ergänzt. In dem Bericht heißt es dazu: *„Nur in diesem Stall saßen die Broiler auch am letzten Masttag noch auf einer durchgehenden, trockenen Strohmatratze"* ... *„Während eines Mastdurchganges wird üblicherweise nicht nachgestreut. Im Verlauf des Mastdurch-ganges erhöht sich der Kotanteil, so dass die Hähnchen am Ende der Mast fast nur noch auf Kot sitzen bzw. liegen."*

Fölsch und Hoffmann (1992) kommen zu dem Ergebnis: *„Bei hohen Besatzdichten und feuchter Einstreu steigt zudem der Schadgasgehalt, die Tiere bekommen Brustblasen und Gelenk-entzündungen."*

1. **Fütterung:** „Hähnchen werden derzeit fast ausnahmslos (> 97 %) ad libitum mit Alleinfutter in Pelletform gemästet. Der hohe Nährstoffgehalt in heutigen Broilerrationen stellt insofern eine Belastung für die Tiere dar, als die dadurch mögliche Ausschöpfung der Wachstumskapazität das Verhältnis von Herz- zu Lebendgewicht zu Ungunsten der Kreislaufsystems verändert"(Grashorn 1987). Forderung der vom niedersächsischen Landwirtschafts-ministerium beauftragten Arbeitsgruppe: „In der Häh-chenmast ist die ausschließliche Fütterung mit hoch-energetischem Futter in Pelletform aus Tierschutzgründen

abzulehnen. Die Futterform muss dem arteigenen Nahrungssuch- und Nahrungsaufnahmeverhalten Rechnung tragen. Der Energiegehalt des Futters ist auf einen noch zu bestimmenden Grenzwert festzulegen."

2. **Krankheiten:** Die Arbeitsgruppe hat bei einer Gesamtzahl von insgesamt 119.221 Masthähnchen eingehende Untersuchungen auf Beeinträchtigungen des Gesundheitszustandes bzw. Erkrankungen der Tiere durchgeführt und zwar mit folgenden Ergebnissen:

- Nach einer repräsentativen Stichprobe wiesen annähernd 1/5 der zur Schlachtung abgelieferten Tiere haltungsbedingte und/oder transportbedingte Schäden auf. Bei einer Stichprobe von 1.699 nach der Schlachtung abgesetzten Broilerfüßen zeigten lediglich 49 % der Füße keine krankhaften Sohlenballenveränderungen; 23 % zeigten geringgradige, 16 % mittelgradige und 11 % hochgradige Veränderungen der Sohlenballen. Aufgrund der histologischen Untersuchungen wurde im zuständigen Staatlichen Veterinäruntersuchungsamt Oldenburg die Diagnose gestellt, dass zumindest die hochgradigen Veränderungen mindestens über einen Zeitraum von 7-10 Tagen bestanden hatten. Die Arbeitsgruppe kommt daher auch zu folgender gutachtlichen Aussage:

- *„Entzündungsprozesse der Sohlen- und Zehenballen, die seit mindestens 7-10 Tagen bestehen und Nekrosen von bis zu 4mm Tiefe verursachen, bedeuten für die Tiere „länger anhaltende, erhebliche Schmerzen, Leiden und Schäden . Nach § 17 Ziff. 2b* TierSchG. (Tierschutzgesetz) *ist dies ein Straftatbestand."*

- Bei einer Broilerherde von insgesamt 5.379 Masthähnchen wurden 24,3 % der Tiere bei der Schlachtung vorwiegend auf Grund des Vorhandenseins von Brustblasen fleischbeschaurechtlich beanstandet.

13.4   Das Sonderthema „Besatzdichte"

Nach eigenen Erhebungen der Arbeitsgruppe und nach Auswertungen von Fragebögen hat sich ergeben, dass in Niedersachsen bei mindestens 67 % der Hähnchenmastbetriebe eine Besatzdichte von 30 kg/m^2 überschritten wurde. Als maximaler Wert wurden 42 kg/m^2 ermittelt.

Dazu sei kurz angemerkt, dass jedoch Feststellungen von Amtstierärzten im Rahmen der amtlich vorgeschriebenen Schlachtgeflügellebenduntersuchung, die 24–72 Stunden vor Ausstallung der Tiere im Herkunftsbestand erfolgt, belegen, dass der oben genannte Prozentsatz in praxi teilweise noch überschritten wird.

Auf Grund der Länge und Breite schlachtreifer Broiler sowie der daraus resultierenden abgedeckten Bodenfläche in Abhängigkeit zum jeweiligen Mastendgewicht hat die Arbeitsgruppe entsprechende schematische Darstellungen (Silhouetten 1,5 kg schwerer schlachtreifer Broiler) angefertigt, die verdeutlichen, welche Fläche eine bestimmte Tierzahl abdeckt bzw. wie viel Bewegungsfreiheit den Tieren noch verbleibt.

Die gezeigten schematischen Bilder bedürfen m.E. keines Kommentars.

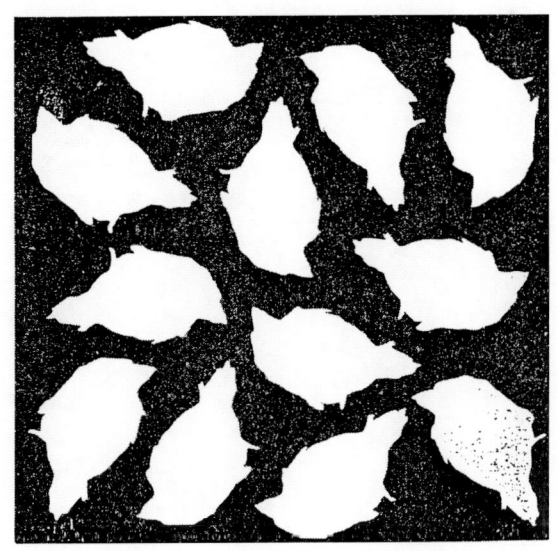

Schematische Darstellung einer Besatzdichte von 18 kg/m²

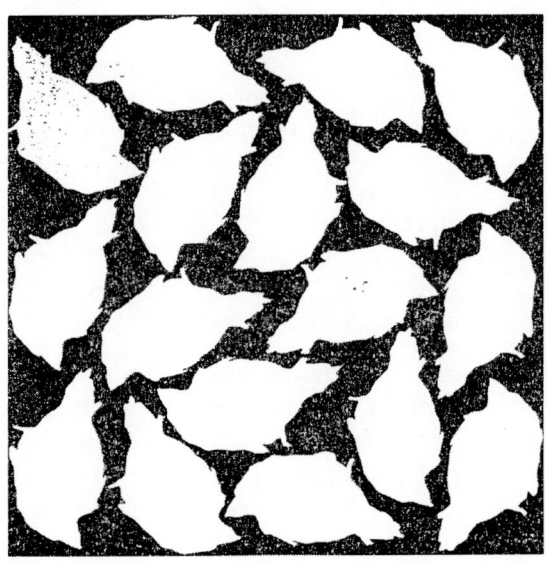

Schematische Darstellung einer Besatzdichte von 25,5 kg/m²

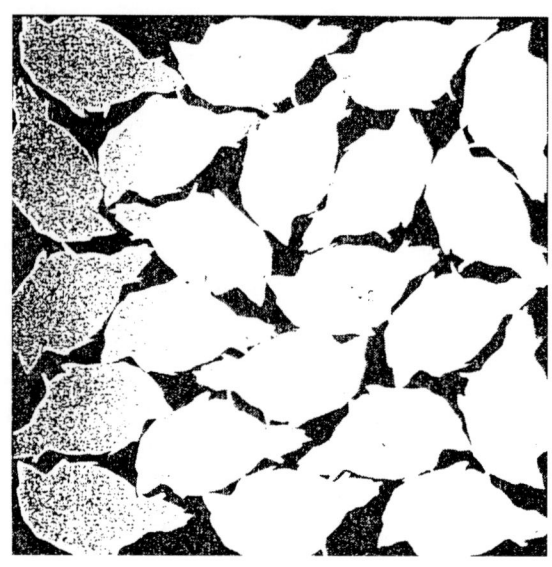

Schematische Darstellung einer Besatzdichte von 33 kg/m²

Die vom niedersächsischen Landwirtschaftsminister einberufene Arbeitsgruppe „Tierschutz in der Geflügelmast" kommt hinsichtlich der Besatzdichte in ihrem Gutachten vom 31. Januar 1993 zu folgendem Ergebnis:

„Nach eigenen Feststellungen und unter Berücksichtigung verschiedener Modellvorstellungen zur Berechnung der Besatzdichte darf eine Besatzdichte von maximal **25 kg/m² (+/– 10 %)** nicht überschritten werden."

Unter Berufung auf Untersuchungen der o.a. Arbeitsgruppe verkündete das niedersächsische Landwirtschaftsministerium am 10.2.1993 einen Erlass, in dem eine maximale Besatzdichte von **30 kg/m²** vorgeschrieben wurde. In der Zeit vom 15.4.–15.9 eines jeden Jahres hat wegen der erhöhten Temperaturen eine Reduzierung auf **27 kg/m²** zu erfolgen. Die Geflügelwirtschaft, der die Besatzdichte des Landwirtschaftsministers immer noch zu gering war, intervenierte daraufhin beim Minister und setzte ihre Lobby in Gang. Folge: Die Bezirksregierung rief die Verwaltungen der Landkreise zusammen und wies diese an, den Erlass zunächst noch nicht anzuwenden. Zwei Landkreise wurden angewiesen, gegen jeweils einen einzigen Mäster ihres Kreises eine sogenannte Musterverfügung zu erlassen, um dann nach Widerspruch der betroffenen Mäster über die Verwaltungsgerichte die Rechtmäßigkeit ihrer Verwaltungsakte überprüfen zu lassen. Dass sich derartige Verwaltungsgerichtsverfahren oft über Jahre hinziehen, ist bekannt. Folge: Der Landkreis A weigerte sich mit der Begründung eventueller Regressansprüche durch den per Einzelverfügung einseitig belasteten Mäster. Der Landkreis B. suchte fast zwei Jahre lang unter seinen 180 Mästern den Geeigneten für einen Musterprozess; doch dieser wurde nie gefunden. Es geschah also jahrelang gar nichts. Der Erlass vom 10.2.1993 lag auf Eis.

Am 30.10.1997 unterschreibt der damalige niedersächsische und spätere Bundeslandwirtschaftsminister Funke eine Vereinbarung des Niedersächsischen Ministeriums für Ernährung, Landwirtschaft und Forsten und der Niedersächsischen Geflügelwirtschaft über „Mindestanforderungen in der Junghühnermast". Auf Seite drei, Mitte, steht dann der Satz:

> *„Der Tierhalter wird die Besatzdichte so planen, dass in der Endphase der Mast (3 Tage vor dem Ausstallungstermin)* **35 kg Lebendgewicht pro m²** *nutzbarer Stallgrundfläche nicht überschritten werden."*

Beim Lesen dieser Vereinbarung verschlägt es mir noch heute die Sprache. Und 35 kg/ m² waren noch nicht einmal Ende der Fahnenstange. Wie allgemein bekannt ist, erhöhen sich bis zum Mastende mit zunehmendem Alter der Tiere auch die täglichen Gewichtszunahmen. Dies war dem Arbeitskreis, dem niedersächsischen Geflügelwirtschaftsverband und auch dem Niedersächsischen Landwirtschaftsministerium bekannt, wie aus dem Protokoll über eine „Besprechung zur Weiterentwicklung des „Hähnchenerlasses" am 20.11.1995 hervorgeht." Hier heißt es wörtlich: „Die größten Zunahmen sind nach Auskunft von Herr Albers und Herrn Tiedemann in den letzten Tagen der Mast zu erwarten, wo durchaus Zunahmen von 1,5 kg/m² erreicht werden können."

Anmerkung: Die beiden genannten Herren sind Mitglieder im niedersächsischen Geflügelwirtschaftsverband.

Warum war die Besatzdichte von 35 kg/m² nicht gekoppelt an das Mastende, sondern – siehe oben – auf „3 Tage vor dem Ausstallungstermin" festgeschrieben? Diese 3 Tage erhöhen nämlich die Gewichte/m² um 3-mal 1,5 kg was eine tatsächliche Besatzdichte bei Ausstallung der Tiere von **39,5 kg/m²** bedeutet.

Es sei lediglich noch darauf hingewiesen, dass bereits seit Mitte der achtziger Jahre in den Genehmigungsbescheiden der niedersächsischen Landkreise für Broilerställe in der Regel eine maximale Besatzdichte von 30 kg/m² bindend vorgeschrieben war. Dass dieses dem Minister Funke durchaus bekannt und bewusst war, ist nachzulesen in der Landtagsdrucksache 13/1854. In Beantwortung einer Anfrage im Niedersächsischen Landtag erklärte nämlich Minister Funke am 26.3.1996, dass „die geforderte und z.T. in vielen Genehmigungsbescheiden auch verankerte Besatzdichte von 30 kg/m² +/- 10 % überschritten wurde."

Das heißt im Klartext, dass sich der Minister mit der o.a. Vereinbarung bewusst über bestehende Rechtsetzung hinweggesetzt hat.

Es stellt sich daher die Frage, ob in der Bundesrepublik Deutschland der für den Tierschutz zuständige Minister über dem Gesetz steht?

Die o.a. Vereinbarung Niedersachsens aus dem Jahre 1997 wurde von den meisten Bundesländern übernommen und findet auch noch im Jahr 2007 Anwendung.

14   Putenmast

14.1   Die regionale und vertikale Konzentration

Die regionale wie auch die vertikale Konzentration der Putenmast in Deutschland ist noch extremer als in der Broilerhaltung. Nach Windhorst (1998) stammen mehr als 50% der in Deutschland gemästeten Puten aus Niedersachsen, wobei 26% allein in einem einzigen Landkreis gemästet werden.

Entwicklung der Putenhaltung zwischen 1970 und 2001:

(Klohn und Windhorst 2003)

	1970	1980	1990*	2001
Betriebe:	20.000	6.000	7.000	3.000
Mastplätze:	884.000	1.518.000	4.528.000	9.471.000

* ab 1990 Gesamtdeutschland

Neben der enormen Konzentration, sowohl einzelbetrieblich wie regional, ist die einseitige züchterische Einengung von großer Bedeutung.

In Deutschland wird vorwiegend die Zuchtlinie Big 6 gemästet, die auf extreme Mastleistung getrimmt ist. Hatte vor 25 Jahren ein Truthahn noch durchschnittlich ein Mast-Endgewicht von 11 Kilogramm, so erreichen Putenhähne in den letzten Jahren nach einer Mast von 22 Wochen fast das Doppelte. Und selbst dieses ist noch nicht „Ende der Fahnenstange" Die Zuchtorganisation British United Turkeys (BUT) hat eine weitere Steigerung um 1kg bei kürzerer Mastdauer angekündigt.

Putenhennen (Foto: E. Wendt)

Intensivmast Putenhähne (Foto: E. Wendt)

Was die Gewichtsentwicklung in der heutigen Putenmast angeht, bringt die Tierärztin Dr. S. Petermann 1998 folgenden Vergleich:

> *„Ein Sumo-Ringer im besten Kampfesalter von 20 Jahren hat ein Körpergewicht von 225 kg (Follath 1985). Beim angenommenen Geburtsgewicht eines strammen Jungen von 3.500 g hat er innerhalb von 20 Jahren sein Körpergewicht etwa um das 65-fache gesteigert. Auch Puten fangen klein an. Bei Einstallung wiegt ein Putenküken der in Deutschland nahezu ausschließlich eingesetzten Zuchtlinie Big 6 ca. 50 Gramm. Ein Putenhahn hat im besten Schlachtalter von 22 Wochen ein Mastendgewicht von ca. 20 kg. Innerhalb nicht einmal eines halben Jahres hat er damit sein Körpergewicht um das 400-fache gesteigert. "*

Während bei Broilern der Brustfleischanteil bei 25% liegt, ist dieser nach Grashorn u.a. (1995) bei Mastputen inzwischen auf 40% angewachsen, was zunehmend zu ähnlichen leistungs- und haltungsbedingten Defiziten und Erkrankungen geführt hat, wie sie bereits bei der Broilerhaltung beschrieben wurden. Petermann (1998) berichtet über umfangreiche Kontrollen in Niedersachsen, bei denen während und nach der Schlachtung insbesondere (a) Sohlenballen- und (b) Brustveränderungen eingehend untersucht wurden. Über einen Zeitraum von 13 Monaten wurden insgesamt 134 Putenherden überprüft. Je Herde wurden jeweils 100 Putenhähne makroskopisch beurteilt.

a) „Geringgradige Veränderungen der Fußballen wurden in allen untersuchten Herden nachgewiesen. Ihre Häufigkeit schwankte in den einzelnen Herden zwischen 9% und 82 % der untersuchten Individuen.

Mittelgradige Veränderungen der Fußballen wurden in 117 Herden (= 87%) diagnostiziert. Zwischen 1% und 72% der Individuen waren betroffen.

Hochgradige Veränderungen wurden in 46 Herden (= 34%) festgestellt.

Zwischen 1 % und 36 % der Individuen waren betroffen. In 26 Herden (19 %) wiesen 10 oder mehr der Tiere hochgradige Fußballenveränderungen auf."

In diesem Zusammenhang sei auf die gutachtliche Stellungnahme der Arbeitsgruppe Masthähnchenhaltung im Regierungsbezirk Weser-Ems aus dem Jahr 1993 verwiesen.

b) „Geringgradige Veränderungen des Brustbereichs wurden in allen134 Herden nachgewiesen.Die Häufigkeit des Auftretens schwankte in den einzelnen Herden zwischen 1 % und 81 % der untersuchten Individuen.

Mittelgradige Veränderungen des Brustbereichs Wurden in 112 Herden (= 83 %) diagnostiziert. Zwischen 1 % und 33 % waren betroffen.

Hochgradige Veränderungen wurden in 74 Herden (= 55 %) festgestellt. Zwischen 1 % und 68 % der Puter waren betroffen. In 10 Herden (= 7 %) wiesen 10 oder mehr der Individuen hochgradige Brustveränderungen auf."

14.2   Qualzuchten

An dieser Stelle ist es m. E. notwendig auf ein Problem in der Geflügelmast hinzuweisen, das allen, die mit der Geflügelmast befasst sind, durchaus bewusst ist. Aber weder im wissenschaftlichen Schrifttum noch bei entsprechenden Tagungen, Symposien oder Kongressen wird in der Regel das Thema Qualzuchten in aller Offenheit vorgetragen und diskutiert.

Bei wissenschaftlichen Kongressen habe ich wiederholt erlebt, dass die oder der Vortragende am Beispiel von 10.000 – Liter – Kühen, der Legeleistung von Hochleistungshennen oder der Mastleistungen von Masthähnchen oder Puten nur ansatzweise davon sprachen, dass bei der einen oder anderen Tierart bzw. Nutzungsart „die Leistungsgrenzen erreicht" oder „bereits teilweise überschritten" sei.

Nach einem solchen Vortrag wird in der sich anschließenden Diskussion dieses Thema jedoch in der Regel nicht weiter erörtert; der Ball wird – wie es neudeutsch heißt – flach gehalten.

Fragt man dann z.B. In der Sitzungspause den (die) Referenten (in): „Sagen Sie 'mal, handelt es sich bei den schweren Mastputen nicht eigentlich um Qualzucht?", dann erhält man fast regelmäßig die Antwort: „Natürlich, Herr Kollege, handelt es sich hier um Qualzucht." Und dann kommt das Aber: z. B. werden ökonomische Gründe angeführt oder Haltungsfragen, die die Symptome bei den Tieren noch verstärken; oder auch: „Ich komme in Teufels Küche mit meinem Abteilungsleiter im Ministerium, wenn ich die Dinge so offen anspreche."

Die Putenzucht wird im Wesentlichen heute weltweit nur noch von drei großen Zuchtunternehmen (Nicholas in den USA, Hybrid in Kanada und Britsh United Turkeys (BUT) in Großbritannien beherrscht. In der Bundesrepublik Deutschland gibt es nur Vermehrungs- und Mastbetriebe. Die Basiszucht erfolgt vornehmlich in England. Die sogenannte Hybridzucht erfolgt auf der Basis einer 3 – Linien – Kreuzung. Benutzt wird eine schwere fleischbetonte Hahnenlinie, eine Hennenlinie mit guter Reproduktion (Legeleistung) sowie einer weiteren Hennenlinie mit hoher Fleischwüchsigkeit. In Deutschland werden fast ausschließlich die schweren, breitbrüstigen Hybriden Big 6 des britischen Zuchtunternehmens B U T eingesetzt. Deren Zuchtziel besteht in einer maximalen Ausschöpfung des genetischen Wachstumspotentials. Nach Petermann (2005) erfolgt die Vermehrung mittlerweile ausschließlich über künstliche Besamung, da die schweren breitbrüstigen Puten kaum noch in der Lage sind, sich auf natürlichem Wege fortzupflanzen.

Putenküken wiegen bei der Einstallung ca. 50 g, schlachtreife Hähne im Alter von 21–22 Wochen mehr als 20 kg. Die Tiere haben damit in weniger als einem halben Jahr ihr ursprüngliches Körpergewicht um den Faktor 400 gesteigert. Das Körpergewicht der Putenhennen erhöht sich in den ersten 12 Lebenswochen um das 300-fache, während das Mastschwein im Vergleich dazu sein Gewicht in dieser Zeit um den Faktor 18 steigert. Der Brustfleischanteil bei Puten lag 1970 noch bei 32 % während heute Werte um 40 % erreicht werden.

Auf Grund der Selektion auf hohes Wachstum und starke Ausbildung des Brustfleischanteils stellten sich in zunehmenden Maße insbesondere Fortbewegungsstörungen ein. Die Gründe hierfür sind neben dem hohen Körpergewicht vor allem in der mangelnden Mineralisierung der Knochen und Veränderungen in den knorpeligen Wachstumszonen (Dyschondroplasie) der Gliedmaßen zu sehen. Daraus resultieren besonders im letzten Drittel der Mast irreversible Beinverformungen.

Nach Petermann (2005) „wird ihr Auftreten erklärt mit dem hohen Körpergewicht und der starken Ausprägung der Brustmuskulatur; der Körperschwerpunkt ist nach vorn verlagert, die Geometrie der Körpermassen damit verändert. Sowohl das Auftreten der Beinverformungen als auch die Dyschondroplasie beinhalten eine hohe Korellation zur Wachtumsleistung. Diese Tatsache erklärt das erhöhte Auftreten von Beinschwächesymptomen bei den schwereren Hähnen. Die Veränderungen führen bei den betroffenen Tieren zu Schäden, die mit länger anhaltenden Schmerzen und Leiden verbunden sein können." Das Ausmaß hängt zudem von der intensiven Fütterung sowie von den Haltungsbedingungen der Tiere ab.

Des Weiteren betont Petermann (2005), „dass bei Erkrankungen des Herz-Kreislauf-Systems sowohl die genetische Veranlagung der Tiere als auch die Haltungsbedingungen eine Rolle spielen; so ist der Aortenriss eine vornehmlich bei Putenhähnen beobachtete Erkrankung. Sie tritt vor allem zwischen der 8. und 24. Lebenswoche auf. Offensichtlich wird die Erkrankung durch schnelles Wachstum begünstigt. Insbesondere gut entwickelte Tiere verenden plötzlich unter heftigem Flügelschlagen in Bauch- oder Rückenlage. Bei jungen Puten wird zudem eine spontan auftretende, als „Kugelherz" bezeichnete Erkrankung beobachtet. Als Ursache wird ebenfalls eine genetisch bedingte Veranlagung in Kombination mit Sauerstoffmangel vermutet."

§ 11b

(1) Es ist verboten, Wirbeltiere zu züchten oder durch bio- oder gentechnische Maßnahmen zu verändern, wenn damit gerechnet werden muss, dass bei der Nachzucht, den bio- oder gentechnisch veränderten Tieren selbst oder deren Nachkommen erblich bedingt Körperteile oder Organe für den artgemäßen Gebrauch fehlen oder untauglich oder umgestaltet sind und hierdurch Schmerzen, Leiden oder Schäden auftreten.

(2) Es ist verboten, Wirbeltiere zu züchten oder durch bio- oder gentechnische Maßnahmen zu verändern, wenn damit gerechnet werden muss, dass bei den Nachkommen

a) mit Leiden verbundene erblich bedingte Verhaltensstörungen auftreten oder

b) jeder artgemäße Kontakt mit Artgenossen bei ihnen selbst oder einem Artgenossen zu Schmerzen oder vermeidbaren Leiden oder Schäden führt oder

c) deren Haltung nur unter Bedingungen möglich ist, die bei ihnen zu Schmerzen oder vermeidbaren Leiden oder Schäden führen.

(3) Die zuständige Behörde kann das Unfruchtbarmachen von Wirbeltieren anordnen, wenn damit gerechnet werden muss, dass deren Nachkommen Störungen oder Veränderungen im Sinne des Absatzes 1 oder 2 zeigen.

(4) Die Absätze 1, 2 und 3 gelten nicht für durch Züchtung oder bio- oder gentechnische Maßnahmen veränderte Wirbeltiere, die für wissenschaftliche Zwecke notwendig sind.

(5) Das Bundesministerium wird ermächtigt, durch Rechtsverordnung mit Zustimmung des Bundesrates

1. die erblich bedingten Veränderungen und Verhaltensstörungen nach den Absätzen 1 und 2 näher zu bestimmen,

2. das Züchten mit Wirbeltieren bestimmter Arten, Rassen und Linien zu verbieten oder zu beschränken, wenn dieses Züchten zu Verstößen gegen die Absätze 1 und 2 führen kann.

Mitte der neunziger Jahre wiesen die Deutsche Tierärzteschaft und verschiedene Tierschutzorganisationen verstärkt auf entsprechende Defizite sowohl in der Nutztier- als auch in der Heimtierzucht hin und forderten das Bundeslandwirtschaftsministerium auf, von der Ermächtigung nach §11b Abs.5 Nr.1 und 2 Gebrauch zu machen. Daraufhin wurden vom Ministerium zwei

Expertengruppen berufen, entsprechende Gutachten zu erstellen. Im Juni 1999 legte die Sachverständigengruppe Tierschutz und Heimtierzucht unter dem Vorsitz von Professor A. Herzog ihr „Gutachten zur Auslegung von § 11b des Tierschutzgesetzes (Verbot von Qualzüchtungen)" vor. Dieses Gutachten wurde von der PR – Abteilung des Ministeriums, das damals als Bundesministerium für Verbraucherschutz, Ernährung und Landwirtschaft (BMVEL) zeichnete, als Broschüre herausgegeben und konnte dort von jedermann angefordert werden. Das 1999 vom Bundeslandwirtschaftsministerium (BML) in Auftrag gegebene und unter der Leitung von Professor P. Glodek erstellte Gutachten „Berücksichtigung des Tierschutzes bei der Züchtung landwirtschaftlicher Nutztiere" wurde Ende 2000 dem Ministerium – nunmehr BMVEL – vorgelegt und im März 2002 in der Fachzeitschrift „Züchtungskunde" veröffentlicht.

In diesem Gutachten heißt es unter:

3.6.2. Masthühner

(3) Korrelierte unerwünschte Selektionsfolgen

Einseitige Selektion auf Zuwachs und Brustbemuskelung, vor allem in den Hahnenlinien hat offenbar zu folgenden Problemen beigetragen:

- *erhöhte Verluste, möglicherweise verminderte Immunkompetenz*

- *Herz-/Kreislaufinsuffizienz, plötzlicher Herztod, Ascites*

- *Skelettveränderungen, insbesondere Beinschäden, Abknicken der Wirbelsäule*

- *Bewegungsunlust und z.T. dadurch bedingte Brustblasen.*

Generell hat die Selektion auf hohe Zuwachsraten mit entsprechendem Appetit sich negativ auf die Reproduktionsleistung ausgewirkt. Ohne kontrollierte Fütterung würden Mastelterntiere verfetten, weniger legen und in der Fruchtbarkeit nachlassen. Experimentell konnte gezeigt werden, dass die Verluste schnellwüchsiger

Broilerlinien bei Sattfütterung bis zum Ende einer normalen Haltungsperiode (68 Wochen) auf 50 % ansteigen können.

3.6.3. Puten

(3) Korrelierte unerwünschte Selektionsfolgen

Tierschutzrelevante Problembereiche, die z.T. mit der intensiven Selektion auf Wachstumsrate und Brustfleischanteil zusammenhängen hängen können, sind vor allem:

- *Beinschwäche: tibiale Dyschondroplasie, Pododermatitis*

- *Agressivität: Verluste durch Pick- und Hackverletzungen in grossen Bodenställen*

- *Nervosität: Verluste durch Erdrücken bzw. Ersticken bei Panikreaktionen*

- *Herz-/Kreislaufprobleme:Aortenruptur, perinale Hämorrhagien*

- *Brustblasen*

Das zur Kontrolle der Aggressivität übliche und bisher offenbar notwendige Schnabelkürzen ist aus Tierschutzsicht nicht zu tolerieren und muss daher durch andere Maßnahmen ersetzt werden.

Das BMVEL lud dann zu einer Tagung am 11. und 12. Juni 2001 nach Bonn – Röttgen. Geladen waren die zuständigen Referenten von Bund und Ländern, der Deutsche Bauernverband, die Bundestierärztekammer, die Zuchtorganisationen der einzelnen Nutztierarten, mehrere Tierschutzorganisationen und Vertreter der Geflügelindustrie.

Die in Bonn-Röttgen erarbeiteten Ergebnisse waren dem Bundesministerium so wichtig und vordringlich, dass das Sitzungsprotokoll und die beiden als Anlagen beigefügten Statements erst nach mehr als einem Jahr mit Datum vom 28. Juni 2002 den Teilnehmern zugegangen sind. Der als Anlage 1 vorgestellte Entwurf von „Leitlinien des BMVEL über Zuchtziele der Nutztierzucht unter Tierschutzaspekten" wurde nach Angaben des Kollegen K. Fikuart (2007) seit 2001/2002 nicht mehr bearbeitet.

Auf dem 23. Deutschen Tierärztetag vom 9.–11. April 2003 verkündete der Arbeitskreis Tierschutz: Qualzuchten bei Nutztieren unter der Leitung von Prof. Herzog eine Resolution u.a. folgenden Inhalts:

1. Der 23. Deutsche Tierärztetag fordert die Bundesregierung auf, den § 11 b Tierschutzgesetz in der Nutztierzucht durch den Erlass einer Rechtsverordnung nach § 11 Abs. 5 Tierschutzgesetz auf der Basis eines Gutachtens zu konkretisieren.

2. Es sind die in Zuchtzielen definierten Merkmale zu berücksichtigen, welche bei der Nachzucht direkt oder indirekt zu Schmerzen, Leiden oder Schäden führen bzw. führen können.

3. Nicht in Zuchtzielen erfasste Merkmale, die jedoch bei den verschiedenen Populationen und Rassen gehäuft auftreten und gemäß § 11 b tierschutzrelevant sind, müssen ebenfalls berücksichtigt werden.

4. Weiterhin soll das Gutachten die sich aus dem Tierschutzgesetz ergebenden Maßnahmen und Empfehlungen enthalten.

5. Adressaten sind die Zuchtverbände, Züchter und Vermehrer sowie die zuständigen Behörden und die mit der Rechtssetzung befassten Gremien

6. ...

Seitdem hat man zu dem so wichtigen Thema Qualzuchten nur noch wenig gehört. Im Gegenteil, als ich im Januar 2007 im inzwischen wieder umbenannten Bundesministerium für Ernährung, Landwirtschaft und Verbraucherschutz (BMELV) telefonisch das o. a. sogenannte „Glodek – Nutztiergutachten" angefordert habe, kam von dem für den Tierschutz zuständigen Referatsleiter die Frage, warum und wofür ich dieses Gutachten haben wolle. Meine kurze Antwort: „Für eine Veröffentlichung." Dann eine Pause und darauf die Einlassung des Ministerialbeamten: „Mir ist dieses Gutachten nicht bekannt." Und Ende des Telefonats. Ich habe mir dann aber trotzdem „das im Tierschutzreferat des zuständigen Ministeriums unbekannte Gutachten" besorgen können.

14.3 Das Schnabelkürzen bei Puten, Legehennen und Mastenten

Bei Puten, Legehennen und Mastenten in Intensivhaltung sind auf Grund der Haltungsbedingungen Federpicken und Kannibalismus stark verbreitet. Nach Nichelmann (1992) sind Federpicken und Kannibalismus Verhaltensanomalien, welche auf Grund hoher Besatzdichten und der dadurch verursachten permanenten Belastungszustände entstehen. Die unstrukturierte, reizarme Umwelt moderner Haltungssysteme kommt verstärkend hinzu. Die Tiere können angeborene Verhaltensweisen, wie beispielsweise Futtersuche, die bei natürlicher Haltung einen Großteil des Tages in Anspruch nimmt, nicht mehr ausreichend umsetzen. Sie leiden unter Betätigungsmangel und bepicken daher die Nachbartiere. Aber anstatt die Ursachen, die ungenügenden Haltungsbedingungen, zu verbessern, greift man insbesondere bei Puten, aber auch bei Legehennen und Mastenten zu martialischen prophylaktischen Maßnahmen, dem sogenannten Schnabelkürzen. Hierbei werden nicht nur Teile der Hornschicht entfernt, sondern auch durchblutete und schmerzempfindliche Bereiche. Während bei Hühnern und Enten vorwiegend mit unterschiedlichen Schneidwerkzeugen hantiert wird, kommt bei Putenküken fast ausschließlich der sogenannte „Biobeaker" zum Einsatz. Hierbei handelt es sich um ein Lasergerät, mit dem den Küken kurz nach dem Schlüpfen von beiden Seiten ein Loch in den Oberschnabel gebrannt wird. Nach Petermann und Fiedler (1999) weist das unter dem Horn liegende Gewebe nach dem Eingriff umfangreiche Blutungen und Blutgerinnsel auf. Der darunter liegende Knochen wird in größerem Umfang zerstört. Nach ca. 7-10 Tagen fällt die Schnabelspitze ab. Der Schnabelstumpf ist gezackt und rauh, zum Teil liegt der Knochen frei. Bei unsachgemäßer Anwendung des Lasers kann es zu umfangreichen offenliegenden Verletzungen kommen, wenn der Biobeaker anstatt der beiden Löcher eine Rinne in den

Oberschnabel brennt. Petermann und Fiedler (1999) berichten über entsprechende eigene Untersuchungen:

„Dabei fransen die Wundränder stark aus, der zertrümmerte Oberkieferknochen liegt teilweise frei, und die Schnabelspitze ist direkt nach dem Eingriff nur noch über einen schmalen Gewebssteg mit dem Rest des Oberschnabels verbunden. In eigenen Untersuchungen einer zufällig ausgewählten Stichprobe von 29 Küken zeigten acht Tiere Veränderungen dieser Art."

„Wenn die Zertrümmerung des Oberschnabels extrem stark vorgenommen wurde, kann der vordere Rand der Nasenöffnung bei Schlachtputen in die Amputationsstelle einbezogen sein. Die Reepithelisierung des Stumpfes kann unterbleiben, wildes Fleisch und Knochenauftreibungen können sich bilden. Infolge fehlender Abnutzung des Schnabelhorns wird dieses oft schaufelartig verbildet; der Schnabelschluss ist dann nicht mehr gewährleistet".

Der oben genannte Tierarzt und Pathologe H.H. Fiedler hat in mehreren wissenschaftlichen Veröffentlichungen(1991, 1999, 2006, 2006) über die verschiedenen Praktiken des Schnabel-kürzens berichtet. Er hat eingehend die durch Amputation verursachten pathologischen Veränderungen dargelegt und wiederholt auf die Diskrepanz zwischen aktueller Praxis und dem Tierschutzrecht hingewiesen.

Auf einer Arbeitstagung des Bundesverbandes der beamteten Tierärzte am 13.-14. Mai 1993 war in einem Referat „Tierschutz in Intensivhaltungen" von Seiten des niedersächsischen Landwirt-schaftsministeriums (Dayen 1993) folgendes zu hören:

„Weitere tierschutzrelevante Probleme – auf die ich hier nicht näher eingehen möchte – sind die Überforderung der Tiere hinsichtlich ihrer Anpassungsfähigkeit an das Haltungssystem. In diesem Zusammenhang sind die aus tierschutzrechtlicher Sicht abzulehnenden Amputationen (z.B. Schnabelkürzen) zur Unterbindung unerwünschter Verhaltensweisen zu sehen. Diese Manipulationen sind keine geeigneten Maßnahmen zur Lösung dieses Problems.

Diese Problematik ist bei der Bundesratsinitiative zur Änderung des Tierschutzgesetzes berücksichtigt worden."

Die in Berlin versammelten Amtstierärzte nahmen dieses mit Zustimmung und Befriedigung auf. Ob Niedersachsen sich im Bundesrat nicht durchsetzen konnte oder ob das mit Abstand geflügelreichste Bundesland bei den Bundesratsberatungen zur Änderung des Tierschutzgesetzes sich nicht mit dem gebotenen Nachdruck eingesetzt hat, entzieht sich meiner Kenntnis. Tatsache jedoch ist, dass die unter Beteiligung des Bundesrates zustande gekommene Neufassung des Tierschutzgesetzes vom 25.Mai 1998 zwar im § 6 Abs. 1 „das vollständige oder teilweise Amputieren von Körperteilen oder das vollständige oder teilweise Entnehmen oder Zerstören von Organen oder Geweben eines Wirbeltieres" verbietet, aber im § 6 Abs. 3 „das Kürzen der Schnabelspitze bei Nutzgeflügel" wieder erlaubt. Niedersachsen hat dann auch am 16.11.1998 einen Entwurf eines entsprechenden Durchführungserlasses vorgelegt. Um zu verdeutlichen, was nach dem Willen der niedersächsischen Landesregierung zulässig sein sollte, wird die entsprechende Passage des Kapitels „Methoden und Zeitpunkt" in toto wiedergegeben:

Hühner *Kürzen der Schnabelspitze durch schneidbrennende Instrumente (sog. „heiße Messer") bei bis zu 21 Tage alten Küken. In Einzelfällen (z.B. bei dem unerwarteten Auftreten von Federpicken in einer nicht gekürzten Aufzuchtherde oder einer bereits gekürzten Elterntierherde) kann die Vornahme des Eingriffs zu einem späteren Zeitpunkt erforderlich sein.*

Puten *Kürzen der Oberschnabelspitze mit Biobeaker am ersten Lebenstag oder der Schnabelspitze mit einer heißen Metallplatte (700 °C) oder mit einer zweiseitigen, Schere oder einer Amboß-Schere bis zum 10. Lebenstag. Wiederholtes Kürzen bei Elterntieren zu einem späteren Zeitpunkt mit einer zweiseitigen Schere oder einer Amboß-Schere.*

Moschusenten *Kürzung der Oberschnabelspitze mit einer zweiseitigen Schere oder einer Amboß-Schere bis zum 21.*

Lebenstag.
Kürzen der Oberschnabelspitze bei Elterntierherden zu
einem späteren Zeitpunkt mit einer zweiseitigen Schere oder
einer Amboß-Schere.

Sollen andere Methoden oder Durchführungsmodalitäten
Anwendung finden, ist vor Erlaubniserteilung der
Tierschutzdienst Niedersachsen zu beteiligen."

Schnabel-kupiertes Eintagsküken (Foto: E. Wendt)

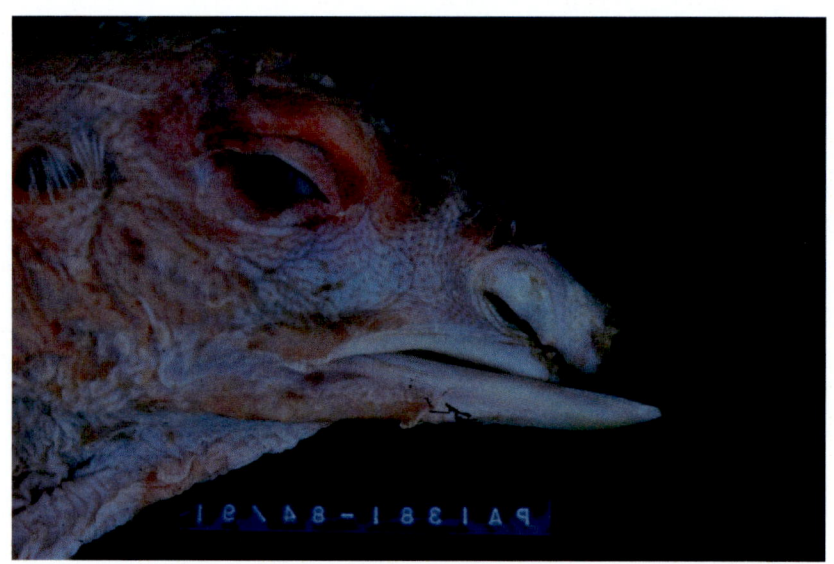

Foto: H. Eckof

Schnabelgekürzte Puten (Foto: E. Wendt)

1997 beruft das Niedersächsische Ministerium für Ernährung, Landwirtschaft und Forsten eine interdisziplinäre Arbeitsgruppe, bestehend aus Vertretern der Geflügelwirtschaft, praktizierenden Putenmästern, Wissenschaftlern sowie Vertretern der Landwirtschaftskammer und der Veterinärbehörden. Die Arbeitsgruppe erstellt (siehe Petermann 1998) nach umfangreichen Untersuchungen vor Ort – u. a. in Mast- und Zuchtbetrieben sowie in Putenschlachtereien – nach zahlreichen z.T. ganztägigen Sitzungen und Besprechungen ein gemeinsames Gutachten unter dem Titel **„Tierschutzrelevante Mindestanforderungen für die intensive Putenmast".** Ein wesentlicher Teil sind die Ergebnisse und Ausführungen zur Frage des Platzbedarfs bzw. der Besatzdichte. Unter z. T. starken Bedenken bei einem Teil der Mitglieder der Arbeitsgruppe teilte man dem Niedersächsischen Minister für Ernährung, Landwirtschaft und Forsten mit, dass bei ansonsten optimalen Haltungsbedingungen in der Endmast eine Besatzdichte von **45kg/ m² bei Putenhennen** (maximal 4,8 Tiere pro m²) und **50kg/m² bei Putenhähnen** (maximal 2,7 Tiere pro m²) gerade noch für tolerierbar gehalten wird. Nach persönlicher Auskunft mehrerer Mitglieder des Arbeitskreises war der Begriff „tolerierbar" gewählt worden, um deutlich zu machen, dass der Arbeitskreis erhebliche Zweifel daran hatte, dass eine derartige Besatzdichte mit §2 Tierschutzgesetz vereinbar ist.

Diesem Kompromiss stimmten auch die in der Arbeitsgruppe beteiligten Putenmäster zu.

Zur Veranschaulichung der Besatzdichte wurden für das Landwirtschaftsministerium von der Arbeitsgruppe – wie für Masthühner – entsprechende schematische Darstellungen erstellt, die im folgenden wiedergegeben werden.

Schematische Darstellung einer
Besatzdichte von 4,8 Puten / m²
nach Silhouetten ca. 9 kg
schwerer schlachtreifer Tiere.

Schematische Darstellung einer
Besatzdichte von 6 Puten / m²
nach Silhouetten ca. 9 kg
schwerer schlachtreifer Tiere.

 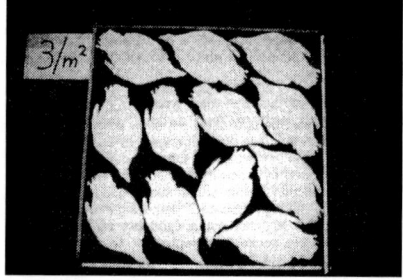

Schematische Darstellung einer
Besatzdichte von 2,7
Putenhähnen / m² nach
Silhouetten ca. 20 kg schwerer
schlachtreifer Tiere.

Schematische Darstellung einer
Besatzdichte von 3 Putenhähnen
/ m² nach Silhouetten ca. 20 kg
schwerer schlachtreifer Tiere.

14.4   „Mindestanforderungen an die intensive Putenmast"

Mitte Dezember 1998 erhielten die Mitglieder der Arbeitsgruppe aus dem Landwirtschaftsministerium ein von Abteilungsleiter L. unterzeichnetes Schreiben folgenden Inhalts:

„Mindestanforderungen an die intensive Putenmast

Sehr geehrte Damen und Herren,

anliegend übersende ich den Entwurf einer Vereinbarung über Mindestanforderungen in der Putenhaltung mit der Bitte um Kenntnisnahme.

*Grundlage für die nunmehr vorliegende Vereinbarung waren die von Ihnen erarbeiteten umfassenden tierschutz-relevanten Mindestanforderungen für die Intensive Putenmast. Ohne diese gut begründete und fachlich fundierte, abgestimmte Ausarbeitung wären viele in der Vereinbarung enthaltenen Anforderungen, z.B. zum Tageslichteinfall oder auch zur Besatzdichte, nicht durchsetzbar gewesen. Grundsätzlich ist auch in der Vereinbarung die in Ihrer Ausarbeitung vorgesehene Besatzdichtenregelung übernommen worden. Nach Besichtigung mehrerer Stallanlagen mit Besatzdichten bis zu 60 kg/ m² und sehr gutem Management erschien es jedoch vertretbar, bei der Einhaltung von zusätzlichen Anforderungen Besatzdichten von max. **52 kg/m² bei Putenhennen** und **58 kg/m² bei Putenhähnen** zu tolerieren ...“*

Zur Verdeutlichung: Die vom niedersächsischen Landwirtschafts-ministerium eigens eingesetzte Expertengruppe kommt zu dem Ergebnis, dass „bei Einhaltung ansonsten optimaler Haltungs-bedingungen in der Endmast bei Putenhennen 45 kg (max. 4,8 Tiere/m²) und bei Putenhähnen 50 kg/m² (max. 2,7 Tiere/m²) als maximale Besatzdichten tolerierbar erscheint. .Anzumerken ist, dass die größte Putenbrüterei Niedersachsens ihren Mästern im Jahr 1997 eine Besatzdichte von 4,8 Hennen bzw. 2,7 Putenhähnen empfiehlt (zitiert nach Petermann 1998). Das niedersächsische Landwirtschaftsministerium vereinbart jedoch mit dem Geflügelwirtschaftsverband Grenzwerte von 52 kg/m² bzw. 58 kg/m².

Dass eine Reihe von Mitgliedern der interdisziplinären Arbeits-gruppe mit Empörung und Frust reagierten, ist nur allzu verständlich. Zwei von ihnen, haben mir gegenüber zum Ausdruck gebracht, dass sie für derlei Aufgaben in Zukunft nicht mehr zur

Verfügung stehen würden, da man sich nicht mehr für derartige Machenschaften missbrauchen lassen wolle.

Wie bereits mehrfach erlebt, wird dann auch noch die Vereinbarung des Ministeriums und des Geflügelwirtschaftsverbandes in der Öffentlichkeit als tierschützerische Großtat verkauft. In der Presseinformation des Niedersächsischen Ministeriums für Ernährung, Landwirtschaft und Forsten vom 26.1.1999 heißt es in der Überschrift:

14.5 Putenvereinbarung zwischen Geflügelwirtschaft und Ministerium: „Hervorragender Einstieg – jetzt darf Europa nachziehen"

und im weiteren Text:

> *„Er (Anmerkung: Minister Bartels) jedenfalls gehe davon aus, dass sich die jetzt unterschriebene Vereinbarung positiv auf die Gesundheit der Tiere auswirken werde. Aber auch auf den Stellenwert niedersächsischer Putenmast, schließlich sei die Vereinbarung ein gelungener Kompromiss zwischen den berechtigten Anforderungen des Tierschutzes und nicht weniger berechtigten wirtschaftlichen Anforderungen der Putenhalter. Er hoffe sehr, so der Minister abschließend, dass auch die Verbraucherinnen und Verbraucher Anstrengungen wie diese honorieren, z.B. mit dem Griff zum Qualitätsprodukt, am besten „made in Niedersachsen ". Schließlich hätte mehr Tierschutz, hätten bessere Haltungsformen und -systeme auch ihren Preis. „Dafür schmeckt es aber auch besser, weil bekanntlich ja die Seele mitißt!"*

Bemerkenswert ist, dass in der o.a. Presseinformation des Niedersächsischen Ministeriums für Ernährung, Landwirtschaft und Forsten die in der Vereinbarung mit der Geflügelwirtschaft festgeschriebenen 52 kg/m^2 für Hennen und 58 kg/m^2 für Putenhähne konkret überhaupt nicht genannt worden sind. Vielmehr heißt es im Text des Ministeriums, Minister Bartels (Nachfolger und früherer Staatssekretär von Minister Funke) habe betont, dass in Niedersachsen „ab sofort bei 45 kg für Puten-

hennen und 50 kg für Putenhähne Schluß sei. Ausnahmeregelungen davon seien lediglich dann möglich, wenn der Tierhalter
besonders strenge Managementvorgaben erfüllt."

Hierzu ist folgendes anzumerken:

1. Was in der Putenvereinbarung im Rahmen der sogenannten Ausnahmeregelung für höhere Besatzdichten
   an „besonders strengen Managementvorgaben" gefordert
   wird, sind in Wirklichkeit weitgehend Selbstverständlich-
   keiten und auch bereits in der Vergangenheit Teil eines
   am Masterfolg orientierten Managements. Im übrigen
   hatte, wie bereits erwähnt, die vom Ministerium eingesetzte Arbeitsgruppe die in ihrem Gutachten genannten
   maximalen Besatzdichten von 45 bzw. 50 kg nur unter der
   Voraussetzung von „ansonsten optimalen Haltungsbedingungen" für tolerierbar erklärt.

2. Wie sich in den Wochen und Monaten nach der Unter-
   zeichnung der Putenvereinbarung herausstellte und auch
   von einer Reihe von amtlichen Tierärzten bestätigt wurde,
   war das, was Minister Bartels als Ausnahmeregelungen
   bezeichnet hatte, in Wirklichkeit die Regel. Nach Feststellungen von Amtsveterinären werden nach wie vor in
   der Regel mehr als 50 kg Hennen und mehr als 55 kg
   Putenhähne in der Endmast pro Quadratmeter gehalten.

Da investigativer Journalismus heute immer seltener geworden
ist, wurde dann auch vorwiegend in den Medien das verbreitet,
was von der Pressestelle des niedersächsischen Landwirtschaftsministerium vorgegeben worden war. So war in den Printmedien u.a. zu lesen:

„Vertrag zwischen Land und Geflügelwirtschaft regelt scho-
nendere Tierhaltung im Detail." „Die Tiere bekommen mehr Platz:
Die Besatzdichte wird reduziert." Dass auch Redaktionen von
Fachzeitschriften trotz Fachkompetenz und den Erfahrungen aus
der Vergangenheit – Einlassungen der Ministerien z. B. zur Tierschutztransportverordnung oder zur niedersächsischen Junghühnermast -Vereinbarung u.a. – nicht davor gefeit sind, PR-
Verlautbarungen von Ministerien und Institutionen unreflektiert zu
übernehmen, wurde beispielsweise belegt in der Märzausgabe

1999 des Deutschen Tierärzteblattes, in dem die Presse-information des Niedersächsischen Ministeriums für Ernährung, Landwirtschaft und Forsten vom 26.1.1999 bis auf wenige Sätze wörtlich übernommen worden ist.

Zu fragen bleibt, wie lange noch primär unseren Mitgeschöpfen, aber auch der Öffentlichkeit derartiges angetan werden kann und darf.

Die Sklaverei unter den Menschen ist weitgehend abgeschafft. Wann jedoch endet die Versklavung unserer Mitgeschöpfe?

15 Legehennenhaltung

15.1 Die natürlichen Verhaltensweisen der Hühner

Wie zahlreiche Verhaltensstudien belegen, unterscheidet sich das heutige Hochleistungshuhn auch nach ca. zehntausend Jahren Domestikation hinsichtlich seiner Verhaltensweisen und Bedürfnisse nur unwesentlich vom ursprünglichen Wildhuhn. Mehr als die Hälfte das Tages verbringt das freilaufende Huhn mit der Futtersuche; den Rest mit Eierlegen, mit Körperpflege und mit Erholung. Hühner leben in Gruppen mit genau festgelegter Rangfolge. Zu Nahrungsaufnahme wandern sie scharrend und pickend umher und legen dabei pro Tag weite Strecken zurück. Zur Körperpflege gehören Gefiederputzen, Staubbaden mit anschließendem Stretching und Umherflattern. Zur Eiablage suchen die Hennen geschützte Nestplätze auf. Wie oben bereits gesagt, sind Hühner tagaktiv. Zur Nachtruhe wählen sie erhöhte Sitzplätze. Doch die Idylle einer freilaufenden Hühnerherde auf dem Bauernhof gehört lange der Vergangenheit an. Das Frühstücksei kommt heute noch zum größten Teil aus der Fabrik. Aus der Tierfabrik.

15.2 2007 „leben" in Deutschland immer noch 73,2 % aller Legehennen in konventionellen Käfigbatterien.

Es beginnt schon, bevor das Küken das Ei verlässt. Die Eier werden in den Brütereien in riesigen elektrisch betriebenen Brutschränken ausgebrütet. Bei den gerade geschlüpften Küken (Eintagsküken genannt) wird von spezifisch geschultem Personal das Geschlecht der einzelnen Tiere bestimmt (in der Fachsprache: „gesext"). Bei den Legerassen werden die männlichen Küken kurz nach dem Schlupf getötet und dann zu Tiermehl verarbeitet, weil sie zur Mast nicht geeignet sind; d.h., dass in Deutschland jedes Jahr mehr als 40 Millionen gesunde Küken unmittelbar nach dem Schlüpfen getötet werden, nur weil sie das falsche Geschlecht haben. Noch in der Brüterei erfolgt dann für die weiblichen Tiere die erste von zahlreichen Schutzimpfungen. Die Eintagsküken kommen dann zunächst in soge-nannte Aufzuchtfarmen. Hier werden sie zu Gruppen von 40 und ab der 10. Lebenswoche zu 20 Tieren in Metallkäfigen von einem Quadratmeter Grundfläche großgezogen. Mit Erreichen der Legereife, im Alter von 17-18 Wochen werden die Junghennen dann in die Legefarmen verbracht.

Wie erwähnt werden in Deutschland 73,2 % aller Legehennen in Käfigen gehalten(Windhorst 2007). Dies sind (Backhaus 2007) mehr als 28 Millionen Tiere.

Wie hat man sich eine derartige Legehennenfarm vorzustellen? Eine Farm besteht in der Regel aus mehreren Stallabteilungen; d. h. aus jeweils bis zu 150 m langen massiven Hallen. In jeder Stallabteilung befinden sich in Längsrichtung mehrere Reihen von „Käfigbatterien". Käfigbatterie bedeutet eine Aneinanderreihung von Einzelkäfigen; beispielsweise eine Reihe von 300 Käfigen in einer 150 m langen Stallabteilung. Jeweils zwei Käfigbatterien sind Rückwand zu Rückwand zueinander aufgestellt und bilden eine Doppelreihe. Zwischen den einzelnen Doppelreihen verläuft jeweils ein schmaler Gang mit einer Breite von knapp einem Meter. Die Käfigbatterien sind in mehrere, in der Regel bis zu fünf Etagen übereinander aufgestellt, wobei die untere und die oberen Etagen von dem betreuenden Personal nur schwer zu kontrol-lieren sind. Jede Käfigbatterie setzt sich, wie gesagt, aus vielen Einzelkäfigen zusammen. Diese haben eine geschlossene Rückwand, seitlich meist Metallgitter und sind nach vorne durch Längs- oder Querstreben abgetrennt. An den Käfigen laufen zwei Förderbänder vorbei, von denen das eine das hochkonzentrierte Futter für die Hennen herbeischafft und das andere die anfallenden Eier abtransportiert. Die in Deutschland vorwiegend verwendeten Käfige haben eine Breite von 48,5 cm, eine Tiefe von 45 cm und eine Höhe von 45 cm an der Vorderfront und 38,5 cm an der Rückseite. Der Boden der Käfige ist weder massiv noch plan angelegt, sondern besteht aus dünnen metallenen oder kunststoffummantelten parallel verlaufenden Stangen, die von hinten nach vorne einen Neigungswinkel von acht Grad bzw. 14 % haben. Dieses dient dem Zweck, dass die anfallenden Eier aus dem Käfig auf das bereits erwähnte Förderband abrollen können.

In einem derartigen Käfig mit den Maßen von – ich wiederhole: 48,5 mal 45 cm – durften nach deutschem Recht 4-5 Legehennen untergebracht werden. Das bedeutete, dass die Legehennen mit einer Fläche von 450 cm² und bei Vierfachbelegung mit 550 cm² auskommen müssen. Eine Schreibmaschinenseite (Din A4) zum Vergleich hat 623 cm². Angemerkt sei außerdem, dass Hennen der leichten Legerassen über eine durchschnittliche Körperlänge von 47cm und eine Breite von 14,5 cm verfügen und damit nicht einmal für die Ruhelage ein Platzangebot von 450 cm² ausreicht.

15.3 In praktisch allen Funktionsbereichen läuft die Käfighaltung den Bedürfnissen der Tiere zuwider

1. Ernährungsverhalten:

Das Huhn ist ein Scharrtier, das für die Futtersuche mit den Füßen und dem Schnabel den Boden durcharbeitet. Der sterile, dazu noch schräge Drahtgitterboden des Käfigs lässt keine Möglichkeit für diese genetisch angelegte Verhaltensweise. Ersatzscharren ohne tatsächlich vorhandenes Substrat werden als Leerlaufhandlungen bezeichnet. Der ebenfalls gestaute Picktrieb wird zwangsläufig an Ersatzobjekten, nämlich den eigenen Leidensgenossinnen, in Form von Federpicken abreagiert. Verstärkt wird diese Verhaltensstörung durch unstrukturiertes, zu energiereiches Futter, einen zu hohen Tierbesatz, schlechtes Stallklima sowie weitere systembedingte Stressfaktoren. In extremen Fällen führt das Federpicken zum Anpicken der Kloake (Ausscheidungs- und Geschlechtsorgan), wobei stark geschwächte Tiere von den anderen regelrecht „ausgeweidet" werden. Dieser Form von Federpicken und Kannibalismus versucht man bei Legehennen u.a. durch Schnabelkürzen und Dämmerlicht zu begegnen.

2. Bewegungsverhalten:

Hühner sind sehr bewegungsaktiv. Sie legen in Freilandhaltung den ganzen Tag über pickend und futtersuchend weite Strecken zurück. Ergänzt wird diese vornehmlich der Nahrungsaufnahme dienende Verhaltensweise durch immer wieder eingeschobenes Laufen, Springen und Flattern. In den heutigen Legekäfigen sind die Hennen zu lebenslangem Kerker und ständiger Bewegungseinschränkung verurteilt. Wegen der großen Enge und Bedrängnis in den Käfigen sind freie Bewegungen wie Gehen, Laufen, Springen, Hüpfen oder Flügelschlagen nicht möglich. Bei den in der Praxis üblichen Besatzdichten stehen die Hennen so eng, dass sie untereinander ständig Körperkontakt und außerdem mit den sie umgebenden Käfiggitterstäben permanente Berührung haben. Aus diesem Grund werden von den Tieren im wesentlichen auch nur unfreiwillige und erzwungene Bewegungen ausgeführt. Folgende Zwangsbewegungen werden von den Ethologen (Verhaltensforschern) beschrieben:

3. Zwangsbewegungen:

Die Hennen versuchen aus dem Käfig „auszusteigen", indem sie den Brustkorb zwanghaft gegen die Gitterstäbe der Frontseite pressen.

- Die Tiere bewegen sich stereotyp entlang den Käfigwänden.

- Die Tiere versuchen die Gitter hochzusteigen.

- Sie versuchen hoch zu flattern.

- Wegen der zu geringen Fressplatzbreite kommt es zu ständigem „Drängeln und Rangieren" unter den Legehennen. Da sie nicht alle gleichzeitig am Futterband zubringen können, müssen sie faktisch permanent um den Futterplatz kämpfen. Mit ruckartigen Schiebebewegungen drängen die abseits stehenden Hennen zwischen die am Trog stehenden, sodass es zu ständiger mit viel Unruhe und Stress verbundenen Rotation der Tiere kommt. Die Verletzungshäufigkeit der Legehennen nimmt durch diesen Umstand enorm zu.

4. Sozialverhalten:

Obwohl Hühner ausgesprochene Herdentiere sind mit fester Rangordnung, können sich unter den Bedingungen der Käfighaltung keine stabilen sozialen Strukturen bilden bzw. erhalten. So leben beispielsweise die fünf Legehennen aus Käfig Nr. 16.876 zusammen mit z.b. weiteren 85.000 Hennen in einer riesigen Halle. Der Geräuschpegel von diesen 85.000 Artgenossen, wird zwar aufgenommen, kann aber nicht entsprechend eingeordnet werden, da unsere fünf Hennen aus Käfig Nr. 16.876 von ihrer Position aus nach vorn und nach rechts oder links den Gang entlang nur etwa 800 Hennen optisch wahrnehmen können. Nun weiß man aus der Verhaltensforschung (Ethologie), dass ein Huhn in einem natürlichen Sozialgefüge höchstens 50–100 Artgenossen unterscheiden kann. Freilebende Herden bestehen dagegen in der Regel aus maximal 50 Tieren. In der frei lebenden Herde kann das einzelne Tier, je nach Bedürfnis, zu anderen Tieren der Gruppe Kontakt aufnehmen, oder sich einer Kontaktaufnahme durch andere entziehen. Unsere Hennen aus Käfig Nr. 16.876 sind dazu nicht in der Lage. Sie sind der akustischen Belastung von 85.000 Legehennen ausgesetzt, die sie zum größten Teil optisch gar nicht wahrnehmen können. Die Möglichkeit des Ausweichens vor evtl. Aggressionen der vier anderen Käfigbewohner endet bereits nach wenigen Zentimetern an der eigenen Käfigwand. Kannibalismus ist daher ein immer wieder zu beobachtendes Phänomen der Käfighennenhaltung.

5. Komfortverhalten:

Dass ein „Sonnenbaden" in einer nur mit Kunstlicht beschienenen Halle und ein „Sandbaden" in einem sterilen Metallkäfig unmöglich sind, versteht sich von selbst. Diese Verhaltensmuster dienen nicht nur dem Wohlbefinden der Hühner, sondern besonders auch ihrer Gefiederpflege. Das Reinigen des Federkleides mit dem Schnabel kann unter den praxisüblichen Bedingungen der Käfighaltung, wenn überhaupt, nur sehr unzureichend durchgeführt werden. Das gleiche trifft zu für weitere Aktivitäten, die ebenfalls zum Komfortverhalten gezählt werden wie „Sich-Schütteln", Flügel- und Beinstrecken und das Flügelschlagen. Alle diese Verhaltensweisen können aus Platzmangel im Käfig überhaupt nicht oder nur andeutungsweise praktiziert werden.

6. Legeverhalten

Bevor eine Henne ihr Ei legt, sondert sie sich von den anderen Tieren der Gruppe ab und sucht einen geeigneten Platz zur Eiablage. Sie wird bei der Suche zunächst noch vom Hahn begleitet. Ist ein passendes Nest gefunden, hilft der Hahn, ein entsprechendes Loch zu scharren und zieht sich dann diskret zurück. Die Henne füllt das Loch mit weichem Material wie Stroh, Heu oder eingesammelten Federn. Nachdem sich die Henne für eine knappe halbe Stunde vom Nestbau ausgeruht hat, erfolgt die eigentliche Eiablage. Nach einem sich anschließenden längeren Verweilen verlässt die Henne das Nest und stößt nach etwa 90 bis 120 Minuten unter dem typischen Legegackern wieder zur Herde.

Berücksichtigt man das sehr aufwendige Legeverhalten der Hennen und bedenkt dann, dass die Tiere in Käfighaltung zur Eiablage sich nicht an einen geschützten Platz zurückziehen können, dann kann man durchaus die Untersuchungsergebnisse der Biologin und Ethologin Dr. Glarita Martin (1975) und Prof. Dr. Fölsch (1981)nachvollziehen, die nämlich belegen, dass Legehennen in Käfighaltung sich in ausgesprochener Legenot befinden. Dr. Martin stellte fest:

> *„Die Suche nach einem geeigneten Platz zur Eiablage ruft im Käfig – im Gegensatz zu konventionellen Haltungsformen mit Legenestern – bei vielen Tieren große und langanhaltende Unruhe bzw. gesteigertes Suchverhalten hervor. In Legestimmung sucht die Henne in den Ecken nach einem geschützten Platz und drängt dabei die Käfiggefährtinnen weg. Nach meist lang andauerndem unruhigem Suchen zwängt sich die legegestimmte Henne häufig direkt zwischen die Beine einer andern Henne und verharrt in dieser Lage so lange, bis diese auf sie tritt. Dies wiederholt sich, und je mehr die innere Bereitschaft zum Legen steigt, um so heftiger wirft die legegestimmte Henne die andere dabei hoch. In der Unterschlupfhaltung findet*

das Tier offenbar den einzigen unter diesen Umständen
möglichen Ersatz für einen geschützten Legeplatz.
Anschließend versucht die Henne an der Käfigwand hoch
zuklettern und dem Käfig zu entfliehen, da sie offenbar dort
keine Triebbefriedigung findet (Fluchtstereotypien). Die so
ausgelöste und hochgesteigerte Angst- und Fluchtstimmung
äußert sich ferner in raschen stereotypen Kopfbewegungen
an der Käfigwand entlang, die bisweilen von Angstschreien
sowie Aufflugbewegungen begleitet sind (fright-flight-fight-
Syndrom). Die Motorik steigert sich allmählich zu einem
wilden, panikartigen Flüchten, ganz so, als würde das Tier
von seinem Todfeind verfolgt. Erst kurz vor der Eiablage,
der Endhandlung, klingt die Erregung ab; die Henne setzt
sich dann zum Eiausstoß auf den Drahtboden. Das rastlose
Suchverhalten bis zur Eiablage kann in einzelnen Fällen
über Stunden andauern, vor allem, wenn Komplikationen
durch gegenseitige Aggressionen hinzukommen.
Gegenseitiges Hacken tritt vor allem dann auf, wenn eine
rangniedere Henne in Legestimmung unruhig wird und mehr
Platz beansprucht. In der Ausweglosigkeit der Situation vor
dem Legen, die sich wiederholt, kann die Angst für das Tier
einen geradezu lebensbedrohenden Charakter erreichen.

7. Ruheverhalten:

Auch das gesamte Ruheverhalten ist im Legehennenkäfig
nachhaltig gestört. In herkömmlichen Geflügelställen ruhen
Hennen entweder liegend, stehend oder sitzend. Bevorzugt
hocken sie auf erhöht angebrachten Sitzstangen. Je höher die
Rangordnung in der Herde, desto höher ist auch der Schlafplatz
gelegen. Bei der Käfighennenhaltung herrscht wegen der großen
Tierzahlen, der hohen Besatzdichte, der ausgedehnten Kunstlicht-
zeiten und weiterer Stressfaktoren niemals Ruhe. Da die Hennen
ständig auf den für sie unnatürlichen und dazu noch
abgeschrägten Gitterrosten stehen müssen, leiden viele von ihnen
bereits kurze Zeit nach der Einstallung unter massiven
Gliedmaßenerkrankungen, die oft bis ans Lebensende anhalten
bzw. sich noch weiter verstärken

15.4 Forschungsergebnisse zu Krankheiten durch Haltung in Legebatterien

Neben den umfangreichen ethologischen Forschungsergebnissen von D. G. Wood-Gush (1969), Hughes und Duncan (1972), G. Martin (1975,1985), G.C. Brantas (1980), K.Vestergaard (1980), D.W. Fölsch (1981), R.M. Wegner (1981) u.a. finden sich im wissenschaftlichen Schrifttum zahlreiche Arbeiten, in denen die Auswirkungen der Käfighaltung auf die Tiergesundheit untersucht werden. Bereits Ende der sechziger Jahre erschienen erste Veröffentlichungen über spezifische Erkrankungen, Schäden und Verletzungen, deren Ursachen im jeweiligen technischen Haltungssystem (Legehennenkäfige, aber auch Vollspaltenboden, Anbindehaltung u.a.) zu suchen waren und daher auch im wissenschaftlichen Sprachgebrauch als Technopathien bezeichnet werden.

Hierzu gehören z. B. die stets bei Käfighennen zu beobachtenden Federverluste und Hautwunden, die durch das ständige Reiben an den Käfigstangen entstehen. Diese zunächst häufig nur äußeren Defekte führen nicht selten zu Entzündungen und Abszessen. Auf Grund der dünnen Drahtroste der Käfigböden, die dazu noch schräg installiert sind, kommt es bei zahlreichen Hennen zu Gliedmaßenverletzungen und Zehenverkrümmungen.

Wie Untersuchungsergebnisse von Wokac (1989) belegen, ist bei Käfighennen der Anteil an Knochenbrüchen unverhältnismäßig hoch. Dieses resultiert erstens aus einer haltungsbedingten Osteoporose (Brüchigkeit der Knochen), zweitens aus oft in Panik unkoordiniert ausgeführten plötzlichen Bewegungen und drittens aus dem Umstand, dass die Henne im Käfig sich nicht vor den Aggressionen der anderen in Sicherheit bringen kann. Die genannte Osteoporose ist das Ergebnis nicht ausreichender Bewegung und von Vitamin D-Mangel, der wiederum durch das fehlende Sonnenlicht bedingt ist. Von den haltungsbedingten Erkrankungen noch zu erwähnen ist das sogenannte Fettlebersyndrom, von Fachleuten auch als „Berufskrankheit der Käfighennen" bezeichnet. Bewegungsarmut, hohe Legeleistung und konzentriertes Futter führen zu Stoffwechselstörungen, die mit einer starken Leberverfettung einhergehen und nicht selten tödlich enden.

Ein typisches Ergebnis von Hochleistungszucht verbunden mit nicht tierartgerechter intensiver Haltung ist besonders bei Junghennen die sogenannte „Legenot". Züchterische Selektion auf möglichst hohe Eigewichte, hochenergetisches, konzentriertes Futter bei zu geringer Bewegung führen dazu, dass die im Eileiter der Henne sich bildenden übergroßen Eier nicht mehr ohne Komplikationen gelegt werden können.

Die Tatsache, dass mehr als 40 Jahre nach Einführung des Legehennenkäfigs trotz der zwischenzeitlich hinzugekommenen entsprechenden Erkenntnisse und wissenschaftlichen Resultate in Ethologie und Veterinärmedizin, nach wie vor millionenfach Mitgeschöpfe in technische Systeme gezwungen werden, die ihren genetisch verankerten Ansprüchen und Bedürfnissen widersprechen, lässt bei dem inzwischen nachdenklich gewordenen Beobachter die Frage aufkommen, ob in der Bundesrepublik Deutschland des Jahres 2007 dem Mitgeschöpf Tier definitiv überhaupt noch eigene Rechte zugestanden und in der Praxis auch eingeräumt werden.

Wie erwähnt, gelangten die ersten Geflügelkäfige 1962 nach Deutschland und fanden rasch in der Eierindustrie Verbreitung. Bereits Ende der sechziger Jahre wurde von einer Reihe von Autoren Kritik laut über die mangelnde Anpassung dieses technischen Haltungssystems an die Bedürfnisse der Hühner und der daraus für die Tiere erwachsenden negativen Folgen.

15.5 Niederschlag der ethologischen Forschungsergebnisse in Gesetzgebung und Justiz

Die Forschungsergebnisse auf den Gebieten der Ethologie und Geflügelgesundheit waren derart aufschlussreich, dass sie vermehrt Eingang in die Öffentlichkeit fanden und auch dadurch politisch relevant wurden. Dieses lässt sich besonders in zwei Punkten bei der Neufassung des Tierschutzgesetzes vom 24.7.1972 ablesen:

1. Der Straftatbestand des §17 wurde dahingehend erweitert, dass zukünftig auch derjenige sich der Tierquälerei schuldig machte, „wer einem Wirbeltier länger anhaltende oder sich wiederholende erhebliche Schmerzen oder Leiden zufügt."

2. Wie sich aus der amtlichen Begründung zum Entwurf des Tierschutzgesetzes (Bundesdrucksache VI/2559) ergibt, geht das Gesetz „von der Grundkonzeption eines ethisch ausgerichteten Tierschutzes aus und erhebt zunehmend wissenschaftliche Feststellungen über tierartgemäße und verhaltensgerechte Normen und Erfordernisse zu Beurteilungsmaßstäben."

Das hieß im Klartext, dass der Gesetzgeber verstärkt verhaltenswissenschaftliche Erkenntnisse zugunsten der Tiere beachtet sehen wollte, und bedeutete einen eindeutigen Gesetzesauftrag an die Rechtsprechung wie auch an die Exekutive.

Diese zunächst positive Entwicklung in der Legislative wurde durch das Europäische Übereinkommen vom 10. März 1976 zum Schutz von Tieren in landwirtschaftlichen Tierhaltungen nicht unerheblich gestärkt. Die Bundesrepublik trat nach Abstimmung im Deutschen Bundestag am 18. 1. 1978 dem Europäischen Abkommen bei.

Nur beispielhaft seien an dieser Stelle die Artikel 3 und 4 des Übereinkommens zitiert:

1. *Artikel 3 Jedes Tier muss unter Berücksichtigung seiner Art und seiner Entwicklungs-, Anpassungs- und Domestikationsstufe entsprechend seinen physiologischen und ethologischen Bedürfhissen nach feststehenden Erfahrungen und wissenschaftlichen Erkenntnissen untergebracht, ernährt und gepflegt werden.*

2. *Artikel 4 (1) Das artgemäße und durch feststehende Erfahrungen und wissenschaftliche Erkenntnisse belegte Bewegungsbedürfnis eines Tieres darf nicht so eingeschränkt werden, dass dem Tier vermeidbare Leiden und Schäden zugefügt werden.*

(2) Ist ein Tier dauernd oder regelmäßig angebunden, angekettet oder eingesperrt, so ist ihm der seinen physiologischen und ethologischen Bedürfnissen gemäße und den feststehenden Erfahrungen und wissenschaftlichen Erkenntnissen entsprechende Raum zu gewähren.

Wer nun glaubt, dass mit Erlass des Tierschutzgesetzes von 1972 und des Europäischen Übereinkommens von 1976 ein Ruck durch die für den Tierschutz zuständigen Behörden (Veterinärämter, Ordnungsämter, Zulassungsstellen für landwirtschaftliche Bauten usw.) und Institutionen gegangen wäre, sieht sich getäuscht. Besonders in Regionen mit hohem Anteil „tierischer Veredlung" war fast alles, was mit „Massentierhaltung" und „Gülle" zu tun hatte bis weit in die achtziger Jahre ein absolutes Tabuthema. In manchen Landkreisen wurden die Veterinärämter erst Anfang der achtziger Jahre an den Genehmigungsverfahren für Geflügel-, Schweine- oder Kälberställe mitbeteiligt. Behördliche Maßnahmen z.B. gegen die Käfighaltung von Legehennen oder das monatelange Einsperren von Kälbern in 55-65 cm breite Holzboxen waren bis in die achtziger Jahre eher die Ausnahme. Professor Dr. Grzimek hatte in den Jahren 1973-1975 in mehreren Veröffentlichungen die Käfighennenhaltung scharf abgelehnt und als tierquälerisch bezeichnet. Dabei hatte er mehrfach die Ausdrücke „KZ-Haltung" und „KZ-Eier" benutzt. Ein Geflügelhalter, der per Klage vor Gericht ein Verbot derartiger Äußerungen durch Professor Dr. Grzimek erwirken wollte, unterlag sowohl vor dem Landgericht wie vor dem Oberlandesgericht Düsseldorf. In dem Beschluss des OLG Düsseldorf vom 26.5.1976 heißt es unter anderem;

„Werden hiernach diese Hennen auf Lebensdauer nicht nur am Scharren, Laufen, Fliegen und Flattern gehindert, sondern auch in so einfachen Lebensbetätigungen wie Flügelstrecken und Fortbewegung auf kleinem Raum eingeschränkt, so weist das deutlich daraufhin, dass die Tiere leiden. Für den Begriff des „Leidens" ist nicht nur akuter Schmerz, sondern auch das Ausmaß an Entbehrung maßgeblich, das hier groß ist."

Diese Feststellungen des Oberlandesgerichts Düsseldorf erzielten zwar in der Öffentlichkeit große Aufmerksamkeit, änderten jedoch nichts an den bestehenden Verhältnissen. Aus diesem Grunde kam es in der Folge zu einer Reihe von Strafanzeigen und Verwaltungsgerichtsverfahren. In einer umfassenden juristischen Abhandlungen hat 1985 der Rechtsanwalt E. von Loeper die zur Käfighaltung ergangenen Urteile und Beschlüsse analysiert. Bemerkenswert ist, dass in fast allen diesen Verfahren die Gerichte übereinstimmend zu dem Ergebnis kamen, dass die Käfighennenhaltung als Verstoß gegen §2 Abs.1 des Tierschutzgesetzes anzusehen und der Straftatbestand der Tierquälerei nach §17 Nr.2b erfüllt sei. Zu einer Verurteilung eines Legehennenhalters ist es jedoch nie gekommen, da nach Auffassung der Gerichte die Geflügelhalter im Verbotsirrtum gehandelt hätten; dieses wurde damit begründet, dass man einen Bürger nicht für etwas bestrafen könne, das jahrelang von den Überwachungsbehörden geduldet worden sei. Lediglich das Land Hessen reagierte daraufhin, und erteilte ab Frühjahr 1984 zunächst keine neuen Genehmigungen für den Bau von Käfigbatterien.

5.6   Ein Fall aus dem Region Weser-Ems vor Gericht

Eine besondere Variante praktischer Tierschutzverhinderung musste ich erleben, nachdem ich Anfang der achtziger Jahre in den Regierungsbezirk Weser-Ems kam. Schon nach kurzer Zeit konnte ich feststellen, dass in den Farmen eines der größten Hennenhalters Europas die Käfige sogar noch über das von den Behörden genehmigte Maß hinaus belegt waren; in den 48,5 mal 45 cm großen Käfigen waren anstatt der genehmigten fünf Hennen jeweils sechs Tiere eingestallt. Von Seiten des Eigentümers wurde mir bei meinen ersten Kontrollen versichert, dass es sich bei meinen Feststellungen um Einzelfälle handeln würde, da man vor einigen Wochen irrtümlicher Weise in der Brüterei zu viele Bruteier eingelegt habe und darüber hinaus ein größerer Kunde eine Partie an Junghennen nicht abgenommen habe. Kurze Zeit später gelangte ich jedoch durch Zufall an ein von dritter Seite erstelltes Wirtschaftsgutachten, das auswies, dass die o.a. Farmen bereits seit mehr als fünf Jahren mit 20 % mehr

Hennen besetzt wurden, als es die entsprechenden Genehmigungsbescheide zuließen. Daraufhin wurde auf dem Verwaltungswege verfügt, die Tierzahlen entsprechend zu reduzieren. Weder bei der regionalen Verwaltung noch bei der zuständigen Staatsanwaltschaft konnte ich erreichen, dass gegen den verantwortlichen Eigentümer der Tiere ein tierschutzrechtliches Ermittlungsverfahren eingeleitet wurde. Und dieses vor dem Hintergrund genehmigter Stallkapazitäten von mehr als vier Millionen Käfigplätzen über einen Zeitraum von mehr als fünf Jahren. Das hieß im Klartext: mindestens 20 Millionen Tiere waren ein Legehennenleben lang auf einer Fläche von jeweils 347 cm² auf extrem tierquälerische Weise gehalten worden. Aber dieses reichte der Staatsanwaltschaft Oldenburg offensichtlich immer noch nicht für ein Ermittlungsverfahren aus.

Im Frühjahr 1985 stellte ich in einer Farm des gleichen Eigentümers fest, dass eine Stallabteilung nicht nur mit fünf sondern mit sieben Hennen pro Käfig besetzt war; in zwei weiteren Abteilungen waren wieder trotz mehrfacher zwischenzeitlicher Untersagungsverfügungen sechs Hennen pro Käfig eingestallt worden. Ich habe daraufhin Strafanzeige bei der Staatsanwaltschaft erstattet. Es vergingen weit mehr als zwei Jahre bis nach wiederholten Interventionen auch aus der Bevölkerung im November 1987 vor dem Amtsgericht in V. eine Verhandlung angesetzt wurde. Bei der Verlesung der Anklageschrift durch den Staatsanwalt P. war jedoch nicht von dem tierquälerischen Überbesatz von sieben bzw. sechs Hennen pro Käfig die Rede, sondern von einer später ergangenen Verfügung des Landkreises V., die mit der ursprünglichen Strafanzeige überhaupt nichts zu tun hatte.

In der Mittagspause habe ich den Staatsanwalt gefragt, ob er seine Akte nicht kenne und habe ihn auf die von mir abgefasste Strafanzeige von 1985 hingewiesen. Daraufhin erhielt ich die Antwort, dass dieser Vorgang bereits verjährt sei.

„Vergessen" wurde dabei offensichtlich von der Staatsanwaltschaft bzw. dem betreffenden Staatsanwalt, dass

1.   seit dem Beschluss des Oberlandesgerichts Frankfurt vom 14.4.1979 die damit befassten Gerichte durchgängig die

Auffassung vertreten hatten, dass die Käfighennenhaltung den Straftatbestand des §17 Nr.2b erfüllt, dass

2. der Verwaltungsgerichtshof Mannheim in seinem Urteil vom 29.4.1985 verkündet hatte, dass „eine Henne nicht mit einer Käfigbodenfläche von 380 cm² gehalten werden darf" und die in dem aktuellen Fall mit 297,5 cm² bzw. 347 cm² noch weit unterschritten worden war.

3. Ist selbst den meisten Nicht-Juristen bekannt, dass zwar Ordnungswidrigkeiten, nicht jedoch Vergehenstatbestände eine Verjährungsfrist von zwei Jahren haben. Die Staats-anwaltschaft Oldenburg ordnete einen Straftatbestand (hier: § 17 Nr.2b) unter Ordnungswidrigkeiten ein, und ließ dann den ganzen Vorgang der Tierquälerei wegen angeb-licher Verjährung unter den Tisch fallen. Das ganze Ver-fahren endete mit einem Bußgeld in Höhe von 5.000 DM.

15.7   Die Hennenhaltungsverordnung von 1987 und folgende ...

Nicht gerade das letztgenannte Urteil aus der Provinz, aber die anderen bereits erwähnten Beschlüsse der Straf- und Verwal-tungsgerichte brachten den Gesetzgeber und die Verwaltungs-behörden zunehmend in Zugzwang. Aus diesem Grund kam es der Bundesregierung sicherlich nicht ungelegen, dass auch eine Reihe von anderen EU-Mitgliedsländern wenig Neigung zeigten, an der Situation der Legehennenhaltung Wesentliches zu ändern bzw. zu verbessern. Obwohl andere Staaten wie Schweden und die Schweiz inzwischen bereits die Käfighaltung von Legehennen verboten hatten, wurde mit deutscher Beteiligung am 25.März 1986 die Richtlinie 86/113/ EWG erlassen. Diese EG-Be-stimmung, die quasi den Status quo der Batteriehaltung von Legehennen zementierte, trägt die offizielle Überschrift: Richtlinie des Rates zur Festsetzung von Mindestanforderungen zum Schutze von Legehennen in Käfigbatteriehaltung vom 25. März 1986.

In Artikel drei Abs. 1 der EG-Richtlinie wurden als Mindestboden-fläche 450 cm^2 und eine Troglänge von 10 cm/Tier fest-geschrieben.

Obwohl die EG-Richtlinie den einzelnen Nationalstaaten das Recht einräumt, bei der Umsetzung in nationales Recht höhere Mindestanforderungen anzusetzen, übernahm die Bundsrepublik Deutschland in der „Verordnung zum Schutz von Legehennen bei Käfighaltung" (Hennenhaltungsverordnung) vom 10. Dezember 1987 die in der EG-Richtlinie genannten Mindestanforderungen. Dieses ist um so bemerkenswerter, da im Vorfeld der Verordnung zahlreiche Wissenschaftler und sachverständige Gremien wie die Fachgruppe Tierschutzrecht der Deutschen Veterinärmedizini-schen Gesellschaft und die Internationale Gesellschaft für Nutztierhaltung (IGN) die Rechtmäßigkeit einer derartigen Verord-nung bestritten hatten.

Erwähnenswert und bezeichnend für das Zustandekommen der Verordnung war das Vorgehen des Bundesministers für Ernährung, Landwirtschaft und Forsten. Nach dem damals in Kraft befindlichen Tierschutzgesetz (TschG) vom 18.8.1986 bedurfte die Hennenhaltungsverordnung entsprechend § 2a Abs. 1 TschG der Zustimmung des Bundesrates. Außerdem gab es da noch den § 16b Abs.1, der lautet:

> „Das Bundesministerium beruft eine Tierschutzkommission zu seiner Unterstützung in Fragen des Tierschutzes. Vor dem Erlass von Rechtsverordnungen und allgemeinen Verwaltungsvorschriften nach diesem Gesetz hat das Bundesministerium die Tierschutzkommission anzuhören."

Tatsache ist, dass die Tierschutzkommission erst angehört wor-den ist, nachdem der Verordnungsentwurf durch den Landwirt-schaftsminister bereits dem Bundesrat zugeleitet worden war. Abgabe an den Bundesrat: *4.6.1987*

Anhörung der Tierschutzkommission im Bundeslandwirtschafts-ministerium: **7.10.1987**. Dieser Lapsus des Ministers ist von diesem jedoch nicht korrigiert worden. Das Votum der Tier-schutzkommission ist auch nicht „mit Verspätung" dem Bundesrat zugeleitet worden. Der Staatsrechtler Professor Dr. G. Erbl von der Universität Bonn schrieb dazu in einem Gutachten von 1989:

„Das Ergebnis der Anhörung, ein kritisches, prinzipiell ablehnendes Votum der Tierschutzkommission, hatte der Minister nicht zum Anlass genommen, seinen Entwurf aus dem Bundesrat zurückzuziehen und ihn damit in einer verfahrensförmlich belegbaren Weise zur erneuten Prüfung im Lichte des Votums an sich zu ziehen. Der Minister hat das Votum auch nicht dem Bundesrat zur Verwertung in seinen Beratungen zugeleitet. Damit ging die 'nachgeholte' Anhörung der Tierschutzkommission ins Leere. Das Votum der Kommission hatte keine Chance, den Verordnungsinhalt zu beeinflussen."

Nach Inkrafttreten der Hennenhaltungsverordnung wurde von offizieller Seite immer wieder betont, man habe im EG-Ministerrat bei der Abfassung der EG-Richtlinie – obgleich besten Willens – sich nicht gegenüber den anderen EU-Staaten durchsetzen können. Kommt dann der Einwand, man hätte in der nationalen Verordnung mit Billigung der EG strengere Mindeststandards festschreiben können, dann kommt gewöhnlich der Einwand, dass im Gegensatz zur EG-Richtlinie die deutsche Hennenhaltungs-verordnung im §2 Abs. 1 Nr.2 Satz 2 für Hennen mit einem Durchschnittsgewicht von mehr als zwei kg eine Käfigbodenfläche von 550 cm^2 vorsieht. Dieses sei doch, so wird dann argumentiert, ein großer Fortschritt gegenüber der EG-Richtlinie.

Tatsache jedoch ist, dass kaum eine Käfighenne „in den Genuss" von 550 cm² frei verfügbarer Bodenfläche gelangt ist. Sogenannte schwere Legerassen – z.B. braune Hennen –, die im Alter von 30-40 Wochen ein Durchschnittsgewicht von über zwei kg erreichen, wiegen bei der Einstallung als 16-18 Wochen alte Junghennen durchschnittlich 1,6-1,8 kg. Weist man den Farmeigentümer auf die inzwischen höheren Gewichte der Hennen hin, dann erhält man z.B. als Antwort::

„Herr Doktor, wir haben ja inzwischen auch schon einen Schwund von 8 bis 10 %."

Also waren die 550 cm² nichts anderes als pharisäerhaft, da in der Realität kaum umsetzbar.

Nachdem die Hennenhaltungsverordnung in breiten Teilen der Bevölkerung auf starke Kritik gestoßen war, hatte das Land

Nordrhein-Westfalen 1990 beim Bundesverfassungsgericht (BVG) in Karlsruhe eine Normenkontrollklage eingereicht. Die Klage stützte sich im Wesentlichen auf das bereits genannte „Erbl-Gutachten".

Erst nach insgesamt neun Jahren kam das Gericht zu einem Urteil:

Wegen Verstoßes gegen § 2 des Tierschutzgesetzes und gegen das Grundgesetz wurde die Hennenhaltungsverordnung für nichtig erklärt. Einzelheiten des Urteils werde ich im Kapitel „Karlsruhe und danach" darlegen. Etwa zur gleichen Zeit wie das Karlsruher Urteil erschien die Richtlinie 1999/174 der EU vom 19.7.1999, in der Mindestanforderungen zum Schutz von Legehennen festgelegt wurden.

In Kapitel II Artikel 5 dieser Richtlinie heißt es:

„Die Mitgliedstaaten stellen sicher, dass ab 1. Januar 2003 alle Käfige im Sinne dieses Kapitels die nachstehenden Mindestanforderungen erfüllen:

1. Den Legehennen muss eine uneingeschränkt nutzbare horizontal bemessende Käfigfläche von 550 cm^2 je Tier zur Verfügung stehen (Anmerkung: bisher 450 cm^2).

2. Den Tieren muss ein uneingeschränkter Futtertrog zur Verfügung stehen. Seine Länge muß mindestens 10 cm multipliziert mit der Zahl der im Käfig befindlichen Tieren betragen."

Anmerkung: Wie bisher. Das bedeutet, dass bei der Breite einer durchschnittlichen Legehenne von 14,5 cm nicht alle Tiere den Trog bzw. das Futterband gleichzeitig benutzen können.

3. Bei über 65 % der Fläche muss eine Mindesthöhe von 40 cm vorhanden sein. An keiner Stelle darf die Käfighöhe unter 35 cm liegen."

Im 2. Absatz des Artikels 5 heißt es:

„Die Mitgliedstaaten sorgen dafür, dass die Haltung in Käfigen im Sinne dieses Kapitels ab1.Januar 2012 untersagt ist. Außerdem ist der Bau oder die erste Inbetriebnahme von

Käfigen im Sinne dieses Kapitels ab 1. Januar 2003 untersagt."

d.h.: Bereits installierte herkömmlige Käfige dürfen noch bis Ende 2011 benutzt werden.

Bestimmungen für die Haltung in <u>ausgestalteten Käfigen.</u>

Artikel 6

Die Mitgliedstaaten stellen sicher, dass ab Januar 2002 alle Käfige im Sinne dieses Kapitels die nachstehenden Mindestanforderungen erfüllen: (Anmerkung: d.h., dass dieses nur gilt für Neubauten bzw. Neueinrichtungen. Für bereits bestehende und bis zum 31.12.2002 aufzustellende herkömmliche Käfige gilt Bestandschutz bis zum 1. Januar 2012).

1. *Den Legehennen muss folgendes zur Verfügung stehen:*

   – *mindestens 750 cm^2 Käfigfläche je Tier, davon 600 cm^2 nutzbare Fläche, wobei die Käfighöhe an jeder Stelle außerhalb der nutzbaren Fläche mindestens 20 cm betragen muss und die gesamte Käfigfläche nicht weniger als 20.000 cm^2 betragen darf.*

   – *ein Nest*

   – *eine Einstreu, die das Picken und Scharren ermöglicht.*

   – *geeignete Sitzstangen mit einem Platzangebot von mindestens 15 cm je Henne.*

2. *Es muss ein uneingeschränkt nutzbarer Futtertrog zur Verfügung stehen. Seine Länge muss mindestens 12 cm, multipliziert mit der Zahl der im Käfig befindlichen Hennen betragen.*

Anmerkung: siehe Hinweis zu Artikel 5 Abs. 1und 2.

Mit dem in Kapitel III Artikel 6 der EU-Richtlinie von 1999 genannten „ausgestalteten Käfig" betrat die EU-Kommission keineswegs

Neuland, da bereits seit Jahren entsprechende Untersuchungs-ergebnisse mit diesem System aus Österreich, Schweden sowie insbesondere aus der Schweiz vorlagen. Wie Fröhlich und Oester (2005) in dem Standardwerk „Welfare of Laying Hens in Europe – Analysis and Conclusions" betonen, wurde bereits 1981 in der Schweiz eine Verordnung erlassen, die eine artgerechte Haltung von Legehennen vorschrieb, die sicherstellt, „dass das Verhalten und die jeweiligen Körperfunktionen der Tiere ungestört ablaufen können." Außerdem schrieb diese Verordnung vor, dass alle neuen Haltungssysteme einem strengen Prüf- und Bewilligungs-verfahren unterliegen müssen. Als Alternative zu den her-kömmlichen Käfigen wurden verschiedene Varianten von ausgestalteten Käfigen einer staatlichen Prüfung unterzogen. Auf Grund der im weitereren beschriebenen Defizite sind insgesamt alle Arten von ausgestalteten Käfigen in der Schweiz nicht zugelassen worden. Seit 1992 besteht in der Schweiz ein generelles Käfigverbot.

Festzuhalten ist, dass auch nach 1999 zahlreiche Wissenschaftler die von der EU-Kommission propagierten „ausgestalteten Käfige" als nicht artgerecht und den Bedürfnissen der Legehennen zuwiderlaufend beurteilen.

Die Ethologin G. Martin (1999) betont:

Es muss kritisch festgestellt werden, dass auch die gegenüber herkömmlichen Käfigen veränderten Haltungsbedingungen für das Tier kaum Verbesserungen darstellen. Zahlreiche notwendige Umweltfaktoren fehlen in den ausgestalteten Käfigen entweder völlig oder werden in so unzureichendem Maße geboten, dass sie von den Tieren nicht oder nicht artgemäß genutzt werden können. Wie schwedische Untersuchungen belegen, bleiben wesentliche physiologische und ethologische Bedürfnisse außer acht. Funktionsstörungen, schwere Schäden und Leiden treten auch in ausgestalteten Käfigen auf."

Im weiteren wird auf die mit 600 cm^2 viel zu geringe nutzbare Fläche pro Henne verwiesen, die in keiner Weise dem artgemäßen Bewegungsbedürfnis der Tiere entspricht. (Anmer-kung zur Erinnerung: ein DIN A 4 Blatt ist 623,7 cm^2 gross). Eine artgerechte Nahrungsaufnahme ist nicht gegeben. Der in Kapitel III 1 c der EU-Richtlinie verlangte Einstreubereich ist wesentlich zu klein dimensioniert. Wie sich in der Folge herausstellte, sind die in Artikel 6, 1 verlangten Sitzstangen wegen der geringen Höhe der Käfige und wegen der Positionierung derselben nicht praktikabel.

B. Hörning (2005) kommt zu dem Ergebnis, dass alle Formen der ausgestalteten Käfige trotz eingebauter Elemente wesentliche Mängel aufweisen und die artspezifischen Bedürfnisse der Hennen erheblich einschränken.

Gemäß Artikel 13 der EU-Richtlinie waren die Mitgliedstaaten der EU verpflichtet, diese bis zum 1. Januar 2002 in nationales Recht umzusetzen.

Nun muss darauf hingewiesen werden, dass es den Mitgliedstaaten überlassen bleibt, die Richtlinie 1:1 – also wörtlich – zu übernehmen oder aber auch in den entsprechenden nationalen Verordnungen über die Mindestnormen der EU-Richtlinie hinauszugehen, sprich: Verbesserungen im Sinne des Tierschutzes einzufügen.

Wie bereits erwähnt, waren durch das Verfassungsgerichtsurteil betreffs Hennenhaltungsverordnung dem deutschen Verordnungsgeber bestimmte Vorgaben aufgeben, die eine 1:1 Umsetzung nicht mehr zuließen.

Im Oktober 2001 schien sich ein Quantensprung für die Legehennenhaltung anzubahnen und zwar erging durch das zuständige Bundesministerium für Verbraucherschutz mit Zustimmung des Bundesrates die Tierschutz-Nutztierhaltungsverordnung. Sie trat an die Stelle der 1999 durch das BVG-Urteil für nichtig erklärte alte Hennenhaltungsverordnung.

Die neue Verordnung ging sowohl bei der Regelung der Übergangfristen wie auch bei den Anforderungen des Raumangebots über die EU-Richtlinie hinaus. Herkömmliche Käfige sollten ab 2007 verboten sein. Die Grundfläche dieser Käfige musste in der Zeit des sogenannten Bestandschutzes um 100 cm^2 pro Henne vergrößert sein, d.h. in den üblichen Batteriekäfigen (48,5 mal 45 cm) durften statt 5 nur noch 4 Legehennen eingestallt werden.

Die vor dem 13. März 2002 genehmigten oder installierten ausgestalteten Käfige erhielten Bestandsschutz bis 2011, wobei im Gegensatz zur EU-Richtlinie (600 cm^2) die uneingeschränkt nutzbare Käfigfläche pro Huhn auf mindestens 750 cm^2 vergrößert werden musste. Das heißt:

Wäre die obige Verordnung derzeit noch in Kraft, dann hätte es nach dem 31.12.2006 keine Legehennen mehr in herkömmlichen und nach dem 31.12.2011 keine Hennen mehr in ausgestalteten Käfigen gegeben.

Aber seit Anfang 2002 setzte von Seiten der Gefügelindustrie massive Lobbytätigkeit ein. Es wurden zahlreiche Gutachten in Auftrag gegeben und insbesondere die Landwirtschaftsministerien in Niedersachsen und Mecklenburg-Vorpommern waren bemüht, über eine Bundesratsinitiative die neue Tierschutz-Nutztierhaltungsverordnung zu revidieren. Ein erster Anlauf des Bundesrates im November 2003 lief ins Leere, da die zuständige Bundesministerin den entsprechenden Änderungsentwurf des Bundesrates nicht unterzeichnete.

Im März 2004 wurden die Ergebnisse des „Modellvorhabens ausgestaltete Käfige" bekannt gegeben. Die Untersuchungen hierfür waren bereits 2000 vom Bundeslandwirtschaftsminister in Auftrag gegeben worden und bezogen sich auf sechs Praxis-betriebe mit unterschiedlichen Käfigvarianten. Die Ergebnisse waren aber derart angreifbar, dass die Geflügelindustrie und die Initiatoren keinen Nutzen daraus ziehen konnten und zwar aus folgenden Gründen:

Die Käfige und die dort eingestallten Legehennen wurden auf Produktion, Verhalten, Hygiene, Ökonomie hin untersucht, wobei die Verfasser einräumen mussten, dass das Versuchsvorhaben nicht unter wissenschaftlich kontrollierten Bedingungen durch-geführt worden war, sondern dass es sich lediglich um eine „wissenschaftliche Begleitung der Praxiserprobung eines neuen Haltungssystems" gehandelt habe und die Datenerhebung teilweise durch Betriebspersonal erfolgt sei.

Das Gutachten offenbarte neben diesen gravierenden metho-dischen Mängeln eine Reihe von Defiziten hinsichtlich Raumangebot, Einstreubereich, Nutzung der Sitzstangen und anderes mehr.

Der Leiter des Instituts für Tierschutz und Tierhaltung (FAL) L. Schrader kam nach Prüfung und Interpretation der Ergebnisse des Versuchsvorhabens zu dem Resultat: „Die mit der Ausgestaltung der Käfige erreichten Verbesserungen können noch keine verhaltensgerechte Haltung gewährleisten."

Da man mit dem „ausgestalteten Käfig" so recht nicht weiterkam, hatte jemand die glorreiche Idee, einfach den Namen zu ändern: „Wir ändern ein wenig an den Käfigen und nennen das Ganze „Kleinvoliere". Dies geriet jedoch zur Lachnummer, weil der französische Begriff „Voliere" vom lateinischen „volare" (=fliegen) stammt. Natürlich kann kein <u>Huhn in einem Käfig von 50 cm Höhe fliegen.</u>

Also musste eine andere Variante her. Man sagte sich: „Wir vergrößern die Grundfläche, packen bis zu 60 Hennen hinein und nennen das dann „Kleingruppenhaltung". Und so kam es dann auch: Geflügelindustrie und Politik fanden neue Hilfstruppen und zwar an der Tierärztlichen Hochschule in Hannover. Zu diesem Gutachten aus Hannover „EpiLeg – Orientierende epidemiologische Untersuchung zum Leistungsniveau und Gesundheitsstatus in Legehennenhaltungen verschiedener Haltungssysteme – Zwischenbericht", Stand 1. Sept. 2003, erarbeitete die Internationale Gesellschaft für Nutztierhaltung (IGN) eine umfangreiche Stellunganhme und kommt mit Datum vom 19. Nov. 2003 zu folgegender abschließender Beurteilung:

„Aus all diesen Gründen ist die EpiLeg-Studie nicht geeignet, als Grundlage für künftige politische oder juristische Entscheidungen zu dienen."

Anmerkung: Die o.a. Sellungnahme der IGN kann unter www.ign-nutztierhaltung.ch abgerufen werden.

Im April 2006 waren Geflügelindustrie und Bundesratsmehrheit am Ziel. Eine neue Verordnung unter der Bezeichnung „Tierschutz-Nutztierhaltungsverordnung" lag auf dem Tisch und wurde – wenige Monate bevor das Verbot für die herkömmliche Legehennenkäfige in Kraft getreten wäre – unterzeichnet.

Zu den einzelnen Punkten der Verordnung.

1. Es muss eingeräumt werden, dass die Verordnung zumindest in einem Punkt einen wesentlichen Fortschritt bringt. Ebenso wie bei Neubauten von Schweineställen müssen in Zukunft auch bei Legehennenställen Fenster oder Lichtbänder installiert werden.

   Gemäß § 13 Abs. 3 *„müssen Gebäude, die neu in Benutzung genommen werden, mit Lichtöffnungen versehen sein, deren Fläche mindestens 3 Prozent der Stallgrundfläche entspricht und so angeortnet sind, dass eine möglichst gleichmäßige Verteilung des Lichts gewährleistet wird.“*

   Dann die entsprechende Ausnahme: *„Satz 1 gilt nicht für bestehende Gebäude, wenn die Ausleuchtung des Einstreu- und Versorgungsbereichs in der Haltungseinrichtung durch natürliches Licht auf Grund fehlender technischer und sonstiger*

   Möglichkeiten nicht oder nur mit unverhältnismäßig hohem Aufwand erreicht werden kann.“...

2. § 13b Besondere Anforderungen an die Kleingruppen-haltung:

   Abs. 2: *„Für jede Legehenne muss jederzeit eine uneingeschränkt nutzbare Fläche von mindestens 800 Quadratzentimetern zur Verfügung stehen.“*

   Anmerkung: das sind lediglich 200 cm² mehr als bei den ausgestalteten Käfigen.

3. Die lichte Höhe muss über dem Trog mindestens 60 cm und ansonsten 50 cm betragen,was ein mehr von lediglich 5 cm gegenüber den ausgestalteten Käfigen der EU-Richtlinie bedeutet.

Übergangsregelungen:

Ausgestaltete Käfige nach der EU-Richtlinie, die vor dem 13. März 2002 bereits genehmigt und in Benutzung genommen wurden, sind noch bis zum 31.12.2020 zugelassen.

Herkömmlliche Käfige, die vor dem 13. März 2002 in Benutzung waren, dürfen noch bis zum 31.12.2008 weiter benutzt werden, wenn der Betriebsinhaber bis zum 15. Dezember 2006 „ein *verbindliches Betriebs- und Umbaukonzept"* angemeldet hatte.

Eine Verlängerung um ein weiteres Jahr ist *„im Einzelfall"* möglich.

16   Karlsruhe und danach

Das Urteil des Bundesverfassungsgerichtes von 1999 und der neue Artikel 20 a des Grundgesetzes von 2002 sowie deren Folgen für den praktischen Tierschutz

16.1   Das Urteil des Bundesverfassungsgerichts

Die im vorhergehenden Kapitel genannten Urteile des Oberverwaltungsgerichtes Frankfurt vom 14.4.1979 und des Verwaltungsgerichtshofs Mannheim vom 29.4.1985, die Gutachten zahlreicher Wissenschaftler, die wiederholten Forderungen verschiedener Tierschutzorganisationen nach einem Verbot der Käfighennenhaltung sowie die verspätete Anhörung der Tierschutzkommission durch den Bundeslandwirtschaftsminister und dessen versäumte Weiterleitung des Tierschutzkommissions-Votums an den Bundesrat veranlassten das Land Nordrhein-Westfalen zu einer Normenkontrollklage beim Bundesverfassungsgericht in Karlsruhe gegen die 1987 in Kraft gesetzte Hennenhaltungsverordnung. Ein nicht unwesentlicher Grund für die Verfassungsklage Nordrhein-Westfalens dürfte auch die gewachsene Sensibilität der Öffentlichkeit gewesen sein. Tatsache ist, dass bei mehreren repräsentativen Umfragen in der zweiten Hälfte der 80er Jahre bis zu 90 % der Bevölkerung sich gegen die Käfighaltung von Legehennen ausgesprochen hatten.

Es vergingen allerdings noch einmal 9 Jahre, bis das Bundesverfassungsgericht am 6. Juli 1999 sein Urteil verkündete und für Recht erkannte:

„Die Verordnung des Bundesministers für Ernährung, Landwirtschaft und Forsten zum Schutz der Legehennen bei Käfighaltung (Hennenhaltungs-Verordnung) vom 20.12.1987 (Bundesgesetzblatt I Seite 2622) ist nichtig."

Das Gericht begründete seine Entscheidung vor allem damit, dass Grundbedürfnisse der Legehennen wie ungestörtes Ruhen und gleichzeitige Futteraufnahme aller in einem Käfig sich befindlichen Tiere *„unangemessen zurückgedrängt"* würden.

Wörtlich heißt es in der Begründung:

„Schon ein Vergleich der durchschnittlichen Körpermaße einer ausgewachsenen Legehenne (47,6 x 14,5 x 38 cm) mit der in § 2 Absatz 1 Norm. 2 Satz 1 HHVO (Anmerkung: Hennenhaltungsverordnung) vorgesehenen Käfigbodenfläche von 450 cm^2 zeigt, dass in mit vier, fünf oder auch sechs Hennen besetzten Käfigen, wie sie in Deutschland in der Legehennenhaltung üblich sind, ein ungestörtes gleichzeitiges Ruhen der Hennen, d.h. ihres Schlafbedürfnisses nicht möglich ist. Aus dem Produkt Länge und Breite der Tiere ergibt sich nämlich ein Flächenbedarf für jede Henne in der Ruhelage, der die vorgesehene Mindestbodenfläche überschreitet. Es ist auch nichts dafür ersichtlich, dass es etwa dem artgemäßen Ruhebedürfnis einer Henne entsprechen könnte, zusammen mit anderen Artgenossinnen auf- oder übereinander zu schlafen. Ferner zeigt ein Vergleich Körperbreite von 14,5 cm mit der in § 2 Abs. 1, Nr. 7 HHVO vorgesehenen Futtertroglänge von 10 cm pro Henne, dass die Hennen nicht – wie es in den gemäß der HHVO gestalteten Käfigen ihrem artgemäßen Bedürfnis entspricht – gleichzeitig ihre Nahrung aufnehmen können.“

Als weitere artgemäße Bedürfnisse werden in der Urteilsbegründung ausdrücklich genannt:

.... „das Scharren und Picken, die ungestörte und geschützte Eiablage, die Körperpflege zu der auch das Sandbaden gehört, oder das erhöhte Sitzen auf Stangen.“

Nach Maisack (1999) hat das Urteil des Bundesverfassungsgerichtes und dessen Begründung *„einen Meilenstein gesetzt und die Tür aufgestoßen für einen sehr viel weitergehenden Tierschutz.“* Denn das Urteil wird in Zukunft auch Bedeutung für die anderen Nutztierarten haben, da den Ausführungen eines Obergerichtes Vorbildfunktion für alle nachgeordneten Gerichte zukommt.

16.2   Tierschutz im Grundgesetz

Zuversicht war auch deswegen angezeigt, weil nach jahrelangen vergeblichen Bemühungen das Staatsziel Tierschutz 2002 endlich in das Grundgesetz aufgenommen worden ist.

Die Neufassung des Artikels 20 a, die seit dem 1. August 2002 in Kraft ist, lautet:

> *„Der Staat schützt auch in Verantwortung für künftige Generationen die natürlichen Grundlagen und die Tiere im Rahmen der verfassungsmäßigen Ordnung durch die Gesetzgebung und nach Maßgabe von Gesetz und Recht durch die vollziehende Gewalt und die Rechtssprechung."*

Der Staat schützt die Tiere: Das gilt für alle Organe des Bundes, der Länder und der Gemeinden und zwar gleichermaßen für die Gesetzgebung, Verwaltung und Rechtsprechung.

16.2.1 Auswirkungen auf die Legislative

Durch die Staatszielbestimmung ist der Gesetzgeber gefordert, für einen möglichst wirksamen Tierschutz zu sorgen. Hieraus ergeben sich nach Caspar und Schröter (2003) einerseits die Verpflichtung zu einem tierschutzrechtlichen **Verschlechterungs-verbot** (Siehe dazu: Vereinbarungen über Mindestanforderungen des Niedersächsischen Landwirtschaftsministers und dem Niedersächsischen Geflügelwirtschaftsverband) und andererseits zu einer **Nachbesserungspflicht** (siehe Legehennenhaltungs-Verordnung von 2001), was bedeutet, dass zukünftig der gesetzliche Tierschutz dem neusten Stand der wissenschaftlichen Erkenntnisse, insbesondere ethologischen Erfordernisse anzupassen ist.

Außerdem ergibt sich aus Artikel 20 a des Grundgesetzes für die staatlichen Institutionen eine **Gewährleistungsverantwortung**. Maisack (2004) betont, dass es deshalb unzulässig ist, durch öffentlich-rechtliche Vereinbarungen mit Tierhaltern Haltungsnormen zuzulassen, die den Anforderungen des § 2 Tierschutzgesetz nicht entsprechen.

Ebenfalls ergibt sich für die Staatsorgane aus Artikel 20 a die Pflicht zu effektiver Kontrolle; d.h. unter anderem für die Legislative verfahrensrechtliche Normen zu schaffen, um die Realisierung der Vorgaben des Staatsziels Tierschutz sicherzustellen. Bis heute besteht häufig eine Diskrepanz zwischen den Erfordernissen des Tierschutzes einerseits und den Interessen der Tierhalter andererseits. Halterinteressen können bis heute durch mehrere Instanzen eingeklagt werden, tierschutzrechtliche Belange jedoch nicht. Um diesem Dilemma zu begegnen, wird bereits seit vielen Jahren – insbesondere von den Tierschutzverbänden – die Möglichkeit der Verbandsklage eingefordert, die im übrigen bereits seit langem für den Umweltschutz gängige Praxis ist.

16.2.2 Auswirkungen für Verwaltung und Rechtsprechung

Der Artikel 20 a des Grundgesetzes ist eine Staatszielbestimmung und nicht allein ein Gesetzgebungsauftrag. Behörden und Gerichte sind deshalb gehalten, Gesetze und Verordnungen entsprechend der Grundentscheidung der Verfassung zugunsten eines effektiven Tierschutzes auszulegen. Das Staatsziel schafft damit einen neuen Auslegungs- und Abwägungsmaßstab. Der Ermessensspielraum der Ministerien und Verwaltungsbehörden wird durch Artikel 20 a zukünftig reduziert. So können in Zukunft Verstöße und Vergehenstatbestände, die beispielsweise von Amtstierärzten festgestellt werden, hinsichtlich der Abstellung und Ahndung weniger als bisher durch Weisung vorgesetzter Behördenvertreter blockiert werden mit fadenscheinigen Einlassungen wie „Die machen das doch alle so", „der (Tierhalter) hat das doch nicht besser gewusst" oder „Sie (Amtstierarzt) haben jetzt etwas Besseres zu tun".

Caspar und Schröter (2003) betonen, dass die Vergangenheit gezeigt hat, dass die Vollzugsdefizite, die bereits im Rahmen des verwaltungsrechtlichen Tierschutzes zu konstatieren sind, gerade auch für den Bereich der strafrechtlichen Sanktionierungspraxis bestehen.

Die Strafverfolgungsstatistik der Bundesrepublik weist aus, dass Straftaten nach dem Tierschutzgesetz in der Vergangenheit im

Vergleich zur allgemeinen Strafverfolgung wesentlich häufiger eingestellt werden (Sidhom 19997, Caspar und Schröter 2003). Dieses gilt nicht allein für die Gerichte, sondern besonders auch für ermittelnde Staatsanwaltschaften. Ein nicht unwesentlicher Grund dürfte auch in der juristischen Ausbildung von Richtern und Staatsanwälten zu suchen sein. Tierschutzrecht ist in der Ausbildung zum Ersten juristischen Staatexamen weder als Pflicht- noch als Neben- oder Wahlfach gefordert bzw. anerkannt. In Deutschland gibt es bisher nicht einen einzigen Lehrstuhl für Tierschutzrecht (Maisack 2007). Eine systematische Einführung sowohl in das Tierschutzstrafrecht als auch in Tierschutzverwaltungsrecht findet an den juristischen Fakultäten deutscher Universitäten nicht statt (Caspar und Schröter 2003).

Aus alledem ergibt sich, dass sich durch die Staatszielbestimmung Tierschutz in Zukunft sowohl für die Legislative als auch besonders für die Exekutive und Judikative wesentlich stärkere Verpflichtungen und Verantwortlichkeiten ergeben.

Der Artikel 20 a Grundgesetz eröffnet für den Gesetzgeber in verstärktem Maß die Möglichkeit, die in den Artikeln 12 und 14 des Grundgesetzes verbürgten Interessen von Tierhaltern und Agrarindustrie im Sinne unserer Mitgeschöpfe einzuschränken.

16.2.3 Was hat sich seit August 2002 wesentlich geändert?

Zu fragen wäre jetzt, was sich seit August 2002 wesentlich geändert hat. Was Exekutive und Rechtsprechung angeht, so sind Fortschritte nur schwer auszumachen und können wohl auch erst nach geraumer Zeit abgeschätzt werden. Die Legislative kann anhand der seit 1999 (Karlsruher Urteil) und 2002 (Artikel 20 a) in Kraft getretenen Gesetze und Rechtsverordnungen gemessen werden. Über die Hennenhaltungsverordnung von 2001 und dem meines Erachtens tierschutzwidrigen Zurückrudern in der Hennenhaltung in 2006 ist im Kapitel Legehennen umfassend berichtet worden. Auch die Schweinehaltungsvorschriften lassen nur marginal erkennen, dass das Karlsruher Urteil und der Artikel 20 a GG in der Rechtssetzung Berücksichtigung gefunden haben. Besonders deutlich wird letzteres durch die „Neufassung der Bekanntmachung des Tierschutzgesetzes" vom 14.5.2006. An

Substanziellem sind im Tierschutzgesetz von 2006 gegenüber dem 1998er Gesetz praktisch nur zwei Änderungen festzumachen:

- Im § 5 Abs. 3 1. hieß es 1998:" Eine Betäubung ist ferner nicht erforderlich für das Kastrieren <u>von unter vier Wochen alten</u> männlichen Rindern, <u>Schweinen</u>, Schafen und Ziegen..."

  §5 Abs. 3 1. lautet 2006: „Eine Betäubung ist ferner nicht erforderlich für das Kastrieren von unter vier Wochen alten männlichen Rindern, Schafen und Ziegen..."

  Für Schweine ist der Satz 1a eingeschoben worden: „Eine Betäubung ist ferner <u>nicht erforderlich für das Kastrieren von</u> unter acht Tagen alten männlichen Schweinen."

- Dies mag von Laien als Fortschritt angesehen werden, wenn Ferkel nur noch bis zum siebten Lebenstag und nicht mehr bis zur vierten Lebenswoche betäubungslos kastriert werden dürfen. Tatsache ist jedoch, dass es in der Mehrzahl der ferkelerzeugenden Betriebe bereits seit geraumer Zeit übliche Praxis ist, die Ferkel am Ende der ersten Lebenswoche zu kastrieren. Somit muss die obige Änderung als reine Gesetzeskosmetik angesehen werden.

- Ähnliches gilt für den § 6 Abs. 3.

  „Abweichend von Abs. 1 Satz 1 (Amputationsverbot) kann die zuständige Behörde das Kürzen der Schnabelspitzen bei Nutzgeflügel erlauben."

- „Abweichend von Absatz 1 Satz 1 kann die zuständige Behörde

  1. das Kürzen der Schnabelspitzen von Legehennen bei unter zehn Tage alten Küken,

  2. das Kürzen der Schnabelspitzen bei Nutzgeflügel, das nicht unter Nr. 1 fällt, erlauben."

  - d.h. Legehennenküken dürfen nur bis zum 9. Tag amputiert werden. Bei allem anderen Nutzgeflügel (Puten, Masthähnchen, Enten, Gänse u.a.) dürfen zeitlich unbegrenzt die Schnäbel gekürzt werden.

Kenner der Szene sprechen auf der Basis des aufgezeigten Minimalismus nicht – wie die offizielle Verlautbarung – von der „Bekanntmachung der Neufassung des Tierschutzgesetzes", sondern von der „Neubekanntmachung des Tierschutzgesetzes".

16.3   Zusammenfassung

1. Das derzeit geltende Tierschutzgesetz bedeutet für den praktischen Tierschutz keinerlei Verbesserung bzw. Fortschritt, auch wenn es – wie häufig – mit großem rhetorischen Aufwand und zumeist über unkritische Medien einer weitgehend ahnungslosen Öffentlichkeit angedient wurde.

2. Die Tierschutz-Nutztierhaltungsverordnung 2006 bringt für Schweine nur wenige Fortschritte, die zudem im Wesentlichen erst ab 2012 greifen.

3. Die Folter der Käfighaltung unserer Mitgeschöpfe, der Legehennen, wurde trotz Karlsruhe und Artikel 20a Grundgesetz durch die „Tierschutz-Nutztierhaltungsverordnung" für unabsehbare Zeit legitimiert und zementiert.

4. Der Gesetzgeber hat offensichtlich den aus dem erklärten Staatsziel Tierschutz sich ergebenden Auftrag selbst nicht zu Kenntnis genommen.

17   Ausblick

Manche(r) von Ihnen, der (die) sich bis hierher durchgekämpft haben, wird sich sicherlich – wie auch ich – wiederholt die Frage gestellt haben, ob nicht die da oben – Politiker, Wirtschaftsverbände und Institutionen – bis in alle Ewigkeit vorwiegend das umsetzen, was der Wirtschaft dient? Hat nicht zu häufig die Wirtschaft in Politik und Verwaltung allzu devote Hilfstruppen?

Von Tucholsky (1932) stammt das Zitat: „In Deutschland wird nicht bestochen; in Deutschland wird beeinflusst."

Anmerkung: Die UNO – Konvention gegen Korruption wurde bisher (Stand. Mai 2007) von 89 Staaten unterzeichnet; nicht jedoch von der Bundesrepublik Deutschland.

Im Februar 2007 habe ich in einem Telefonat mit dem Tierrechtler E. von Loeper meine Enttäuschung über die Rechtsetzung nach der Aufnahme des Tierschutzes in das Grundgesetz am Beispiel des neuen Tierschutzgesetzes und der Tierschutz – Nutztierhaltungsverordnung zum Ausdruck gebracht und darauf hingewiesen, dass die Legislative augenscheinlich die aus § 20a GG für den Gesetzgeber und die Verwaltung sich ergebenden Verpflichtungen nicht in dem gebotenen Maße nachkommen würde. E. von Loeper entgegnete mir – m.E. völlig zu Recht -, dass die Verpflichtungen aus § 20a GG und dem Karlsruher Legehennenurteil keinen Automatismus in Gang setzen würden, sondern dass vielmehr – und das nicht nur in Sachen Tierschutz – jeder einzelne Bürger gefordert sei. Wenn wir in einer Demokratie leben wollen, dann ergibt sich für jeden einzelnen von uns die Verpflichtung, mit dazu beizutragen, dass die demokratischen Regeln eingehalten werden.

Wie den Medien 2006 zu entnehmen war, verlangten bei einer Internet – Umfrage der EU-Kommission im Jahr 2006 mit 44.551 Befragten 88 % der Beteiligten weitergehende Tierschutzinitiativen. Ebenfalls 88 % waren unzufrieden mit der Kennzeichnung der Bedingungen, unter denen tierische Erzeugnisse gewonnen werden. 91 % der Beteiligten haben die EU aufgefordert, auch auf internationaler Ebene mehr zu tun, um das

Bewusstsein für den Tierschutz zu wecken.87 % der Teilnehmer waren der Meinung, dass mehr für das Wohlbefinden von Legehennen und Mastgeflügel getan werden müsse. Dies sind Prozentzahlen, die eigentlich zum Optimismus Anlass geben müssten.

In einem demokratischen Staatswesen kann m. E. auf Dauer nicht gegen die Mehrheitsmeinung der Bevölkerung regiert und agiert werden. Um ein Umdenken bei Wirtschaftsverbänden, Politikern und Institutionen zu erreichen, ist es m.E. erforderlich, dass die Basis einer Demokratie, die Bürger, sich wieder verstärkt ihrer politischen Rechte und Pflichten bewusst werden. Es genügt nicht, regelmäßig oder – noch schlimmer – nur gelegentlich zur Wahl zu gehen mit der Auffassung, die da oben werden es schon richten. Nach H.H. von Arnim (2000) hat sich in der Bundesrepublik Deutschland die repräsentative Demokratie immer mehr verselbständigt, wobei häufig Mehrheitsmeinung und Volkswohl hinter Partikularinteressen zurückgedrängt werden. Um einen Wandel der bestehenden Verhältnisse herbeizuführen, ist jeder einzelne Bürger gefordert. Voraussetzung für demokratisches Handeln ist jedoch, dass der Bürger informiert ist; d. h., dass er sich ein objektives Bild von den tatsächlichen Verhältnissen macht. Informiert sein heißt, sich um ein unverfälschtes Bild von der Realität zu bemühen und nicht unreflektiert z. B. die oft populistisch verbrämten Verlautbarungen von Regierungsorganisationen oder Wirtschaftsverbänden zu „konsumieren."

Hierfür ein Beispiel: Die Bundesregierung veröffentlicht alle zwei Jahre den Tierschutzbericht, der u.a. im Internet nachzulesen ist. Im aktuellen Bericht vom Mai 2007 wird, wie gehabt, die Tierschutzsituation in Deutschland in weiten Teilen einseitig und schönfärberisch dargestellt. Wesentliche Problemfelder wie Geflügelmast und Schnabelkürzen werden nur marginal, das Thema Qualzuchten z. B. überhaupt nicht behandelt. Um ein objektives Bild der Gesamtsituation zu erhalten, ist es beispielsweise hilfreich im Internet unter www.kritischer-agrarbericht.de das Kapitel „Tierschutz und Tierhaltung" abzurufen, das vom Deutschen Tierschutzbund redaktionell bearbeitet wird.

Beachtenswert ist, dass im Tierschutzbericht 2007 darüber hinaus teilweise doppelbödig und scheinheilig argumentiert wird, indem z.B. beklagt wird, dass im Entwurf der EU-Richtlinie zum Schutz von Masthühnern unterschiedliche Besatzdichten vorgesehen sind; und zwar 33 kg/m² bei einfachen Haltungsanforderungen, 39 kg/m² bei erhöhten Anforderungen und 3 kg „Bonus" („reward") bei besonders guten Betrieben zulässig sein sollen. Im Tierschutzbericht 2007 heißt es dazu:

> *„Die Bundesregierung erachtet eine rechtliche Regelung des Tierschutzes in der Masthühnerhaltung als notwendig. Sie hat in den Verhandlungen deutlich gemacht, dass sie einen Zweiklassentierschutz, der daraus resultiert, dass Betriebe mit geringer bzw. hoher Besatzdichte unterschiedliche Anforderungen erfüllen müssen, nicht wünscht."*

Wie im Kapitel 14.5 dargestellt, waren es doch gerade die Landwirtschaftsministerien in der Bundesrepublik, die ausgehend von Niedersachsen 1999 und danach auch in anderen Bundesländern mit den „Putenvereinbarungen" diesen Zweiklassentierschutz eingeführt haben. Am 8. Mai 2007 haben dann auch die Landwirtschaftsminister der EU unter deutscher Ratspräsidentschaft die o.a. Richtlinie beschlossen. Anzumerken ist noch, dass die wissenschaftlichen EU-Gutachter Besatzdichten von mehr als 30 kg abgelehnt hatten. Lediglich Österreich hat sich als einziger Mitgliedstaat dem EU-Beschluss widersetzt und sieht für die Umsetzung im eigenen Territorium eine Begrenzung auf 30kg pro m² vor.

Ähnlich beispielgebend im negativen Sinne wirkte sich das Unterlaufen der nationalen Tiertransport – Verordnung durch die deutschen Behörden (siehe Kapitel 10.18.2) auf die seit dem 5.1.2007 für alle EU-Mitglieder verbindliche EU-Transportverordnung aus. Die in der Verordnung genannten Transportzeiten sind zunächst wie bisher z.B. für Schweine auf 24 Stunden und für Rinder auf 29 Stunden begrenzt. Diese können jedoch bei Langzeittransporten auf unbestimmte Zeit ausgeweitet werden, wenn beispielsweise ein Rindertransport innerhalb von 29 Stunden den Verladehafen erreicht, dürfen die Tiere ohne zwischengeschaltete 24-stündige Ruhepause in einem Versorgungsstall zum Weitertransport auf ein Schiff verladen werden oder im Roll on-Roll off-Verfahren direkt auf eine Fähre verbracht werden. Dieses unter der Maßgabe, dass den Tiere nach Verlassen der Schiffe in einer Versorgungsstelle – hier „Kontrollstelle" genannt – für 12 Stunden eine Ruhepause und Versorgung in einer Stalleinrichtung gewährt wird. Letzteres kann entfallen, wenn der Zielort nach Verlassen des Schiffes innerhalb von zwei Stunden zu erreichen ist. Eine Begrenzung der im Verladehafen auftretenden Verweildauer der Tiere auf dem LKW ist in der Verordnung nicht festgelegt.

Diese und zahlreiche weitere Bestimmungen der Verordnung sind derart korrektur- und auslegungsbedürftig, dass sich im Grundsatz nichts geändert hat und die Transportpraxis in keiner Weise verbessert, sondern auf Jahre hinaus zementiert wurde.

Es geht jedoch nicht allein nur um die häufig angeführten und beklagten Drittlandtransporte. Auch innerhalb der EU und auch innerhalb der Bundesrepublik sind zahlreiche Transporte nicht tolerierbar wie z.B. das Verbringen von 10 Tage alten Kälbern von Litauen nach Spanien, von früh abgesetzten Ferkeln aus Norddeutschland nach Spanien, Sardinien oder Griechenland oder Transporte von Schlachtschweinen aus Holland nach Italien, die bei Überladung und Sommertemperaturen für die transportierten Tiere zur Tortour und nicht selten für nicht wenige von ihnen zur tödlichen Falle werden. Dies wurde von den Animals' Angels u. a. bei einer Kontrolle im Juli 2005 fotografisch drastisch verdeutlicht:

Fotos: Animals' Angels

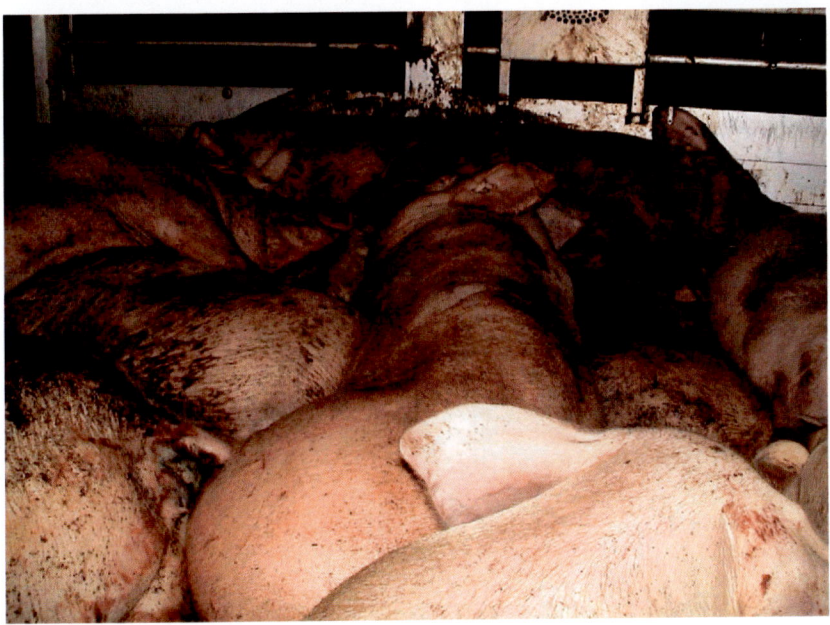

Fotos: Animals' Angels

Zwar ist die EU-Transportverordnung für alle Mitgliedsstaaten verbindlich, räumt jedoch im Kapitel 1 Artikel 1 Abs. 3 den einzelnen Nationalstaaten folgendes ein:

„Diese Verordnung steht etwaigen strengeren einzelstaatlichen Maßnahmen nicht entgegen, die den besseren Schutz von Tieren bezwecken, die ausschließlich im Hoheitsgebiet befördert werden."

Das bedeutet, dass der einzelne Mitgliedstaat berechtigt ist, für das eigene Territorium strengere Tierschutzstandards einzuführen und anzuwenden. Das heißt für die Bundesrepublik Deutschland, dass uneingeschränkt nach §1 des Tierschutzgesetzes zu verfahren ist. Da es keinen vernünftigen Grund gibt, Schlachttiere beispielsweise von Flensburg oder Husum ins südliche Bayern oder an den Bodensee zu verfrachten und dabei Transportzeiten von 12-13 Stunden in Kauf zu nehmen. Es gibt darüber hinaus keinen vernünftigen Grund, an 12 Schlachthöfen vorbei zu fahren, um an der 13. Schlachtstätte die Tiere zu entladen. Also ist es längst überfällig und geboten, zumindest für Schlachttiere die Belastungen durch den Transport für die Tiere so kurz und gering wie möglich abzusichern. Bei der Schlachthofdichte in Deutschland erscheint es angemessen, derartige Transporte auf vier Stunden zu begrenzen.

Jedoch wie kann der einzelne Bürger zur Verbesserung der Tierschutzsituation beitragen?

1. Sich informieren:

Es gibt eine Vielzahl von Möglichkeiten, die hier nur skizzenhaft wiedergegeben werden können. Tierschutz- und Tierrechtsverbände sind oft ergiebige Informationsquellen. Diese geben nicht nur entsprechende Zeitschriften und Mitteilungsblätter heraus, sondern informieren über ihre Internet-Seiten regelmäßig über das aktuelle Tierschutzgeschehen. Auch über Gesetzesvorhaben und Tierschutzvorschriften der verschiedenen Bundesländer, des Bundes und der EU kann der Internet-Nutzer sich ein Bild machen. Ein weites Informationsfeld stellen die Medien dar. Hierzu ist zu bemerken, dass häufig aktuelle Skandalmeldungen

(Gammelfleisch, BSE u. a.) im Vordergrund stehen und investigativer Journalismus, der den Ursachen des Übels auf den Grund geht, immer seltener wird.

2. Ein geschärftes Bewusstsein entwickeln:

Umfassende Information führt dazu, dass Zusammenhänge und Vernetzungen bewusst werden von Gegebenheiten, die man bisher als normal oder einfach als gegeben hingenommen oder auch bewusst oder unbewusst verdrängt hat. Wenn wir uns klar machen, wie häufig mit unseren Mitgeschöpfen grausam verfahren und umgegangen wird, dann führt das bei allen Gutwilligen zu einem neuen Tierschutz-Bewusstsein und einer neuen Verantwortlichkeit.

Mit der Verantwortlichkeit im Tierschutz ist das aber so eine Sache. Man macht es sich häufig zu leicht, Schuldzuweisungen allein auf den Käfighennenhalter, den Mäster, den Tiertransportfahrer oder den Schlachter abzuwälzen, denn im Grunde handeln die Genannten letztendlich im Auftrag des Käufers und Konsumenten.

3. Konsequenzen: reagieren – agieren:

Des öfteren hören wir das Argument: „Wenn ich an die armen Käfighennen denke, dann schmeckt mir das Frühstücksei nicht mehr." Der Mitmensch und Konsument hat nun zwei Möglichkeiten: a) die gehabten Bilder eingekerkerter und gequälter Legehennen zu verdrängen oder b) als Konsequenz eines gewandelten Tierschutz-Bewusstseins nur noch Eier aus artgerechter Haltung zu genießen.

Dank der ehemaligen Bundesverbraucherschutzministerin Künast ist seit Januar 2004 – auf den Wochenmärkten seit 1. Juli 2005 – die Kennzeichnung von Eiern entsprechend der Haltungssysteme bindend vorgeschrieben. Endscheidend ist jeweils die erste Ziffer auf dem Ei bzw. auf der Verpackung. Die 0 steht für ökologische Freilandhaltung, 1 für Freilandhaltung, 2 für Bodenhaltung und 3 für Käfighaltung. Mehrere Tierschutzorganisationen kreierten daraufhin den Slogan: „Niemals Nr.3, 3 ist Quälerei." Wer sein tägliches Frühstücksei aus alternativer Haltung entsprechend 0–2 wählt, befreit damit jedes Jahr eine Henne aus ihrem Käfig.

Wenn der Verbraucher z. B. Hähnchen- oder Putenfleisch anstatt aus Intensivmast aus nachweislich alternativer bzw. ökologischer Haltung bezieht, dann reduziert er durch sein Kaufverhalten die Anzahl nicht artgerecht gemästeter Tiere und ersetzt gleichzeitig Quantität durch ernährungsphysiologische Qualität; jeder Arzt und Ernährungswissenschaftler wird bestätigen, dass ungezügelter Verzehr von Fleisch und Fleischerzeugnissen außerdem der Gesundheit abträglich ist.

Alternative Haltungsformen (Fotos: E. Wendt)

Alternative Haltungsformen (Fotos: E. Wendt)

Seit Mitte der neunziger Jahre werden in den Supermärkten und Delikatessengeschäften sogenannte Qualitätsprodukte unter oft wohlklingenden Bezeichnungen angeboten. Ein „QS" Qualitäts-siegel bedeutet jedoch nicht gleichzeitig, dass dieses Produkt von Tieren aus artgerechter Haltung stammen. Je häufiger wir Verbraucher im Fleischerfachgeschäft, auf dem Wochenmarkt, im Supermarkt und auch in der Mensa, in der Kantine wie im Restaurant nach Erzeugnissen aus artgerechter Haltung fragen bzw. diese ausdrücklich verlangen, um so bereiter wird der Markt auf entsprechende Nachfrage reagieren. Denn der Markt bestimmt, was erzeugt wird. Ein Beispiel, das hoffen lässt, ist die Entwicklung des Verbrauchs von Schaleneiern in den letzten Jahren. Noch vor 10 Jahren stammten mehr als 95 % der Eier aus Käfigbatterien. Ende 2006 wurden 26,8 % der in Deutschland erzeugten Schaleneier in alternativ geführten Betrieben gewonnen. Im benachbarten Österreich liegt der entsprechende Anteil bei rund 35 %. Wenn wir nun alle keine Eier aus Käfighaltung kaufen, dann stehen 50 % der Käfige leer. Denn 50 % der in Deutschland erzeugten Käfigeier finden Verwendung als Verarbeitungsware in den verschiedensten Lebensmitteln wie Kuchen, Nudeln, Majonäsen, Pasteten u.a.. Nehmen wir dieses jedoch nicht als gegeben und selbstverständlich hin, sondern fragen beim Einkauf den Filialleiter nach Erzeugnissen, in denen keine Käfigeier verarbeitet sind. Diese Frage zu beantworten, fällt z.Zt. noch vielen Marktleitern schwer, da es im Gegensatz zu Schaleneiern keine Kennzeichnungspflicht hinsichtlich Haltung und Aufzucht der für die Lebensmittelgewinnung dienenden Schlacht- und Nutztiere gibt. Hier bedarf es neben der Einflussnahme des Verbrauchers durch sein Kaufverhalten im wesentlichen auch dessen Einwirkungsmöglichkeit als demokra-tischer Bürger. Denn die Lebensmittelkennzeichnungs-Verord-nung schreibt für verpackte Lebensmittel eine Auflistung aller Inhaltstoffe und Zutaten bis in den mg-Bereich vor, nichts jedoch über die Bedingungen, unter denen die Tiere gehalten worden sind. Hier bedarf es des politischen Drucks des mündigen Bürgers auf den Gesetzgeber. Sprechen wir den Abgeordneten aus unserem Wahlkreis auf dieses Manko an oder schreiben sie ihm, denn je öfter dieser in einer bestimmten Angelegenheit kontaktiert wird, um so eher wird er sich bewegen, denn er (sie) will ja bei der nächsten Wahl erneut ins Parlament einziehen. Auch entsprechende Schreiben an das für Tierschutz und Lebensmittel zuständige Bundesministerium für Ernährung, Landwirtschaft und Verbraucherschutz werden je nach Zahl und Eindringlichkeit auf Dauer Wirkung erzielen.

Anmerkung: Weitere hilfreiche Anregungen für tierschützerisches Verbraucherverhalten und Möglichkeiten, persönlich Einfluss zu nehmen, bietet das Buch „Sie haben uns behandelt wie Tiere" von Manfred Karremann, das 2006 im Höcker Verlag erschienen ist.

Neben den aufgezeigten eklatanten Defiziten bei der Aufklärung der Verbraucher (Kennzeichnungs-Verordnung) und des Bürgers (z.B. Tierschutzbericht der Bundesregierung) durch Gesetzgeber und sonstige staatliche Organe besteht in Bezug auf den Tierschutz ein besonderer Bedarf bei der Durchsetzung von Tierrechten.

Nach Oberfell (2002) sind die Buchstaben eines Gesetzes nur soviel wert, wie ihre gerichtliche Durchsetzungsmöglichkeit. Mit der Aufnahme des Staatszieles Tierschutz in das Grundgesetz durch den Deutschen Bundestag und Bundesrat wurde der Gesetzgeber (siehe Kapitel 16) zu einem wirkungsvollen, ethisch begründeten Tierschutz verpflichtet. E. von Loeper (2004) betont: „Allerdings enthält das Tierschutzgesetz bisher eine erstaunliche Lücke, die seine gerichtliche Durchsetzbarkeit oft unmöglich macht. Es gesteht den Tieren keinen gesetzlichen Vertreter zu, der zu ihren Gunsten klagen und dementsprechend zumindest gesetzlich verbürgte Ansprüche der Tiere geltend machen könnte."

Entsprechend § 1 Satz 1 des Tierschutzgesetzes ist es „Zweck dieses Gesetzes, aus der Verantwortung des Menschen für das Tier als Mitgeschöpf dessen Leben und Wohlbefinden zu schützen." Laut E. von Loeper (2004) fordert „dieser Leitgedanke des Gesetzes die treuhänderische Wahrnehmung von Interessen des Tieres im Sinne einer prinzipiell fürsorglichen Obhut zugunsten des Tieres. Das steht jedoch in einem Zielkonflikt mit den wirtschaftlichen Eigeninteressen der Tiernutzer. Doch dieser Konflikt kann derzeit nicht vor Gericht abwägend ausgetragen werden und wird daher automatisch zu Ungunsten der Tiere entschieden. Denn während die Tiernutzer ein unbegrenztes Klagerecht haben, wurde den gequälten Tieren oder ihren treuhänderischen Vertretern (z. B. Tierschutzverbände, Tierrechtsorganisationen, Tierärztliche Vereinigungen u. a.) bisher kein Klagerecht zugesprochen. Weil die dritte Säule der Rechtsstaatlichkeit in Gestalt unabhängiger Gerichte nicht zu Gunsten des Tierschutzes angerufen werden kann, ist die rechtsstaatliche Funktionsfähigkeit des Gemeinwesens gestört."

Um diese Lücke zu schließen, ist es erforderlich, auch im Tierschutzrecht die sogenannten Verbandsklage zu etablieren. Die Verbandsklage hat sich in anderen Rechtsbereichen wie dem Wettbewerbsrecht, im Verbraucherschutz, im Behindertenrecht wie auch im Umweltschutz seit Jahren als praxistauglich und hilfreich erwiesen. Selbst auf EU-Ebene ist auf dem Gebiet des Verbraucherschutzes die Verbandsklage per Richtlinie allen Mitgliedsstaaten zur Umsetzung in nationales Recht auferlegt.

Im März 2004 hat das Land Schleswig-Holstein im Bundesrat einen Gesetzesantrag eingebracht, um ein Verbandsklagerecht für Tierschutzvereine einzuführen. In der Folge wurde dieses Gesetzesvorhaben in den politischen und parteipolitischen Gremien z. T. kontrovers diskutiert und unterschiedlich interpretiert. Am 5. November 2004 wurde die schleswig-holsteinische Gesetzesinitiative durch den Bundesrat abgelehnt; das heißt, dass die Mehrheit der Bundesländer sich dem Druck der Wirtschaftslobby beugte und gegen das Klagerecht votierte. Die Regierungswechsel auf Bundesebene und in den Ländern Nordrhein-Westfalen und Schleswig-Holstein in den Jahren 2004 und 2005 haben auf politischer Bühne nicht gerade dazu beigetragen, die Bereitschaft zur Schaffung einer Tierschutz-Verbandsklage zu fördern. Aus diesem Grund ist es um so notwendiger durch Aufklärung der in der Mehrzahl tierschutzfreundlichen Bevölkerung das Bewusstsein für die Mitverantwortung jedes einzelnen Bürgers zu stärken, um durch basisdemokratisches Verhalten die aufgezeigte tierschutzrechtliche Schieflage dauerhaft zu beseitigen.

Zum Schluss noch ein Erlebnis aus dem praktischen Tierschutz: Als Ende der neunziger Jahre ein Team der Animals' Angels in Süddeutschland mehrere Tiertransporte verfolgte, fragte ein Reporter auf einem Autobahnparkplatz die Gruppe, ob bei der Fülle von Transporten und sonstiger Tierschutzdefizite ihr Engagement denn überhaupt noch Sinn mache? Die Antwort einer der Damen: „Abraham Lincoln hat Mitte des 19. Jahrhunderts in Nordamerika die Sklaverei abgeschafft. Eines Tages wird auch die Sklaverei unserer Tiere beendet sein."

Je mehr Menschen sich nach Kräften dafür einsetzen, um so eher wird dieser Tag kommen.

Literaturverzeichnis

Amtsberg, G. (1984): Ergebnisse bakteriologischer Zervixtupferuntersuchungen bei puerperal erkrankten Sauen. Tierärztliche Umschau 39, S. 479-484

Anonym (1993): Artgemäße und Verhaltensgerechte Geflügelmast. Stellungnahme und Empfehlungen der Sachverständigengruppe des Bundesministeriums für Ernährung, Landwirtschaft und Forsten, Bonn im April 1993

Anonym (1997): Vereinbarung des Niedersächsischen Ministeriums für Ernährung, Landwirtschaft und Forsten, (ML) Calenbergerstr. 2, 30169 Hannover und der Niedersächsischen Geflügelwirtschaft, Landesverband e.V. (NGW) Mars-la-Tour-Straße, 26121 Oldenburg über Mindestanforderungen in der Junghühnermast

Anonym (2006): EU-Kommission: Öffentlichkeit fordert besseren Tierschutz. Vieh und Fleisch Handelszeitung 2006 Nr.2, Seite 5

Arnim von, H. H. (2000): Vom schönen Schein der Demokratie. Droemersche Verlagsanstalt Th. Knauer Nachf., München

Backhaus,T.(2007) Staatsziel Tierschutz – Rheinland Pfalz klagt gegen die Legehennenverordnung. Deutschlandfunk, Journal am Vormittag – Länderzeit am 24.1.2007

Baumgärtner, I. (2006): Tiertransporte in Theorie und Praxis, Beobachtungen der Animals' Angels. Rundschau für Fleischhygiene und Lebensmittelüberwachung (RFL) S. 204

Baumgärtner, I. (2007): pers. Mitteilung

Bergmann, V., S. Erdmann und S. Litschewa (1992): Untersuchungen über Vorkommen und Pathomorphologie der plötzlichen Herz-Kreislaufversagens bei Broilern, Mh. Vet.-Med. 43: 282–285

Bitter, G., Windhorst, H.-W. (2005): Geflügelmast in Deutschland.(Weisse Reihe Band 24) Vechta

Bittermann. W. und Plank F.-J. (1990): Zeitbombe Tierleid. Verlag Orac, Wien, Frankfurt, Bern

Boehncke, E. (1988): Die Auswirkungen intensiver Tierproduktion auf das Tier, den Menschen und die Umwelt; in Sambraus. Boehncke: Ökologische Tierhaltung, Verlag C.F. Müller Karlsruhe

Bogner, H. (1984): Raumbeanspruchende Aktivitäten von Legehennen bei unterschiedlichem Platzangebot. Referat anl. der IGN-Tagung am 18./19.Mai 1984 in München

Brantas, G. C. (1980): The pre-laying behaviour of laying hens with and without laying nests. In: The laying hen and its environment. R. Moss (ed), Marinus Nijhoff, Den Haag

Caspar, J. und M.W. Schröter (2003): Das Staatsziel Tierschutz in Art. 20a GG. Köllen Druck u. Verlag, Bonn.

Caspar, J. (2004): Auswirkungen des Staatsziels „Tierschutz" im Schutzbereich vorbehaltloser Grundrechtein in: Tierschutz in guter Verfassung? Tagung Bad Boll 19.bis 21. März 2004

Cravener, T. L., W.B. Roush und M. M. Mashaly (1992): Broiler production under varying population densities. Poult. Sci. 71: 427–433

Darwin, C. R. (1859): Die Entstehung der Arten durch natürliche Zuchtwahl

Dayen, M. (1993): Tierschutz in Intensivtierhaltungen. Arbeitstagung des Bundesverbandes der beamteten Tierärzte am 13. und 14. Mai 1993 Berlin, S. 157-16

Erbel, G. (1989): Staatlich verordnete Tierquälerei? – Zur Hennenhaltungsverordnung (HhVO) vom 10. Dezember 1987 und ihren gemeinschaftsrechtlichen Vorgaben –. Die öffentliche Verwaltung – April 1989 – Heft 8

Fiedler, H.-H. (1991): Tierschutz; Schnabelkürzen bei Geflügel. Bericht an Bezirksregierung Weser-Ems vom 14.10.1991

Fiedler, H.-H. (2006): Tierschutzrechtliche Bewertung der Schnabelkürzung bei Puteneintagsküken durch Einsatz eines Infrarotstahls. Arch.Geflügelk. 70(6) S. 241–249

Fiedler, H.-H. (2006): Schnabelkürzen bei Puten. Dtsch. tierärztl. Wschr. 113, S.110–112

Fikuart, K., von Holleben, K., Kuhn, G. (1995): Hygiene der Tiertransporte. Gustav Fischer Verlag Jena

Fikuart, K. (2001): Gilt die Transportzeitbegrenzung (29-Stunden-Frist) für internationale Rindertransporte im Lkw nicht mehr? TVT-Nachrichten 2/2000 S.8-9

Fikuart, K. (2007): pers. Mitteilung

Focke, H. (1993): Tierschutz bei internationalen Tiertransporten. Arbeitstagung des Bundesverbandes der beamteten Tierärzte am 13. und 14. Mai 1993 Berlin, S. 142-156

Fölsch, D. W. (1981): Das Verhalten von Legehennen in unterschiedlichen Haltungssystemen unter Berücksichtigung der Aufzuchtmethoden. Tierhaltung, Band 12, Birkhäuser Verlag Basel, Boston, Stuttgart

Fölsch, D. W. und R.Hoffmann (1992): Artgemäße Hühnerhaltung – Grundlagen und Beispiele aus der Praxis. Verlag C.F. Müller, Karlsruhe

Follath, E. (1985): Nippons Halbgötter in Fett. Geo Spezial Japan, S.110-112

Fröhlich, E. K. F., Öster, H. (2005): From battery cages to aviaries: 20 years of Swiss experiences. in Welfare of Laying Hens in Europe, S. 264-275

Funke, K. H. (1996): in Antwort der Landesregierung vom 26.3.1996, Niedersächsischer Landtag – 13. Wahlperiode, Drucksache 13/1854, S. 2-4

Grashom, M. (1987): Untersuchungen zur Frage der Abgänge in Broilerherden. Arch. Geflügelk. 51,220-233

Grashorn, M., W. Bessei, G. Hahn (1995): Wachstum und Ausschlachtungsergebnisse verschiedener Puten-Linien. Bericht aus Kartzfehn 57

Hörning, B. (1993): Gutachten zur Problematik der intensiven Hähnchenmast aus der Sicht des Tierschutzes. Beratung Artgerechte Tierhaltung e. V. (BAT) Witzenhausen

Hörning, B. (2005): Welfare of laying hens in furnished cages. In Welfare of Laying Hens in Europe, S. 198-246

Hirt, A., Maisack C., Moritz, J. (2003): Tierschutzgesetz – Kommentar, Verlag F. Vahlen, München

Hughes, B. O. and I. J. Duncan (1972): The influence of strain and environmental factors upon feather picking and cannibalism in fowls. Br. Poult. Sci. 13, 525-547

Jakobs, A.-K., Windhorst H.-W. (Hrsg) (2003): Dokumentation zu den Auswirkungen der ersten Verordnung zur Änderung der Tierschutz – Nutztierhaltungsverordnung auf die deutsche Legehennenhaltung und Eierproduktion. Vechtaer Druckerei und Verlag, Vechta

Julian, R. J. (1987): Are we growing them too fast? Ascites in meat-type chickens. Highlights 10 „ (2):27

Karremann, M. (2006): Sie haben uns behandelt wie Tiere. Höcker Verlag, Hamburg

Klohn, W., Windhorst, H. W. (2003): Die Landwirtschaft in Deutschland. Vechtaer Materialien zum Geographie-unterricht (VMG) Heft 34., erweiterte Auflage

Kluge, H. G. (2002): Tierschutzgesetz – Kommentar, Verlag W. Kohlhammer

Leondarakis, K. (2005): Die Bewertung der Zeit eines Tiertransports auf Ro-Ro-Schiffen. Gutachten, Göttingen 2/2005

Loeper, E. von (1985): Die Überwindung der tierquälerischen Intensivhaltung-rechtlich gesehen. Tierhaltung, Band 15, Birkhäuser Verlag Basel, Boston, Stuttgart

Loeper, E. von (1997): Grenzen und Freiräume des Tierschutzrechts in Europarecht und Verfassungsrecht in: Tierschutzrecht vor Gericht, Tagung vom 7.–9.März 1997 Bad Boll.

Loeper, E. von (2002): Was bedeutet die Neufassung des Artikels 20a „und die Tiere" im Grundgesetz? In Kluge, H. H.: Tierschutzgesetz-Kommentar

Loeper, E. von (2004): Tiere brauchen einen Anwalt – Die Tierschutz-Verbandsklage in: Tierschutz in guter Verfassung?, Tagung vom 19.–21. März, Bad Boll.

Lorz, A. (1979): Tierschutzgesetz, Kommentar, 2. Aufl. 1979, Verlag Beck, München

Maisack, C. (1999): Das Urteil des Bundesverfassungsgerichts – eine Chance für die artgerechte Nutztierhaltung. Nutztierhaltung 3, S. 5–7

Maisack, C. (2003): Art. 20a GG Umwelt- und Tierschutz in Hirt, A., Maisack, C., Moritz,J.: Tierschutzgesetz – Kommentar S. 35–44

Maisack, C. (2007): persönliche Mitteilung.

Marahrens, M., J. Hartung u. N. Parvizi (2000): Untersuchungen zum tierschutzgerechten LKW-Transport von Rindern auf Langstrecken (Teil 1). Bericht an die Arbeitsgemeinschaft deutscher Rinderzüchter (ADR).

Marahrens P. (2006): Zum Tierschutz beim Transport. Rundschau für Fleischhygiene und Lebensmittelüberwachung (RFL) S.198–203

Martin, G. (1975): Über Verhaltungsstörungen von Legehennen im Käfig. Angew. Ornithologie, 4, S. 145-176

Martin, G. (1985): Tiergerechte Hühnerhaltung: Erkenntnisgewinnung und Beurteilung der Ergebnisse. Tierhaltung, Band 15, Birkhäuser Verlag Basel, Boston, Stuttgart

Martin, G. (1999): Editorial Nutztierhaltung 3 S. 3–5, Krankheiten des Wirschaftsgeflügels, Band I. Gustav Fischer Verlag Jena

Martin, G., Sambraus, H.H. und Steiger,A. (Hrsg.) (2005): Welfare of Laying Hens in Europe – Reports, Analyses and Conclusions. Verlag Universität Kassel, Reihe Tierhaltung Band 28.

Martin, G. Chr. Maisack und A. Steiger (2006): Stellungnahme der Internatonalen Gesellschaft für Nutztierhaltung (IGN) zu „ausgestalteten Käfigen" für Legehennen. Nutztierhaltung 1/2006 S. 4–7

Martin, G. (2006): Tierschutzrechtlicher Rückschritt in Deutschland. Nutztierhaltung 2/2006 S. 4–6

Nichelmann, M. (1992): Verhaltensstörungen beim Geflügel, in G. Heider und G. Monreal

Niederstucke, K. H. (1982): Zur Ökonomik gesundheitsfördernder Maßnahmen in der Schweinehaltung, Deutsche Tierärztliche Wochenschrift 89, S. 744–750

Nitsan, Z., G. Ben-Avraham, Z. Zoreffund I. Nir (1991); Growth and development of the digestive organs and some enzymes in broiler chicks after hatching. Brit. Poult. Sci. 32: 515–523

Obergfell, (2002). Ethischer Tierschutz im Verfassungszwang. NJW 2002, S.2296

Paar, G. (1998): Überprüfungsergebnisse zur Umsetzung der tier–schutzrechtlichen Anforderungen bei der Haltung von Kälbern und Schweinen in Thüringen. Deutsche Veterinärmedizinische Gesellschaft, Tagung „Tierschutz und Nutztierhaltung" vom 5.–7.3.1993, Tagungsbericht, S.79–89

Petermann, S. und L. Roming (1993): Untersuchungen zur Masthähnchenhaltung im Regierungsbezirk Weser-Ems. Teil I: Tierschutzrelevante Aspekte. Hannover/ Oldenburg 31. Januar 1993

Petermann, S. (1998): Tierschutzrelevante Mindestanforderungen für die intensive Putenmast in Niedersachsen. Tagungsbericht Deutsche Veterinärmedizinische Gesellschaft e.V. Arbeitstagung „Tierschutz und Nutztierhaltung" 5.–7. März 1998 in Nürtingen, S. 121-131

Petermann, S. und H.-H. Fiedler (1999): Eingriffe am Schnabel von Wirtschaftsgeflügel. Tierärztliche Umschau 54, S. 8–19

Petermann, S. (2005): Geflügelhaltung in T.Richter (Hrsg.): Krankheitsursache Haltung, Enke Verlag Stuttgart S. 152-217.

Proudfoot, F. G., H. W. Hulan und D. R. Ramy (1979): The effect of four stocking densities on broiler carcass gade, the incidence of breast blisters, and other performance traits. Poult. Sci. 58: 791–793

Richter, T. (1997): Was muss sich am Tierschutz ändern in den Bereichen Haltung und Zucht von Nutztieren? Vortrag auf der Tagung „Tierschutz vor Gericht" vom 7.–9. März 1997, Bad Boll

Richter, T. (2005): Krankheitsursache Haltung. Enke Verlag Stuttgart.

Richthofen, I. von (2003): Beobachtungen zum Verhalten von Schlachtrindern bei Ferntransporten. Tierärztliche Hochschule Hannover, Diss.

Scherer, P. J. (1989): Einfluss unterschiedlicher Haltungsbedingungen auf das Verhalten von Broilern unter Berücksichtigung von Leistungsdaten. Diss. ETH Zürich

Schmiddunser, A. (1996). Internationale Tiertransporte – noch immer ein Problem. Vortrag BbT-Kongress Staffelstein

Schmiddunser, A. (1996): Versorgung von Tieren während des Transports. Vortrag Fortbildungsveranstaltung der EU-Kommission am 25.11.1996

Schmiddunser, A. (2000): Internationale Schlachttiertransporte – ein ungelöstes Problem. Vortrag BbT-Kongress Staffelstein

Shanawany, M.M. (1988): Broiler performance under high stocking densities. Brit. Poult. Sci., 29, 43–52

Sidhom, P. M. (1997): Auswertung von Strafverfahren im Tierschutz-Täter-Opferausgleich eine Alternative? Vortrag auf der Tagung „Tierschutz vor Gericht" vom 7.–9. März 1997, Bad Boll

Siegmann, 0. (1993): Kompendium der Geflügelkrankheiten. 5. Aufl., Paul - Parey, Berlin, Hamburg

Sommer, H. (1988): Die Nutztierhaltung in ihrem Konflikt zum Tierschutzgesetz; in Sambraus, Boehnke: Ökologische Tierhaltung, Verlag C. F. Müller Karlsruhe

Sommer, H. (1991): Spezielle Hygiene: Schwein; in Sommer, Greuel, Müller: Hygiene der Rinder- und Schweine-produktion, Verlag Eugen Ulmer Stuttgart

Sommer, H. (1995): Unser verheerender Umgang mit Nutztieren – Tierhaltung ohne Tierschutz? Vortrag September 1995 Insel Pellworm; Sonderdruck des Vereins „Eltern für unbelastete Nahrung e. V." Kiel, Frühjahr 1996

Teutsch, G. M. (1985): Intensivhaltung von Nutztieren aus ethischer Sicht. Tierhaltung, Band l5, Birkhäuser Verlag Basel, Boston, Stuttgart

Teutsch, G. M. (1989): Das Tier als Objekt – Streitfragen zur Ethik des Tierschutzes. Verlag für akademische Schriften Frank-furt a. M.

Tschanz, B. (198l): Zusammenfassende Betrachtung der im Kolloquium dargestellten Ergebnisse aus tierschutz-relevanter und ethologischer Sicht. In: Legehennenhaltung, Berichte zum FAL-Forschungsschwerpunkt Tierschutz in der landwirtschaftlichen Nutztierhaltung. Landbauforschung Völkenrode, Sonderheft 60

Vestergaard, K. (1980): The wellbeing of caged hens – an evaluation based on the normal behaviour of fowls. Tierhaltung Band 10, Birkhäuser Verlag Basel, Boston, Stuttgart

Wegner, R. M. (1981): Celler Bericht: Qualitative und quantitative Untersuchungen zum Verhalten, zur Leistung und zum physiologisch anatomischen Status von Legehennen in unterschiedlichen Haltungssystemen (Auslauf-, Boden- und Käfighaltung). Institut für Kleintierzucht Celle der FAL

Windhorst, H.-W. (1996): Die neue Marktstruktur. DGS-Magazin, 48. Jahrgang, Woche 44, November 96, Seite 12

Windhorst, H.-W. (1998): Der Veredlungsstandort Deutschland im internationalen Wettbewerb – Herausforderung und Chancen –. Institut für Strukturforschung und Planung in agrarischen Intensivgebieten Hochschule Vechta Mitteilungen – Heft 35

Windhorst, H.-W. (2007): persönl. Mitteilung

Wokac, R. M. (1989): Ökomorphologie von Hochleistungshennen – eine Untersuchung an Skeletten aus Batterie- und Bodenhaltung. Tierhaltung Band 19, Birkhäuser Verlag Basel, Boston, Stuttgart

Wood-Gush, D. G. M. (1969): Laying in battery cages. Wild's Poult Sci. J. 25, 145-169

Wood-Gush, D. G. M. and Gilbert, A. B. (1969): Observations on the laying behaviour of hens in battery cages. Br. Poult. Sci. 13, 29–36

Anhang

Tierschutzorganisationen:

Animals' Angels e.V.
Rehlingstr.16a
79100 Freiburg
Tel. 0761-70436-0   www.animals-angels.de

Bund gegen den Missbrauch der Tiere e.V.
Viktor Scheffelstr.15
80803 München
Tel. 089-3839520   www.bmt-tierschutz.de

Deutscher Tierschutzbund e.V.
Baumschulallee 15
53115 Bonn
Tel. 0228-60496-0   www.tierschutzbund.de

Menschen für Tierrechte – Bundesverband der
Tierversuchsgegner e.V.
Roermonderstr. 4a
52072 Aachen
Tel. 0241-157214   info@tierrechte.de

Gewerkschaft für Tiere e.V.
Gut Streiflach 1
8211o Germering
Tel. 089-8974660   www.gewerkschaft-fuer-tiere.de

Internationale Gesellschaft für Nutztierhaltung (IGN)
Tel.0041-6159-93289   www.ign-nutztierhaltung-ch

Verein gegen tierquälerische Massentierhaltung e.V.
Teichtor 10
24226 Heikendorf b. Kiel
Tel. 0431-241550   vgtm.haack@t-online.de

Arbeitsgemeinschaft für artgerechte Nutztierhaltung e.V.
Auf der Geest 4
21435 Stelle
Tel. 04174-5181   www.tierschutz-landwirtschaft.de

Tierärztliche Vereinigung für Tierschutz e.V. – TVT –
Bramscher Allee 5
49565 Bramsche
Tel. 05468-925156   www.tierschutz-tvt.de

Tierärztliche Initiative Tierschutz (TIT) e.V.
Deternerstr. 29
26670 Uplengen
Tel. 04957-990144   t.i.t @ewetel.net

Staatliche Institutionen:

Bundesministerium für Ernährung, Landwirtschaft und
Verbraucherschutz
Referat Tierschutz
Postfach, 53107 Bonn
Tel. 0228-5290   www.bmelv.de

Niedersächsisches Landesamt für Verbraucherschutz und
Lebensmittelsicherheit
Postfach 3949 – 26029 Oldenburg
Tel. 0441-57026-0   www.laves.niedersachsen.de

Bundesforschungsanstalt für Landwirtschaft – Institut für
Tierschutz und Tierhaltung –
Dörnbergerstr. 25-27
29223 Celle
Tel. 05141-3846-0   www.tt.fal.de